"十四五"职业教育国家规划教材

电工技术基础与技能

（第4版）

主　编　陈雅萍　林如军
副主编　王丹浓

U0364840

中国教育出版传媒集团
高等教育出版社·北京

内容提要

本书为"十四五"职业教育国家规划教材,依据教育部颁布的相关教学文件,并参照有关国家职业技能标准和行业职业技能鉴定规范,结合近几年中等职业教育的教学实际情况修订而成。本书第3版获"首届全国教材建设奖全国优秀教材一等奖"。

本书主要内容包括课程导入、电路的基础知识与基本测量、直流电路、电容器、磁与电磁感应、正弦交流电、单相正弦交流电路、三相正弦交流电路、变压器和瞬态过程。每单元列有具体明确的"职业岗位群应知应会目标",每节后有针对性地设置"思考与练习",每单元后有"应知应会要点归纳"及"复习与考工模拟";设计了"观察与思考"等栏目,由生产生活实例或实验作为单元相关学习内容的引导,改变过去从理论入手的知识讲解型教学方法,便于学生理解学习内容,激发学生学习兴趣。本书内容由浅入深,循序渐进,突出技能学习。

本书配套在线开放课程"电工技术基础与技能",访问地址 http://www.icourses.cn/vemooc 或安装 APP 可在计算机或手机上进入该课程学习。

本书配套教学视频、教学动画、仿真实训、习题答案、电子教案、演示文稿、模拟试卷等辅教辅学资源,请登录高等教育出版社 Abook 新形态教材(http://abook.hep.com.cn)获取相关资源。详细使用方法见本书最后一页"郑重声明"下方的"学习卡账号使用说明"。部分配套学习资源(包括动画、视频等)可通过扫描本书中的二维码进行查看,随时随地获取学习内容,享受立体化阅读体验。

本书还配套教学参考、学习辅导与练习、实训指导,为教师与学生提供比较全面的服务。

本书可作为职业学校电子与信息类专业基础课程教材,也可作为岗位培训用书。

图书在版编目(CIP)数据

电工技术基础与技能 / 陈雅萍,林如军主编. --4版. --北京:高等教育出版社,2023.8

ISBN 978-7-04-059897-1

Ⅰ.①电… Ⅱ.①陈…②林… Ⅲ.①电工技术 Ⅳ.①TM

中国国家版本馆CIP数据核字(2023)第023623号

电工技术基础与技能

DIANGONG JISHU JICHU YU JINENG

| 策划编辑 李 刚 | 责任编辑 李 刚 | 封面设计 张 志 | 版式设计 李彩丽 |
| 责任绘图 于 博 | 责任校对 王 雨 | 责任印制 刁 毅 | |

出版发行	高等教育出版社	网 址	http://www.hep.edu.cn
社 址	北京市西城区德外大街4号		http://www.hep.com.cn
邮政编码	100120	网上订购	http://www.hepmall.com.cn
印 刷	北京市鑫霸印务有限公司		http://www.hepmall.com
开 本	889mm×1194mm 1/16		http://www.hepmall.cn
印 张	17.5	版 次	2010年7月第1版
字 数	360千字		2023年8月第4版
购书热线	010-58581118	印 次	2023年12月第2次印刷
咨询电话	400-810-0598	定 价	47.90元

前　言

本书为"十四五"职业教育国家规划教材。本书自第1版出版以来,得到了职业学校教学一线教师的一致好评,本书第3版获"首届全国教材建设奖全国优秀教材一等奖"。

为贯彻党的二十大精神,使教材更加体现党的教育方针,符合职业教育教学改革要求,及时反映电工技术的新发展,对接岗位要求,发挥信息化技术优势,在延续前三版教材编写风格的基础上,对本书进行了修订,主要修订内容体现在以下几个方面:

1. 落实立德树人根本任务,体现课程思政

系统梳理本课程蕴含的思政教育元素,与专业内容有机融合,在知识传授和能力培养的过程中实现价值引领。例如,在"磁的基本概念"相关内容中,介绍了我国古代对磁和磁性的探索内容,展示我国历史上取得的科技成就及其对世界发展的贡献。在"交流发电机""常用电光源"等相关内容中,介绍了我国在清洁能源发电以及循环能源发电领域取得的新成就、LED新型电光源在2022年北京冬奥会上的广泛应用等,体现了节能减排、绿色环保的理念以及碳达峰碳中和的新发展理念。在实训环节,完善了实训准备环节,通过图文配合以及数字化教学资源细致展示和规范了操作要领和步骤,培养学生精益求精的工匠精神和安全规范的职业素养。

2. 体现新时代建设的伟大成就,淘汰陈旧内容,增加新技术应用

近年来,我国基础研究和原始创新不断加强,一些关键核心技术实现突破,战略性新兴产业不断发展壮大。本书修订过程中全面更新与课程内容紧密结合的技术内容,介绍了我国在载人航天、核电技术、新能源技术等方面取得的重大成果。例如,全面更新"技术与应用""职业相关知识"等模块,引入锂离子电池在新能源汽车上的应用、我国先进航天器上应用的太阳能电池、超级电容、高温超导高速磁悬浮列车、高铁永磁电动机、特高压输电等行业最新成果。在测量电压、电流以及电阻等实训操作中加强数字式万用表的相关内容和基本操作,弱化指针式万用表的操作与使用,使教学内容与工作实际对接更加紧密,引导课程教学中使用更先进的新型仪器仪表。淘汰了技术落后、没有发展前景的用电器内容。

3. 对接岗位,加强与岗课赛证的融合

从专业基础课程定位出发,引入相关岗位实际工作案例,为相关技能大赛磨炼电工基本技能,包括导线绝缘恢复、照明电路器件安装等,实现岗课赛证的对接。

4. 增强适用性，调整例题、习题内容

根据涉及的用电器种类、仪器仪表类型适当调整了相关例题、习题内容，淘汰了教学理念落后的例题、习题，根据职业教育发展趋势，增加了与对口升学考试内容相适应的例题、习题。

5. 充分运用信息技术手段，完善教材呈现形式与应用模式

在"互联网＋"教学模式不断深入发展的背景下，本书采用新形态教材形式，配套教学视频、教学动画、仿真实训、电子教案、演示文稿等数字化教学资源，同步开设在线开放课程，支持线上、线下混合式教学的开展。

本书共有 10 个单元，分为基础模块和选学模块，选学模块用 * 表示。学时分配建议如下：

教学内容	必修学时	选修学时	合计
1　课程导入	4		4
2　电路的基础知识与基本测量	12		12
3　直流电路	10	2	12
4　电容器	6		6
5　磁与电磁感应	8	4	12
6　正弦交流电	6		6
7　单相正弦交流电路	14	2	16
8　三相正弦交流电路	4	4	8
9　变压器	4		4
*10　瞬态过程		6	6
合计	68	18	86

本书由余姚市职成教中心学校陈雅萍、宁波职业与成人教育学院林如军担任主编，宁波第二技师学院王丹浓担任副主编，宁波市鄞州职业教育中心学校方爱平、余姚市职成教中心学校吴彭春、蔡碧健、魏丽娜参与了本书的修订工作。宁波志伦电子有限公司、宁波聚恩自动化设备有限公司为本书的修订提供了大量行业、企业一线案例，并提出了宝贵的意见和建议，本书的修订还得到了余姚市职成教中心领导和教师的大力支持，在此一并表示诚挚感谢！

由于编者水平有限，书中不妥之处在所难免，敬请读者批评指正，以便进一步完善本书，读者意见反馈邮箱：zz_dzyj@pub.hep.cn。

编者

2023 年 6 月

本书配套的数字化资源
获取与使用

职教MOOC
在线开放课程
http://www.icourses.cn/vemooc

中国大学 MOOC APP

本书配套在线开放课程"电工技术基础与技能",由资深特级教师团队主讲,课程设计精细、全面,讲授课程精彩、专业,可通过计算机或手机 APP 端进行视频学习、测验考试、互动讨论。

计算机端学习方法:

访问地址 http://www.icourses.cn/vemooc,或百度搜索"爱课程",进入"爱课程"网"中国职教 MOOC"频道,在搜索栏内搜索课程"电工技术基础与技能"

手机端学习方法:

扫描右侧二维码或在手机应用商店中搜索"中国大学 MOOC",安装 APP 后,搜索课程"电工技术基础与技能"。

Abook教学资源
http://abook.hep.com.cn/sve

Abook APP

本书配套教学视频、教学动画、仿真实训、习题答案、电子教案、演示文稿、模拟试卷等辅教辅学资源,请登录高等教育出版社 Abook 新形态教材(http://abook.hep.com.cn)获取相关资源。详细使用方法见本书最后一页"郑重声明"下方的"学习卡账号使用说明"。

注册 访问网站 abook.hep.com.cn
自行设定用户名、密码,留下常用邮箱

登录 需匹配用户名、密码、验证码

绑定课程 输入教材封底所附学习卡上的密码,免费获取资源

二维码教学资源

本书部分配套学习资源(包括动画、视频等)可通过扫描书中二维码进行查看,随时随地获取学习内容,享受立体化阅读体验。

打开书中附二维码的页面

扫描二维码

查看相应资源

目　录

课程导入

本课程是中等职业学校电类专业的一门基础课程。其主要任务是：使学生掌握电类专业必备的电工技术基础知识和基本技能，为后续专业课程的学习及职业生涯的发展奠定基础。学生不但要学习一定的理论知识，还要学习相关的电工操作实践技能，会经常与电工实验实训室打交道。

本单元将通过现场观察和讲解，认识和了解电工实验实训室及安全用电的相关知识。使学生树立安全用电与规范操作的职业意识，对本课程形成初步认识。

职业岗位群应知应会目标

— 认识交、直流电源，电工基本仪器仪表及常用电工工具。

— 明确电工实验实训室操作规程，树立规范操作职业意识。

— 知道安全电压等级、人体触电的类型及常见原因。

— 了解防止触电的常用保护措施、触电现场的正确处理及电气火灾的防范与扑救。

1.1　认识电工实验实训室

观察与思考

教学视频
电工实验实训
室电源配置

走进电工实验实训室，你将会看到图 1-1-1 所示的电工实验实训操作台，一般的电工实验实训操作都可以在操作台上完成。不同学校的操作台型号可能有所不同，但其配置与功能基本相同。

1.1.1　电工实验实训室电源配置

电源是为电路提供电能的装置，电工实验实训室一般配有多组电源，以满足不同的电工实验实训需要。电源通常有直流和交流两大类。

图 1-1-1　电工实验实训操作台

1. 直流电源

直流电源用字母"DC"或符号"⎓"表示。

(1) 两组可调直流稳压电源。两组可调直流稳压电源如图 1–1–2 所示,通过调节电压调节旋钮和电流调节旋钮,每组可调直流稳定电源输出电压在 0~24 V 之间,输出电流在 0~2 A 之间。

(2) TTL 电源。TTL 电源如图 1–1–2 所示。该电源输出电压为 5 V,最大输出电流为 0.5 A,是 TTL 集成电路的专用电源。

2. 交流电源

交流电源用字母"AC"或符号"~"表示。常见的交流电源配置一般有三组。

(1) 3~24 V 多挡低压交流电源。3~24 V 多挡低压交流电源如图 1–1–2 所示,通过调节转换开关,可输出 3 V、6 V、9 V、12 V、15 V、18 V、24 V 共 7 个挡位的交流电,频率为 50 Hz。

(2) 单相交流电源。单相交流电源如图 1–1–2 所示,其中 4 个并列的三孔插座可输出 220 V、50 Hz 的交流电,还带有接地线。

常用电工工具和仪器仪表

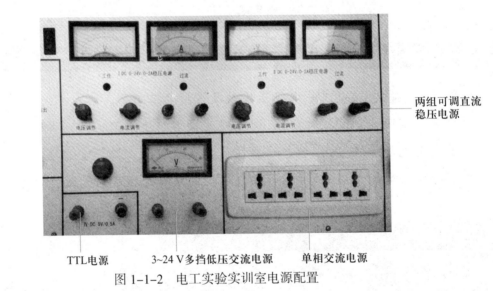

图 1–1–2   电工实验实训室电源配置

(3) 三相交流电源。三相交流电源如图 1–1–3 所示,其中 U、V、W 为相线(火线),N 为中性线(零线),E 为地线。三相交流电源除了能提供三相交流电以外,还可以提供两种电压:① 线电压:380 V、50 Hz;② 相电压:220 V、50 Hz。线电压是每两根相线之间的电压,相电压是任一相线与中性线之间的电压。

另外,还有 0~240 V、2 A 可调交流电源,电子技术实验中经常用到的脉冲信号源、正弦波信号源、方波信号源、三角波信号源等。

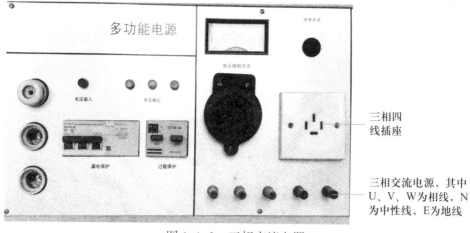

图 1-1-3 三相交流电源

1.1.2 常用电工仪器仪表和电工工具

1. 常用电工仪器仪表

常用电工仪器仪表包括电流表、电压表、万用表、示波器、毫伏表、频率计、兆欧表、钳形电流表、函数信号发生器、单相调压器等,图 1-1-4 所示为部分常用电工仪器仪表。

数字式万用表

指针式万用表

毫伏表

兆欧表

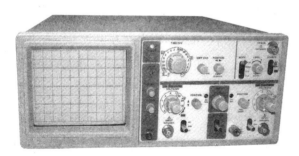
示波器

钳形电流表

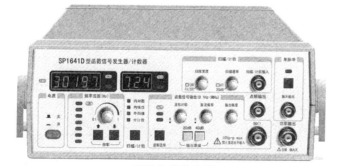
函数信号发生器

图 1-1-4 部分常用电工仪器仪表

2. 常用电工工具

常用电工工具包括钢丝钳、尖嘴钳、斜口钳、剥线钳、螺丝刀、镊子、电工刀、试电笔等，图 1-1-5 所示为部分常用电工工具。

图 1-1-5   部分常用电工工具

1.1.3   电工实验实训室操作规程

每一位进入电工实验实训室的学员，都应严格遵守电工实验实训室的各项操作规程，学会安全操作、文明操作。具体要求如下：

(1) 实验实训前必须做好准备工作，按规定的时间进入实验实训室，到达指定的工位，未经同意，不得私自调换。

(2) 不得穿拖鞋进入实验实训室，不得携带食物进入实验实训室，不得在室内喧哗、打闹、随意走动，不得乱摸乱动有关电气设备。

(3) 任何电气设备内部未经验明无电时，一律视为有电，不准触及，任何接、拆线都必须切断电源后方可进行。

(4) 实训前必须检查工具、测量仪表和防护用具是否完好，如发现不安全情况，应立即报告指导教师，以便及时采取措施。电气设备安装检修后，需经检验后方可使用。

(5) 实践操作时，思想要高度集中，操作内容必须符合教学内容，不准做任何与实验实训无关的事。

(6) 要爱护实验实训工具、仪器仪表、电气设备和公共财物。

(7) 凡因违反操作规程或擅自动用其他仪器设备造成损坏的，由事故人做出书面检查，视情节轻重进行赔偿，并给予批评或处分。

(8) 保持实验实训室整洁，每次实验实训后要清理工作场所，做好设备清洁和日常维护工作。经指导教师同意后方可离开。

思考与练习

1. 电工实验实训室中通常有多组电源配置，一般分为_____和_____两大类。

2. 任何电气设备内部未经验明无电时，一律视为_____，不准触及，任何接、拆线都必须_____电源后方可进行。

1.2　安全用电常识

观察与思考

　　张某家新买了一台饮水机,因家中的三孔插座被其他家用电器占满,只剩下两孔插座,张某就把饮水机自带的三线插脚改装成两线插脚使用。接上电源,饮水机开始工作。在使用过程中,有一天,张某的儿子用手触摸到饮水机外壳时发生触电事故。你能说说张某儿子触电的原因吗?如何才能预防此类事故的发生?

教学动画　✳
电流对人体的伤害

　　使用者缺乏安全用电常识是造成触电事故的主要原因。本例中,原因之一,三线插脚中的一个插脚是用于接地线的,张某把三线插脚改成两线插脚后,饮水机的保护接地就不起作用了。因此,当饮水机外壳漏电时,就容易发生触电事故。原因之二,未安装漏电保护装置,当触电事故发生时,没有自动切断电路。因此,为减少和避免触电事故的发生,应该认真学习安全用电相关知识。

1.2.1　安全电压

1. 电流对人体的伤害

　　当人体的某一部位接触到带电的导体(裸导体、开关、插座的铜片等)或触及绝缘损坏的用电设备时,人体便成为一个通电的导体,电流通过人体会造成伤害,这就是触电。人体触电时,决定人体伤害程度的主要因素是通过人体电流的大小。当较小电流通过人体时,如 0.6~1.5 mA 的电流会使触电者感到微麻和刺痛。当通过人体的电流超过 50 mA 时,便会引起心力衰竭、血液循环终止、大脑缺氧而导致死亡。因此,电工操作时,应特别注意安全用电、安全操作。

常见触电类型

2. 安全电压等级

　　通过人体的电流大小与作用到人体上的电压及人体电阻有关。通常人体的电阻为 800 Ω至几万欧不等。当皮肤出汗,有导电液或导电尘埃时,人体电阻将下降。根据 GB/T 3805—2008《特低电压(ELV)限值》规定,按操作人员、操作方式和操作环境,将安全电压等级分为42 V、36 V、24 V、12 V 和 6 V。

1.2.2　触电类型与防护措施

1. 常见触电类型

常见触电类型有单相触电、两相触电和跨步电压触电。

　　(1)单相触电。当人体的某一部位碰到相线或绝缘性能不好的电气设备外壳时,电流由相线经人体流入大地导致的触电现象称为单相触电,如图 1-2-1 所示。

单相触电的案例较多,常见的有:当人体触碰到某一根相线时,会发生单相触电;当人体触碰到掉落在地上的某根带电导线时,会发生单相触电;当人体触碰到由于漏电而带电的电气设备的金属外壳时,会发生单相触电。

(2) 两相触电。当人体的不同部位分别接触到同一电源的两根不同电位的相线时,电流由一根相线经人体流到另一根相线导致的触电现象称为两相触电,亦称双相触电,如图 1-2-2 所示。

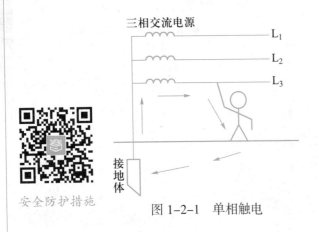

安全防护措施

图 1-2-1 单相触电

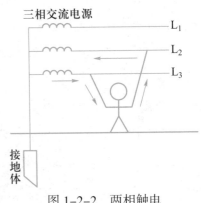

图 1-2-2 两相触电

两相触电时,作用于人体上的电压为线电压,电流将从一相导线经人体流入另一相导线,两相触电要比单相触电严重得多。

保护接地和
保护接零

(3) 跨步电压触电。如果高压带电体直接接地或电气设备相线碰壳短路接地,人体虽没有接触带电导线或带电设备外壳,但当电流流入地下时,电流会在接地点周围土壤中产生电压降,人跨步行走在电位分布曲线的范围而造成的触电称为跨步电压触电,如图 1-2-3 所示。

常见的跨步电压触电有:当人行走在掉落在地面上的高压带电导线周围时,会发生跨步电压触电。

2. 防止触电的保护措施

为防止发生触电事故,除遵守电工安全操作规程外,还必须采取一定的防范措施以确保安全。常见触电防范措施主要有正确安装用电设备、安装漏电保护装置、电气设备的保护接地、电气设备的保护接零以及采用各种安全保护用具等。

图 1-2-3 跨步电压触电

注意

电气设备的金属外壳必须接地,不准断开带电设备的外壳接地线;对临时装设的电气设备,也必须将金属外壳接地。

1.2.3 触电现场的处理与急救

当发现有人触电时,必须用最快的方法使触电者脱离电源。然后根据触电者的具体情况,进行相应的现场救护。每位电气专业人员应掌握急救处理方法并能正确运用。

教学视频
触电现场的处理与急救

小提示:在企业中应挂有触电急救措施信息提示板

××企业触电急救措施信息提示板

当发生触电事故时,应立即拨打120急救电话,并简述以下内容:

- 何处发生事故
- 发生何种事故
- 多少人受伤
- 伤情如何

在明确救护地点后结束首次呼救,并展开现场的处理与急救。

1. 脱离电源

对低压用电设备(在家庭和小型企业中,电压通常为220 V/380 V,最大值不超过1 000 V),可以通过断开开关、拔下插头或切断回路实现断电。若发生事故时电源不能断开,可以用不导电的绝缘体把处在电压下的部件分离开。脱离电源的具体方法可用拉、切、挑、拽、垫五个字来概括,见表1-2-1。

表 1-2-1 使触电者脱离电源的方法

方法	示意图	具体操作
拉		迅速拉开闸刀或拔去电源插头、熔断器
切	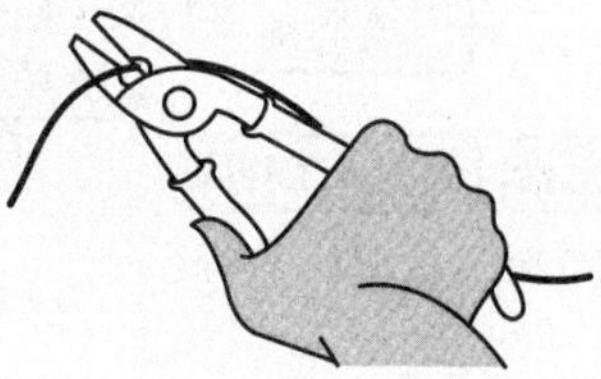	用带有绝缘柄的利器切断电源回路

续表

方法	示意图	具体操作
挑		用绝缘棒挑开触电者身上的电线
拽		用手拖拽触电者的干燥衣服,同时注意操作者自身的安全(如踩在干燥的木板上)
垫		将干燥的木板塞进触电者身下,使其与地绝缘,然后采取办法把电源切断

2. 现场诊断和急救

当触电者脱离电源后,除及时拨打"120"联系医疗部门外,还应进行必要的现场诊断和急救。现场诊断和急救操作流程如图 1-2-4 所示。

当触电者出现心脏停搏、无呼吸等假死现象时,可采用胸外心脏按压法和口对口人工呼吸法进行救护。

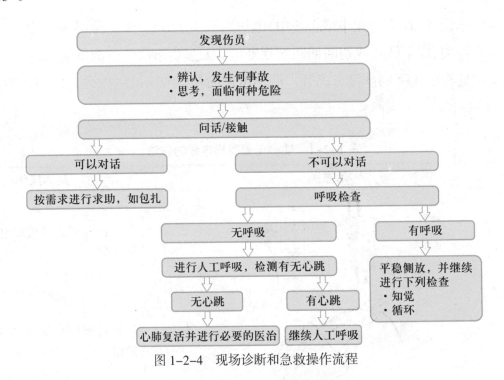

图 1-2-4　现场诊断和急救操作流程

（1）胸外心脏按压法。适用于有呼吸但无心跳的触电者，其操作方法如图1-2-5所示。

救护方法的口诀是：病人仰卧硬地上，松开领口解衣裳。当胸放掌不鲁莽，中指应该对凹膛。掌根用力向下按，压下一寸至半寸。压力轻重要适当，过分用力会压伤。慢慢压下突然放，一秒一次最恰当。

（2）口对口人工呼吸法。适用于有心跳但无呼吸的触电者，其操作方法如图1-2-6所示。

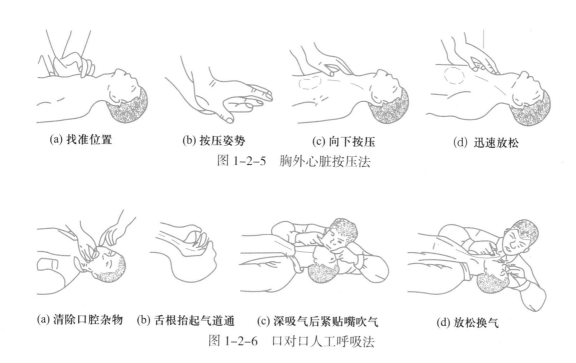

(a) 找准位置　　(b) 按压姿势　　(c) 向下按压　　(d) 迅速放松

图1-2-5　胸外心脏按压法

(a) 清除口腔杂物　(b) 舌根抬起气道通　(c) 深吸气后紧贴嘴吹气　(d) 放松换气

图1-2-6　口对口人工呼吸法

救护方法的口诀是：病人仰卧平地上，鼻孔朝天颈后仰，首先清理口鼻腔，然后松扣解衣裳。捏鼻吹气要适量，排气应让口鼻畅。吹二秒来停三秒，五秒一次最恰当。

当触电者既无呼吸又无心跳时，可以同时采用口对口人工呼吸法和胸外心脏按压法进行抢救。应先口对口（鼻）吹气两次（约5 s内完成），再进行胸外按压15次（约10 s内完成），以后交替进行。

1.2.4　电气火灾的防范与扑救

电气火灾是指由输配电线路漏电、短路、设备过热、电气设备运行中产生明火、静电火花等引起的火灾。为了防范电气火灾的发生，在制造和安装电气设备、电气线路时，应减少易燃物，选用具有一定阻燃能力的材料。一定要按防火要求设计和选用电气产品，严格按照额定值规定条件使用电气产品，按防火要求提高电气安装和维修水平，主要从减少明火、降低温度、减少易燃物三个方面入手，另外还要配备灭火器具。

电气设备发生火灾有两个特点：一是着火后用电设备可能带电，如果不注意，可能引起触电事故；二是有的用电设备本身含有大量油，可能发生喷油或爆炸，会造成更大的事故。因此，电气火灾一旦发生，首先要切断电源，进行扑救，并及时报警。带电灭火时，切忌使用水和泡沫灭火剂,应使用干黄砂、二氧化碳、1211(二氟一氯一溴甲烷)、四氯化碳或干粉等灭火器。

思考与练习

1. 常见的触电防范措施主要有_____、_____、_____以及_____。

2. 带电灭火时,切忌使用_____灭火剂,应使用干黄砂、二氧化碳、1211(二氟一氯一溴甲烷)、四氯化碳或干粉等灭火器。

应知应会要点归纳

一、认识电工实验实训室

(1) 电工实验实训室的电源配置。电工实验实训室一般配有多组电源,以满足不同的电工实验实训需要。电源通常有直流和交流两大类。

(2) 常用电工仪器仪表。常用电工仪器仪表包括电流表、电压表、万用表、示波器、毫伏表、频率计、兆欧表、钳形电流表、函数信号发生器和单相调压器等。

(3) 常用电工工具。常用电工工具包括钢丝钳、尖嘴钳、斜口钳、剥线钳、螺丝刀、镊子、电工刀和试电笔等。

(4) 电工实验实训室操作规程。每一位进入电工实验实训室的学员,都应严格遵守电工实验实训室的各项操作规程,学会安全操作、文明操作。

二、安全用电常识

(1) 安全电压等级。当通过人体的电流超过 50 mA 时,便会引起心力衰竭、血液循环终止、大脑缺氧而导致死亡。根据 GB/T 3805—2008《特低电压(ELV)限值》规定,按操作环境、操作方式和操作人员,将安全电压等级分为 42 V、36 V、24 V、12 V 和 6 V。

(2) 常见触电类型与防范措施。常见触电类型有单相触电、两相触电和跨步电压触电。常见触电防范措施主要有正确安装用电设备、安装漏电保护装置、电气设备的保护接地和电气设备的保护接零等。

(3) 触电现场的处理和急救。当发现有人触电时,必须用最快的方法使触电者脱离电源。然后根据触电者的具体情况,进行相应的现场救护。

(4) 电气火灾的防范与扑救。为了防范电气火灾的发生,在制造和安装电气设备、电气线路时,应减少易燃物,选用具有一定阻燃能力的材料。一定要按防火要求设计和选用电气产品,严格按照额定值规定条件使用电气产品。

复习与考工模拟

一、是非题

1. 电源通常有直流和交流两大类,直流用字母"AC"表示,交流用字母"DC"表示。（　　）

2. 任何电气设备内部未经验明无电时,一律视为有电,不准触及。（　　）

3. 任何接、拆线都必须切断电源后才可进行。（　　）

4. 电气设备安装检修后,可立即使用。（　　）

5. 若家中没有三孔插座,可把电气设备的三线插脚改成两线插脚使用。（　　）

6. 根据 GB/T 3805—2008《特低电压(ELV)限值》规定,按操作环境、操作方式和操作人员,将安全电压等级分为 42 V、36 V、24 V、12 V 和 6 V。（　　）

7. 遇到雷雨天,可在大树底下避雨。（　　）

8. 两相触电要比单相触电危险得多。（　　）

9. 电气设备的金属外壳必须接地,不准断开带电设备的外壳接地线。（　　）

10. 对于临时装设的电气设备,可以使金属外壳不接地。（　　）

二、选择题

1. 当通过人体的电流超过（　　）时,便会引起死亡。

　　A. 30 mA　　　　　B. 50 mA　　　　　C. 80 mA　　　　　D. 100 mA

2. 当皮肤出汗,有导电液或导电尘埃时,人体电阻将（　　）。

　　A. 下降　　　　　B. 不变　　　　　C. 增大　　　　　D. 不确定

3. 当人体触碰到掉落在地上的某根带电导线时,会发生（　　）。

　　A. 单相触电　　　　　　　　　B. 两相触电

　　C. 跨步电压触电　　　　　　　D. 以上都不对

4. 当发现有人触电时,必须尽快（　　）。

　　A. 拨打 120 电话　　　　　　　B. 人工呼吸

　　C. 使触电者脱离电源　　　　　D. 以上都不对

5. 关于电气火灾的防范与扑救,以下说法不正确的是（　　）。

　　A. 在制造和安装电气设备时,应减少易燃物

　　B. 电气火灾一旦发生,首先要切断电源,进行扑救,并及时报警

　　C. 带电灭火时,可使用泡沫灭火剂

　　D. 一定要按防火要求设计和选用电气产品

三、简答题

1. 电工实验实训室通常有哪些电源配置?

2. 常用电工仪器仪表和电工工具有哪些?

3. 简述电工实验实训室安全操作规程。

4. 常见的触电类型有哪些?

四、实践与应用题

1. 遇到雷雨天,一般不能在大树下避雨,你知道这是为什么吗?

2. 家庭中,为防止触电事故的发生,通常采用哪几种触电防范措施?

2

电路的基础知识与基本测量

在生产、生活中,用直流电源供电的电路就是直流电路,如人们常见的手电筒、电动玩具、电动自行车、汽车电气电路都用到了直流电路。直流电路的基本概念和基本分析方法是研究电路的基础,也是学习其他专业课程的基础。

本单元将学习电路、电路中的基本物理量、直流电压与电流的测量、电阻的测量、常用电池及其应用、万用表的基本操作等。为使教学内容贴近生产生活实际,与工作岗位对接,教学中应把实践操作性强、应用性强的内容,如"电阻的识别与检测""直流电压与电流的测量"等作为本单元的核心;为使教学过程尽可能与生产过程对接,教学中通过"搭接小电路"等设置一些教学环境与载体,并为下一单元学习直流电路的基本定律、定理等电路分析方法做好准备。

职业岗位群应知应会目标

— 了解电路的组成、工作状态及其特点。

— 理解电流、电压、电位、电动势、电阻、电功率、电能等电路的基本概念,学会选择合适的电工仪表对其进行测量。

— 理解电流、电压的实际方向与参考方向及电压与电位之间的关系。

— 学会用欧姆定律分析和解决实际问题,会区别线性电阻和非线性电阻,了解其典型应用。

— 掌握使用万用表测直流电压与直流电流的基本方法与操作步骤,并会正确读数。

— 能识别常用、新型电阻器,掌握使用万用表测电阻的方法与步骤,了解使用兆欧表测量绝缘电阻及使用电桥进行精密测量的方法,并会正确读数。

2.1 电路与电路图

观察与思考

图 2-1-1 所示为手电筒实物。把手电筒的开关拨向"ON",灯发光;再把手电筒的开关拨向"OFF",灯不发光。开关拨向"ON"或拨向"OFF",使电路处于两种不同的工作状态。

图 2-1-1　手电筒实物

　　拧开手电筒的后盖(或前端),取出电池,小心地拆解灯头,通过观察,你能看出手电筒内部的电路结构吗? 你能画出手电筒的电路图吗?

　　其实,手电筒电路是一种最基本、最简单的直流电路,可以把它简化成图 2-1-2(a) 所示的电路,图 2-1-2(b) 所示为其电路原理图。

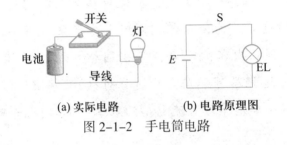

(a) 实际电路　　　　　　(b) 电路原理图

图 2-1-2　手电筒电路

　　说明:合上开关 S,电路处于导通状态,灯发光;打开开关 S,电路处于断开状态,灯不发光。通路与断路是电路的两种基本工作状态。

2.1.1　电路的组成及工作状态

1. 电路

　　电路是电流的通路,由一些电气元件按一定的方式连接而成。一个完整的电路至少包含电源、负载、导线、控制和保护装置四部分,如图 2-1-2 所示。

　　(1) 电源。电源是提供电能的装置,它把其他形式的能转换成电能。常见的直流电源有干电池、蓄电池、光电池和直流发电机等。干电池或蓄电池能把化学能转换成电能,光电池能把太阳能(光能)转换成电能,发电机能把机械能转换成电能。

　　(2) 负载。负载也称用电器或用电设备,是把电能转换成其他形式能量的装置,是利用电能工作的设备。如照明灯把电能转换成光能,电动机把电能转换成机械能,电炉把电能转换成热能等。

　　(3) 导线。通常把电源与负载及控制器和保护装置相连接的金属线称为导线,它把电源产生的电能输送到负载,常用铜、铝等材料制成。

　　(4) 控制和保护装置。为了使电路安全可靠地工作,电路通常装有开关、熔断器等器件,对电路起控制和保护作用。常见的控制和保护装置有开关、低压断路器(空气开关)和熔断器等。

2. 电路的工作状态

电路通常有三种工作状态,如图 2-1-3 所示。

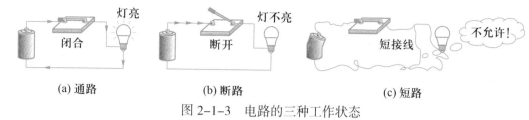

(a) 通路　　　　　(b) 断路　　　　　(c) 短路

图 2-1-3　电路的三种工作状态

（1）通路。通路是指正常工作状态下的闭合电路。此时,开关闭合,电路中有电流通过,负载能正常工作。

（2）断路。断路也称开路,是指电源与负载之间未形成闭合电路,即电路中有一处或多处是断开的。此时,电路中没有电流通过,负载不工作。开关处于断开状态时,电路断路是正常状态;但当开关处于闭合状态时,电路仍然断路,就属于故障状态,需要进行检修。

（3）短路。短路是指电源不经负载直接被导线相连。此时,电源提供的电流比正常通路时的电流大许多倍,严重时,会烧毁电源和短路内的电气设备。因此,电路中不允许电源短路。

职业相关知识

在家用电路中,通常采用安装熔断器或低压断路器(空气断路器)的措施来预防短路。当电路发生短路时,它们能快速切断电路、保护电路和用电设备,如图 2-1-4 所示。

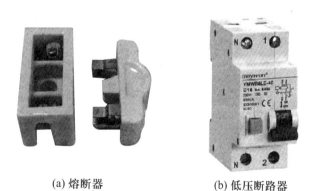

(a) 熔断器　　　　　(b) 低压断路器

图 2-1-4　熔断器与低压断路器

2.1.2　电路模型与电路图

1. 电路模型

电路常由电磁特性复杂的元器件组成,为了便于用数学方法对电路进行分析,可将电路实体中的电气设备和元器件用一个能够表征它们主要电磁特性的理想元件(模型)来代替,而对它的实际的结构、材料、形状,以及其他非电磁特性不予考虑,这样所得的结果与实际情况相差不大,在工程上是允许的。由理想元件构成的电路称为实际电路的电路模型。图 2-1-2(b)所示为手电筒电路的电路模型。

2. 电路图

用国家标准规定的电气图形符号、文字符号来表示电路连接情况的图,称为电路原理图,简称电路图。图 2-1-2(b)所示为手电筒电路图。实物图虽然直观,但画起来很复杂,不便于分析和研究。为了便于分析和研究电路,通常采用电路图,而不需要考虑电路中各组成元器件连接的实际位置。

部分常用元器件图形符号见表 2-1-1。

表 2-1-1   部分常用元器件图形符号

名称	图形符号	名称	图形符号	名称	图形符号
电阻	—▭—	接地或接机壳	⏚ 或 ⊥	灯	⊗
电位器		二极管	—▷⊢	电池	—⊣⊢
电容	—||—	电流表	Ⓐ	开关	—╱—
电感	⌇⌇⌇	电压表	Ⓥ	熔断器	—▭—

思考与练习

1. 电路是＿＿＿＿＿＿＿＿＿＿的通路。一个完整的电路至少包含＿＿＿＿＿＿＿＿＿＿＿＿、＿＿＿＿＿＿＿＿＿＿、＿＿＿＿＿＿＿＿＿＿和＿＿＿＿＿＿＿＿＿＿四部分。

2. 电路通常有＿＿＿＿＿＿＿＿＿＿、＿＿＿＿＿＿＿＿＿＿和＿＿＿＿＿＿＿＿＿＿三种状态。电路中不允许＿＿＿＿＿＿＿＿＿＿。

2.2   电流及其测量

观察与思考

把干电池、灯、开关按图 2-2-1 所示连接成实验电路,闭合开关后,灯亮。

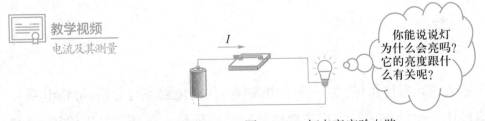

教学视频
电流及其测量

你能说说灯为什么会亮吗?它的亮度跟什么有关呢?

图 2-2-1   灯点亮实验电路

灯会亮,是因为有电流通过它。灯的亮度与通过它的电流大小有关,通过的电流较大,灯就较亮;通过的电流变小,灯就变暗。那么,什么是电流? 电流的大小是如何定义的呢? 它的方向又是如何规定的呢? 怎样才能定量地测量电流的大小呢?

2.2.1 电流的形成、方向和大小

1. 电流的形成

电荷有规则地定向移动形成电流。在金属导体中,电流是由自由电子在外电场作用下有规则运动形成的;在某些液体和气体中,电流是由阴离子或阳离子在电场力作用下有规则地运动形成的。

2. 电流的方向

习惯上规定正电荷的移动方向为电流的方向,与电子移动的方向正好相反。因此,在金属导体中,电流的方向与电子定向移动的方向相反,如图 2-2-2 所示。

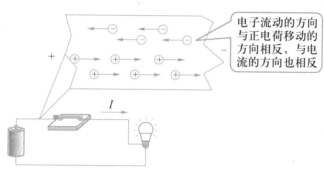

图 2-2-2　金属导体中电流的方向

在分析与计算电路时,有时事先无法确定电路中电流的真实方向。为了计算方便,常常先假设一个电流方向,称为电流参考方向,用箭头在电路图中标明。如果计算结果的电流为正值,那么电流的真实方向与参考方向一致;如果计算结果的电流为负值,那么电流的真实方向与参考方向相反,如图 2-2-3 所示。若不规定电流的参考方向,则电流的正、负号是无意义的。

想一想　做一做

图 2-2-4 所示为部分电路,图中标出了各电流的参考方向和计算结果,请判断各电流的实际方向。

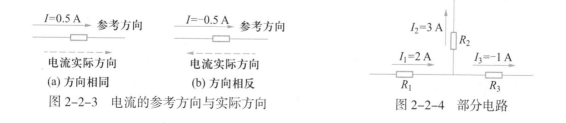

图 2-2-3　电流的参考方向与实际方向　　　图 2-2-4　部分电路

3. 电流大小的定义

电流的大小等于通过导体横截面的电荷量与通过这些电荷量所用时间的比值,用 I 表示。其定义式为

$$I = \frac{q}{t}$$

式中:I——电流,单位是 A(安);

q——通过导体横截面的电荷量,单位是 C(库);

t——通过电荷量所用的时间,单位是 s(秒)。

在国际单位制中,电流的单位是 A(单位名称为安[培],简称安)。如果在 1 s 内通过导体横截面的电荷量是 1 C,导体中的电流就是 1 A。电流的常用单位还有 mA(毫安)和 μA(微安),它们之间的关系为

$$1\ A = 10^3\ mA = 10^6\ \mu A$$

职业相关知识

大气层中一次闪电的电流的数量级可达 10^4 A,一般家用电器的工作电流为 0.3~6 A,手电筒正常发光时的电流约为 300 mA,电子手表工作时的电流约为 2 μA。

【例 2-2-1】

某导体在 0.5 min 内通过导体横截面的电荷量是 120 C,导体中的电流是多少?

分析:$t = 0.5\ min = 30\ s$

解:由电流的定义式可得:$I = \dfrac{q}{t} = \dfrac{120}{30}$ A $= 4$ A

说明:公式 $I = \dfrac{q}{t}$ 是定义式,在实际电路的计算中,一般不常用。

4. 电流的类型

电流既有大小又有方向,电流方向只表明电荷的定向移动方向。电流的大小和方向都不随时间变化的电流称为直流电流,如图 2-2-5(a)所示。把电流的大小随时间变化,但方向不随时间变化的电流称为脉动直流电流,如图 2-2-5(b)所示。直流电流的文字符号用字母"DC"表示,图形符号用"━"表示。如果电流的大小和方向都随时间周期性变化,则称为交流电流,如图 2-2-5(c)所示。交流电流的文字符号用字母"AC"表示,图形符号用"~"表示。

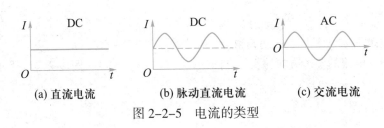

(a) 直流电流   (b) 脉动直流电流   (c) 交流电流

图 2-2-5 电流的类型

2.2.2 电流的测量

测量直流电流的大小一般用直流电流表 [简称电流表,如图 2-2-6(a) 所示],电路接线如图 2-2-6(b) 所示。在实际应用中,通常用万用表的直流电流挡代替电流表进行测量。

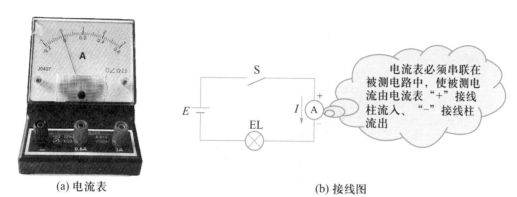

(a) 电流表   (b) 接线图

图 2-2-6   测量直流电流所用电流表及接线电路图

电流表使用时应注意:

(1) 与被测元器件串联。电流表必须串联在被测电路中。

教学视频
电流表在电路中的接法

(2) 注意电流的极性。使被测电流从电流表"+"接线柱流入,"−"接线柱流出,即"+"接线柱接电源正极的一端,"−"接线柱接电源负极的一端。

(3) 选择合适的量程。电流表选用量程一般应尽可能使指针指在满量程的 $\frac{1}{2} \sim \frac{2}{3}$ 范围内,若事先无法确定被测电流的大小,量程的选择一般应从大到小,直到合适为止。

(4) 防止短路。流过电流表的电流一定要同时流过用电器,不能不经过用电器而直接接到电源的两极上,即电流表不能与电源并联连接。

思考与练习

1. 规定_____的移动方向为电流的方向,与_____的方向正好相反。

2. 如果在 5 s 内通过导体横截面的电荷量是 120 C,则导体中的电流是_____A。

3. 测量直流电流一般用_____,在实际应用中,通常用万用表的_____挡进行测量。

实训项目一   使用万用表测量直流电流

实训目的

● 学会万用表的基本操作。

● 掌握使用万用表测量直流电流的方法与步骤,并能正确读数。

万用表是一种多用途、广量程、使用方便的测量仪表,可用来测量直流电压、直流电流、交流电压和电阻。中高档的万用表还可以用来测量交流电流、电 容、电感及二极管和三极管的主要参数等。常用的万用表一般有指针式和数字式两种，这里主要介绍数字式万用表的面板及其基本操作方法(以 VC890D 型数字式万用表为例)。

任务一　认识面板

数字式万用表面板如图 2-2-7 所示。其中，液晶显示器用于显示测量值；通断指示灯用于通断检测时报警；挡位与量程选择开关用于改变测量挡位和量程；HOLD 键用于锁定测量数据。

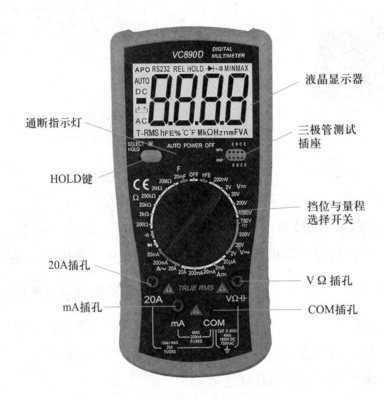

图 2-2-7　数字式万用表面板

任务二　操作前的准备与操作方法

1. 操作前的准备

(1) 操作万用表前要先检查 9 V 电池电压，如果电池电压不足，应及时更换电池；如果电池电压正常，则进入工作状态。

(2) 测试插孔旁边的 "！" 符号表示输入电压或电流不应超过此标示值，以免损坏内部接线。

(3) 测量前，应将挡位与量程选择开关置于所需挡位和量程上。

2. 操作方法

(1) 将黑表笔插入 COM 插孔(公共端插孔)，红表笔插入 mA 插孔(量程为 200 mA)或 20 A 插孔(量程为 20 A)。

(2) 将挡位与量程选择开关旋转至直流电流挡的合适量程。

(3) 将红、黑表笔串联接入被测电路，被测电流值及其极性显示在液晶显示器上。

注意：换挡之前一定要先断电！

任务三　测量直流电流

1. 搭接测试电路

（1）认识电路原理图。测试电路为发光二极管应用电路，如图 2-2-8 所示，该电路由发光二极管（LED）、限流电阻（R）及 3 V 直流电源组成。接通电源后，电路正常工作，发光二极管发光。

（2）根据电路原理图选取元器件，见表 2-2-1，在面包板上搭接电路，图 2-2-9 所示为发光二极管应用电路实物搭接图。

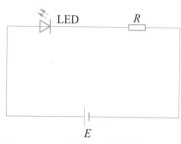

图 2-2-8　发光二极管应用电路

表 2-2-1　使用万用表测量直流电流电路元器件清单

序号	名称	规格	数量	实物图
1	电池	1.5 V（1 号）	2	
2	发光二极管（LED）	红色，ϕ10 mm	1	
3	限流电阻（R）	100 Ω	1	
4	面包板		1	
5	电池盒		2	
6	鳄鱼夹		2	
7	专用导线		1	

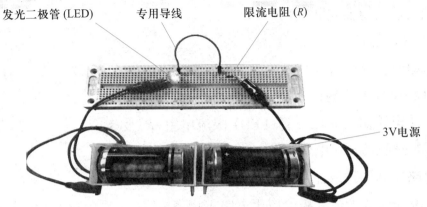

图 2-2-9 发光二极管应用电路实物搭接图

注意：发光二极管具有正负极,正极应接高电位端(电源的正极),负极应接低电位端(电源的负极),若接反,则发光二极管不亮。

使用数字式万用表测直流电流的操作过程

2. 测量电路中的电流

(1) 选择挡位与量程。将挡位与量程选择开关旋转至直流电流 20 mA 挡。

(2) 将万用表串联在电路中。断开专用导线,将万用表红表笔接在与电源正极相连的断点处(高电位端),黑表笔接在与电源负极相连的断点处(低电位端),如图 2-2-10 所示。

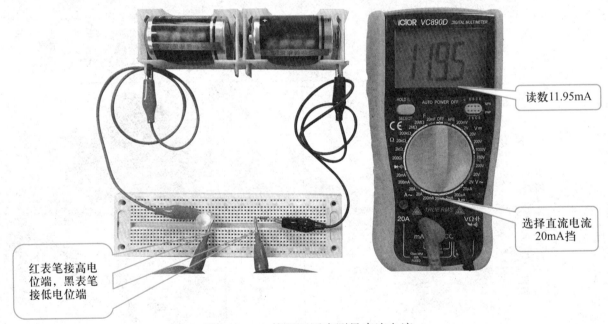

图 2-2-10 使用万用表测量直流电流

(3) 正确读数。待读数显示稳定后,正确读出被测电流的数值,并填入表 2-2-2 中。

表 2-2-2 使用万用表测量直流电流技训表

测量项目	万用表挡位和量程	测量值	测量时注意事项及现象
测量直流电流			

操作要领：

万用表选择直流电流挡，表笔串联在电路中，正负极要连接正确，如果不知道测量值大小应该由大到小逐步选择量程，确定好量程后再准确读数。

任务四 实训小结

(1) 将"使用万用表测量直流电流"的操作方法与步骤、收获与体会及实训评价填入"实训小结表"（见附录 2）。

(2) 将实训过程评价填入"实训过程评价表"（见附录 1）中的相应位置。

实训拓展

使用指针式万用表也可以测量直流电流，下面简单介绍指针式万用表，读者也可以参考二维码所示内容，进行测量实训，对比两种万用表操作方法的异同，并比较测量结果。

1. 认识面板

以 MF 47A 型指针式万用表为例，其面板如图 2-2-11 所示，主要分为刻度盘和操作面板两部分。操作面板上主要有机械调零旋钮、电阻调零旋钮、挡位与量程选择开关、表笔插孔等。

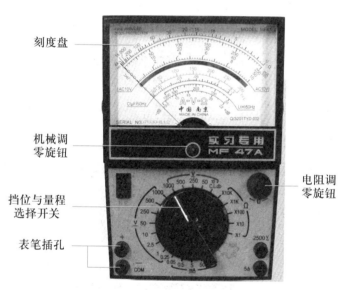

图 2-2-11 指针式万用表面板

2. 操作方法

(1) 将指针式万用表水平放置。

(2) 机械调零。检查指针是否停在刻度盘左端的"零"位，如不在"零"位，用小螺丝刀轻轻转动表头上的机械调零旋钮，使指针指向"零"位，如图 2-2-12 所示。

(3) 插好表笔。将红、黑表笔分别插入相应的表笔插孔，红表笔插入标有"+"的插孔，黑表笔插入标有"COM"或"−"的插孔。

图 2-2-12 指针式万用表机械调零

(4) 电阻调零。将挡位与量程选择开关旋到电阻 $R \times 1$ 挡,把红、黑表笔短接,旋转电阻调零旋钮进行电阻调零,如图 2-2-13 所示。若指针不能转到刻度右端的"零"位,说明电压不足,需要更换电池。

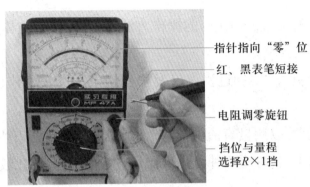

图 2-2-13 指针式万用表电阻调零

(5) 指针式万用表使用完毕后,一般应把挡位与量程选择开关旋至交流电压最高挡或"OFF"挡。

3. 操作步骤与读数方法

使用指针式万用表测量直流电流的操作过程

(1) 选择挡位与量程。指针式万用表电流挡标有"mA",有 0.05 mA、5 mA、50 mA 和 500 mA 等不同量程。应根据被测电流的大小,选择合适量程,并使被测电流指示在满量程的 1/2~2/3 范围内。若事先无法确定被测电流的大小,量程的选择一般应从大到小,直到合适为止。

(2) 测量方法。将指针式万用表与被测电路串联。具体方法:电路相应部分断开后,将表笔接在断点的两端,红表笔接在与电源正极相连的断点,黑表笔接在与电源负极相连的断点。

(3) 读数。读数时,一般将刻度盘和挡位与量程选择开关配合进行。图 2-2-14 所示为指针式万用表刻度盘。

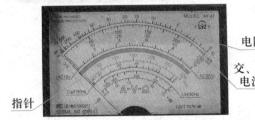

指针式万用表的正确读数

图 2-2-14 指针式万用表刻度盘

测量直流电流时,应该读刻度盘中从上至下的第二根标尺,其左端为"0",右端为满量程,标有"250""50""10"三组量程。标尺上共标有 50 小格、10 大格,选择哪一组量程读数方便,具体要看挡位与量程选择开关所选择的位置。

正确的读数步骤:

① 根据挡位与量程选择开关所处位置,明确满量程的值。

② 计算每小格所代表的值。

③ 明确指针所偏转的格数。

④ 计算测量值:测量值 = 指针所偏转的格数 × 每小格所代表的值。

2.3 电压及其测量

观察与思考

图 2-3-1 所示为更换电源实验电路。在电路安全运行范围内,分别用完全相同的 2 节 1.5 V 电池串联后供电和用其中的 1 节 1.5 V 电池供电,发现电路中灯的亮度不一样,你能说说这是为什么吗?

2 节电池串联后提供给灯的电压要比同样的 1 节电池提供给灯的电压高。那么,什么是电压? 电压的大小和方向又是如何定义的呢?

教学视频
电压及其测量

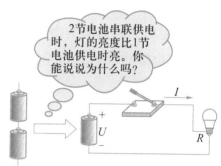

2 节电池串联供电时,灯的亮度比 1 节电池供电时亮。你能说说为什么吗?

图 2-3-1 更换电源实验电路

2.3.1 电压的大小与方向

1. 电压的形成

不同类型的电荷之间有引力作用,若要把不同类型的电荷分离,必须将其他形式的能转换成电能。如图 2-3-2 所示,通过电源(干电池)内部化学能的作用,让正电荷聚集在电源的正极 A 端,相同数量的负电荷聚集在电源的负极 B 端。这样,由于正、负电荷的分离,就在 A、B 两端之间形成了一定的电压 U_{AB},即正、负电荷的分离形成电压。如果用导体连接形成电压的两端(A、B 端),就会有电流(I)流过电路。

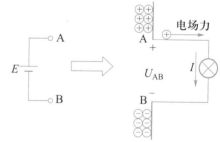

图 2-3-2 电路中电场力做功示意图

2. 电压的大小

如图 2-3-2 所示,A、B 两点间的电压 U_{AB} 在数值上等于电场力把正电荷由 A 点移动到 B 点所做的功 W_{AB} 与被移动电荷的电荷量的比值。电压是衡量电场力做功本领大小的物理量。

教学动画
电压的基本概念

其定义式为

$$U_{AB} = \frac{W_{AB}}{q}$$

式中：U_{AB}——A、B 两点间的电压，单位是 V（伏）；

　　W_{AB}——电场力将电荷由 A 点移动到 B 点所做的功，单位是 J（焦）；

　　q——电荷量，单位是 C。

在国际单位制中，电压的单位是 **V**（单位名称为 伏 [特]，简称伏）。电压的常用单位还有 kV（千伏）和 mV（毫伏），它们之间的关系为

$$1\ kV = 10^3\ V$$

$$1\ V = 10^3\ mV$$

说明：$U_{AB} = \dfrac{W_{AB}}{q}$ 是定义式，在实际电路的计算中，一般不常用。

3. 电压的方向

规定电压的方向为由高电位指向低电位，即电位降低的方向。因此，电压也常被称为电压降。电压的方向可以用高电位标"+"，低电位标"–"来表示，如图 2-3-3 所示。

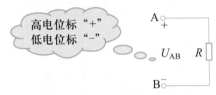

图 2-3-3　电压方向的表示

如果 $U_{AB} > 0$，说明 A 点电位比 B 点电位高；如果 $U_{AB} = 0$，说明 A 点电位与 B 点电位相等；如果 $U_{AB} < 0$，说明 A 点电位比 B 点电位低。

与电流相似，在电路计算时，若事先无法确定电压的实际方向，常常先假设电压的参考方向，用"+""–"标在电路图中。如果计算结果的电压为正值，则电压的实际方向与参考方向一致；如果计算结果的电压为负值，则电压的实际方向与参考方向相反。

想一想　做一做

图 2-3-4（a）、（b）中分别标出了电压的参考方向和计算结果，请判断电压的实际方向。

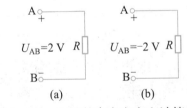

(a)　　　　　(b)

图 2-3-4　电压的参考方向和计算结果

2.3.2　电压的测量

教学视频

电压表在电路中的接法

测量直流电压的大小一般用直流电压表 [简称电压表，如图 2-3-5（a）所示]，接线电路图如图 2-3-5（b）所示。在实际应用中，通常用万用表的直流电压挡代替电压表进行测量。

电压表使用时应注意：

（1）与被测电路并联。电压表必须并联在被测电路中。

（2）注意电压的极性。直流电压表"+"接线柱接电源的正极，"–"接线柱接电源的负极。

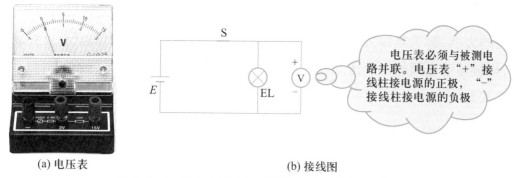

(a) 电压表　　　　　　　　　　(b) 接线图

图 2-3-5　测量直流电压所用电压表及接线电路图

（3）选择合适的量程。电压表选用量程一般使指针指在满量程的 $\frac{1}{2} \sim \frac{2}{3}$ 范围内，若事先无法确定被测电压的大小，量程的选择一般应从大到小，直到合适为止。

2.3.3　电源电动势与端电压

1. 电源电动势

图 2-3-6 所示为电池实物图，电池上标着的 "9 V" 和 "12.8 V" 分别指电池的电动势为 9 V 和 12.8 V。那么，什么是电动势？电动势的大小又是如何定义的呢？

教学动画
电动势

图 2-3-6　电池实物图

如图 2-3-7 所示，在电源外部，在电场力的作用下正电荷从电源的正极（高电位）通过负载移动到电源的负极（低电位），与负极板上的负电荷中和，这样，正、负电荷数会逐渐减少。为了使电源正、负极板上聚集的电荷数保持不变，在电源内部必须有一种外力把正电荷从电源的负极（低电位）移动到电源的正极（高电位），这种外力称为电源力。因此，在电源内部，电源力不断地把正电荷从低电位移动到高电位，把其他形式的能转换成电能，使电源两端的正、负电荷数即电压（电位差）保持不变。

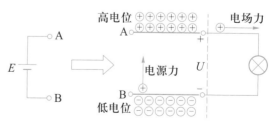

图 2-3-7　正电荷在电源力、电场力作用下移动

对于不同的电源，电源力做功的性质和大小不同，衡量电源力做功本领大小的物理量称为

电源电动势,用字母 E 表示,其单位是 V。

电动势的大小,等于电源力把正电荷从低电位(负极)移动到高电位(正极),克服电场力所做的功 W,与被移动电荷的电荷量 q 的比值。

其定义式为

$$E = \frac{W}{q}$$

式中:E——电源电动势,单位是 V;

$\quad\quad$ W——电源力移动正电荷做的功,单位是 J;

$\quad\quad$ q——电源力移动的电荷量,单位是 C。

职业相关知识

常用干电池的电动势约为 1.5 V,铅酸蓄电池的电动势约为 2 V,镍镉、镍氢电池的电动势约为 1.2 V,锂离子电池的电动势约为 3.7 V。

2. 电源端电压与电动势的关系

电源两端的电压称为电源端电压,用 U 表示。电源端电压 U 与电源的电动势 E 之间既有联系,又有区别,图 2-3-8 所示为电源端电压与电动势之间的关系。

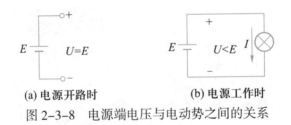

(a) 电源开路时   (b) 电源工作时

图 2-3-8   电源端电压与电动势之间的关系

当电源开路时,电源端电压 U 在数值上等于电源的电动势 E,即 $U = E$。

当电源工作时,电源端电压 U 在数值上小于电源的电动势 E,即 $U < E$。

说明:因为实际的电源内部总是存在着一定的内阻。当电源开路时,电路中没有电流,内阻上就没有电压降,则电源端电压等于电源的电动势,即 $U = E$;当电源工作时,其内阻上就会有电流流过,内阻上就有一定的电压降,则电源端电压等于电源电动势与内阻上的电压降之差,故 $U < E$。

2.3.4 电位

1. 电位的定义

描述电路中某点电位的高低,首先要确定一个基准点,这个基准点称为参考点,规定参考点的电位为零。原则上参考点是可以任意选定的,但习惯上通常选择大地为参考点,在实际电路中选择公共点或机壳作为参考点。

教学动画
参考电位

电路中某点的电位就是该点与参考点之间的电压,用字母 V 表示。在国际单位制中,电位的单位也是 V。图 2-3-9 所示为部分电路示意图,图中标出了 A、B、C、O 四点。

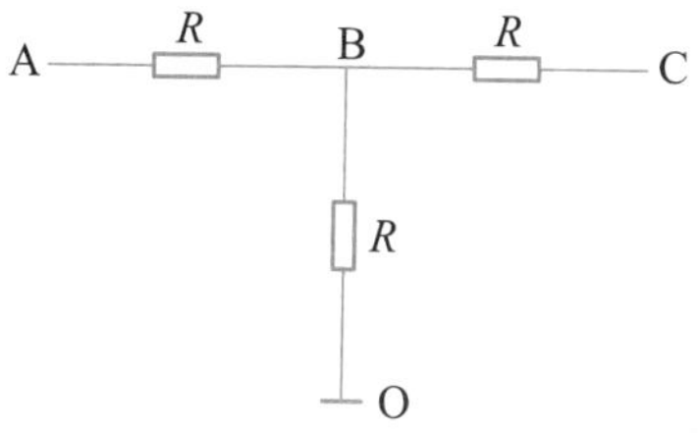

A —[R]— B —[R]— C
|
[R]
|
O

(1) 若假设 O 点为参考点,则 $V_O = 0$。A、B、C 各点的电位就是各点与 O 点之间的电压,可表示为

$$V_A = U_{AO}, V_B = U_{BO}, V_C = U_{CO}$$

图 2-3-9 部分电路示意图

(2) 若假设 B 点为参考点,则 $V_B = 0$。A、C、O 各点的电位就是各点与 B 点之间的电压,可表示为

$$V_A = U_{AB}, V_C = U_{CB}, V_O = U_{OB}$$

注意

一个电路中只能选择一个参考点,否则无法比较各点的电位。

2. 电压与电位的关系

电压就是两点间的电位差。在电路中,A、B 两点间的电压等于 A、B 两点的电位之差,即

$$U_{AB} = V_A - V_B$$

小提示

电压和电位的单位都是 V,但电压和电位是两个不同的概念。电压是两点间的电位差,即 $U_{AB} = V_A - V_B$,它是绝对值,与参考点的选择无关;而电位是某点与参考点之间的电压,如 $V_A = U_{AO}$(O 点为参考点)或 $V_A = U_{AB}$(B 点为参考点),它是相对值,会随参考点的变化而变化。

思考与练习

1. 正负电荷的_____形成电压。

2. 有一节电动势为 1.5 V 的干电池,开路时,其端电压 $U =$ _____。

3. 测量直流电压一般用_____,在实际应用中,通常用万用表的_____挡进行测量。

 技术与应用 常见电池及其应用

电池是一种常用的电源装置,可以将化学能、太阳能等其他能量转化为电能(称为化学电池、太阳能电池等),具有输出电压和电流稳定、可以长时供电、受外界影响小、结构简单、携带方便等优点,在现代社会生产、生活中电池发挥着越来越大的作用。

电池可简单分为一次性电池和可充电电池,能多次充电、反复使用的可充电电池已经成为

主流。电池的主要参数包括电动势、容量等。另外,按照绿色环保的理念,在生产和使用电池的过程中要注意构成电池的材料是否安全,是否会造成污染。目前,生活中废旧电池归类为有害垃圾,在处理时应将废旧电池放入指定垃圾箱或回收设施,如图 2-3-10 所示。

图 2-3-10   有害垃圾

1. 干电池

干电池是一种目前仍在使用的传统化学电池,一般为一次性电池,具有价格低廉、使用方便等特点。常用干电池主要有锌锰电池和碱性电池,主要外形包括 D 型电池 (1 号电池)、C 型电池 (2 号电池)、AA 型电池 (5 号电池)、AAA 型电池 (7 号电池)、AAAA 型电池 (9 号电池) 及 PP3 型电池,如图 2-3-11 所示。干电池的电动势一般为 1.5 V,PP3 型电池的电动势为 9 V。

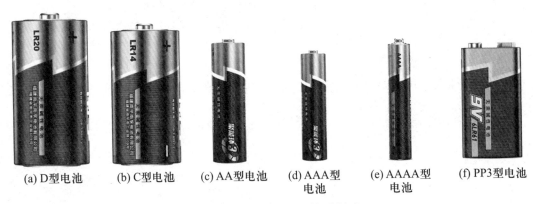

(a) D 型电池   (b) C 型电池   (c) AA 型电池   (d) AAA 型   (e) AAAA 型   (f) PP3 型电池
电池   电池

图 2-3-11   干电池主要外形样式

随着锂离子电池、太阳能电池、燃料电池等新型电池技术的不断发展,干电池正在逐渐被取代,但是其外形样式、技术参数指标等标准仍然被新型电池使用。

2. 微型电池

在集成电路、小型电子产品中经常需要使用便携电源,这就需要体积很小的微型电池。微型电池的形状各式各样,常见的微型电池为纽扣电池,还有因特殊需要而设计的特殊形状微型电池,微型电池的外形及应用如图 2-3-12 所示。

3. 蓄电池

蓄电池是一种可充电的化学电池,种类很多,常用的蓄电池有铅酸蓄电池、镍镉电池、镍氢电池和锂离子电池等。

(1) 铅酸蓄电池。铅酸蓄电池是最早出现的蓄电池(如图 2-3-13 所示),具有工作电压平稳、使用温度及电流范围宽、储存性能较好、造价较低等优点,但因为其体积较大、重量较重,并且含有铅等易造成污染的重金属,所以目前只应用在某些对蓄电池体积和重量要求不高的场合,并逐渐被锂离子电池等新型蓄电池取代。单个铅酸蓄电池的电动势一般为 2 V,在需要不同电动势的场合,可以将多个铅酸蓄电池串联使用。

(a) 纽扣电池

(b) 心脏起搏器电池

(c) 助听器中的纽扣电池

(d) 汽车遥控钥匙中的纽扣电池

图 2-3-12 微型电池的外形及应用

（2）镍镉电池。镍镉电池（如图 2-3-14 所示）具有放电能力强、维护简单、价格便宜等优点，但在充、放电过程中如果处理不当，会出现严重的"记忆效应"，并且存在重金属污染问题，正在被镍氢电池、锂离子电池取代。镍镉电池的电动势一般为 1.2 V。

图 2-3-13 铅酸蓄电池

（3）镍氢电池。镍氢电池（如图 2-3-15 所示）具有低温放电特性好、无"记忆效应"等优点。镍氢电池的电动势约为 1.2 V。

图 2-3-14 镍镉电池

图 2-3-15 镍氢电池

(4) 锂离子电池。锂离子电池具有能量密度高、体积小、重量轻、充电效率高、放电电压变化平缓、寿命长、无记忆效应等优点。锂离子电池已广泛应用于各种领域,小到笔记本电脑、手机,大到电动自行车、汽车、人造卫星等,并且锂离子电池中重金属元素含量很少,对环境污染小,已经成为主流蓄电池。但是目前锂离子电池还存在容量易受低温影响,破损后易发生爆燃等缺点。随着技术的进步,人们正在探索克服以上缺点,使锂离子电池应用前景更加美好。

随着我国制定碳达峰碳中和的雄伟目标,新能源汽车已经成为达到目标的重点发展产业,而新能源汽车是锂离子电池最具有代表性的应用领域。按照关键的正极材料,目前新能源汽车领域的锂离子电池主要有三元锂电池、磷酸铁锂电池和钛酸锂电池,如图 2-3-16 所示。

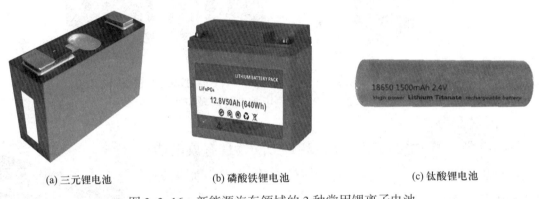

(a) 三元锂电池   (b) 磷酸铁锂电池   (c) 钛酸锂电池

图 2-3-16   新能源汽车领域的 3 种常用锂离子电池

在锂离子电池生产领域,无论是产量还是技术研发,我国都已取得世界领先地位,助力我国新能源汽车生产和销售跻身世界先进行列。例如,由我国自主研发的"刀片电池"(如图 2-3-17 所示),体积能量密度很高,使车辆续航里程达到 600 km,采用先进的结构框架,极大地提高了安全性,杜绝了自燃起火等安全隐患,并且还具有充放电次数高、使用寿命长等优点,已经在世界同类型产品中达到领先水平。

图 2-3-17   "刀片电池"

4. 燃料电池

燃料电池是一种把燃料在燃烧过程中释放的化学能直接转换成电能的装置。它从外表上看有正、负极和电解质等,像一个蓄电池,但它不能"储电",而是一个"发电厂"。燃料电池本身不参与化学反应,具有损耗小、寿命长、节能环保等优点,已经在航空航天、新能源汽车领域中展现出广泛的应用前景。氢燃料电池是典型的燃料电池,采用氢燃料电池的新能源汽车也在不断向前发展,如图 2-3-18 所示。

(a) 氢燃料电池

(b) 采用氢燃料电池的新能源汽车

图 2-3-18 氢燃料电池和采用氢燃料电池的新能源汽车

5. 太阳能电池

太阳能电池是利用半导体的光伏效应把太阳光的能量转换为电能的装置,一般制作成板状,称为太阳能电池板。当太阳光照射时,它产生端电压,得到电流。2021 年 5 月,我国发射的火星探测器天问一号成功在火星着陆,祝融号火星车开始在火星表面巡视探测。2022 年 11 月,我国梦天实验舱与天和核心舱成功对接,使我国空间站建设迈上新台阶。为这些航天器供电的是性能先进的柔性薄膜太阳能电池板,主材质为三结砷化镓,如图 2-3-19 所示。我国自行生产的柔性薄膜太阳能电池板具有发电效率高、重量轻、易于携带等优点,标志着我国太阳能电池技术、光伏发电技术已经步入国际先进水平。

(a) 天问一号着陆平台和祝融号火星车

(b) 梦天实验舱与天和核心舱

图 2-3-19 航天器及其携带的供电电池

实训项目二 使用万用表测量直流电压

实训目的

- 巩固万用表的基本操作。
- 掌握万用表测量直流电压的方法与步骤,并能正确读数。

任务一 操作前准备

1. 检查仪器

检查万用表是否正常,将黑表笔插入 COM 插孔,红表笔插入 VΩ 插孔;将挡位与量程选择开关旋至直流电压挡的合适量程。

2. 检查电路

按照实训项目一搭接图 2-2-8 所示电路。在确保元器件都正常的情况下,用万用表的通断测试挡对电路进行通断测试,确保电路正常工作。

接通电源,使电路处于正常工作。

任务二　测量直流电压

1. 测量电池两端电压

(1) 选择挡位与量程。将挡位与量程选择开关置于直流 20 V 挡。

(2) 测量方法。将万用表并联在电池两端,红表笔接电池的正极,黑表笔接电池的负极,如图 2-3-20 所示。

图 2-3-20　使用万用表测量电池两端电压

(3) 读数。正确读出被测电压数值,并填入表 2-3-1 中。

表 2-3-1　使用万用表测量直流电压技训表

测量项目	万用表挡位和量程	测量值	测量时注意事项及现象
电池两端电压			
电阻两端电压			
发光二极管两端电压			

2. 测量电阻两端电压

(1) 选择挡位与量程。将挡位与量程选择开关置于直流 2 V 挡。

(2) 测量方法。将万用表并联在电阻两端,红表笔接高电位端(靠近电源正极端),黑表笔接低电位端(靠近电源负极端),如图 2-3-21 所示。

(3) 读数。正确读出被测电压数值,并填入表 2-3-1 中。

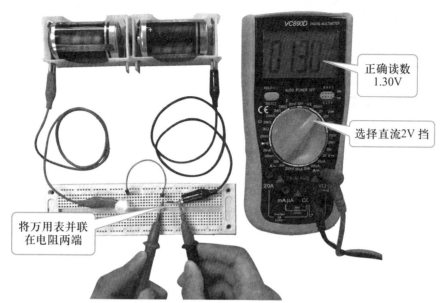

正确读数
1.30V

选择直流2V 挡

将万用表并联
在电阻两端

图 2-3-21　使用万用表测量电阻两端电压

3. 测量发光二极管两端电压

挡位与量程选择以及测量方法与前面相同,但是要注意将红表笔接发光二极管正极端,黑表笔接发光二极管负极端。将测量数据填入表 2-3-1 中。

操作要领:挡位量程先选好,表笔并联电路中,红笔要接高电位,黑笔接在低位端,换挡之前须断电。

任务三　实训小结

(1) 将"使用万用表测量直流电压"的操作方法与步骤、收获与体会及实训评价填入"实训小结表"(见附录 2)。

(2) 将实训过程评价填入"实训过程评价表"(见附录 1)中的相应位置。

实训拓展

使用指针式万用表也可以测量直流电压,参照二维码提供的教学视频,练习使用指针式万用表测量直流电压。

使用指针式万用表测量直流电压的操作过程

2.4　电阻及其测量

观察与思考

电炉是常用的简易餐饮加热设备,电炉一般采用电阻丝作为加热核心元件,如图 2-4-1 所示。

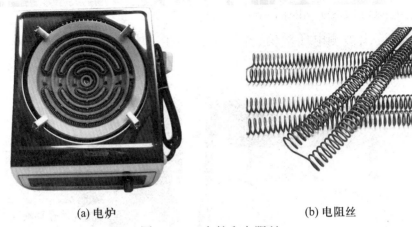

(a) 电炉   (b) 电阻丝

图 2-4-1   电炉和电阻丝

现有铭牌上分别标有"220 V,500 W"和"220 V,1 000 W"的两个电热炉,通过实验可以得知,使用两个电炉烧开同一壶水所用时间不同。如果两个电炉采用相同材料的电阻丝,长度也相同,仔细观察两条电阻丝,可以看出它们的粗细不相同,那么能判断出哪条电阻丝的电阻值大一些吗? 不同的电阻值又与相应的功率值有什么对应关系呢?

下面学习什么是电阻,导体的电阻值与什么参数有关系,如何测量导体的电阻值。

2.4.1   电阻与电阻定律

1. 电阻

导体中的自由电子在电场力的作用下定向移动,形成电流。当自由电子在导体中进行定向移动时会受到阻碍,表示这种阻碍作用的物理量称为电阻,用字母 R 表示。一般情况下,任何物体都有电阻,当有电流流过时,都要消耗一定的能量。

教学视频
电阻与电阻器

在国际单位制中,电阻的单位是 Ω(单位名称为欧[姆],简称欧)。电阻的常用单位还有 $k\Omega$(千欧)和 $M\Omega$(兆欧),它们之间的关系为

$$1\ k\Omega = 10^3\ \Omega,\ 1\ M\Omega = 10^6\ \Omega$$

2. 电阻定律

导体电阻的大小不仅和导体的材料有关,还和导体的尺寸有关。经实验证明,在温度不变时,一定材料制成的导体的电阻跟它的长度成正比,跟它的横截面积成反比。这个实验规律称为电阻定律。

均匀导体的电阻可用公式表示为

$$R = \rho\frac{l}{A}$$

式中:R——导体的电阻,单位是 Ω;

ρ——导体的电阻率,反映材料的导电性能,单位是 $\Omega\cdot m$;

l——导体的长度,单位是 m;

A——导体的横截面积,单位是 m^2

常用材料的电阻率 $\rho(20\,℃)$ 和电阻温度系数 α 见表 2-4-1。

【例 2-4-1】

一根铜导线长度 $l = 100$ m，横截面积 $A = 1$ mm^2，导线的电阻是多少？

分析：$l = 100$ m，$A = 1$ mm$^2 = 1 \times 10^{-6}$ m^2，查表 2-4-1 可知，铜的电阻率

$$\rho = 1.75 \times 10^{-8}\ \Omega \cdot m$$

解：由电阻定律可得

$$R = \rho \frac{l}{A} = 1.75 \times 10^{-8} \times \frac{100}{1 \times 10^{-6}}\ \Omega = 1.75\ \Omega$$

说明：因为导线的电阻很小，所以在实际电路中通常忽略不计。

表 2-4-1　常用材料的电阻率 $\rho(20\,℃)$ 和电阻温度系数 α

用途	材料名称	电阻率 $\rho/(\Omega \cdot m)$	电阻温度系数 $\alpha/(1/℃)$
导电材料	银	1.65×10^{-8}	3.6×10^{-3}
	铜	1.75×10^{-8}	4.0×10^{-3}
	铝	2.83×10^{-8}	4.2×10^{-3}
电阻材料	铂	1.06×10^{-7}	4.0×10^{-3}
	钨	5.30×10^{-8}	4.4×10^{-3}
	锰铜	4.40×10^{-7}	6.0×10^{-6}
	康铜	5.00×10^{-7}	5.0×10^{-6}
	镍铬铁	1.00×10^{-7}	1.5×10^{-4}
	碳	1.00×10^{-7}	-5.0×10^{-4}

注：电阻温度系数 α 是温度每升高 1 ℃时电阻所变动的数值与原来电阻值的比。

想一想　做一做

有一根阻值为 2 Ω 的电阻丝，将它均匀拉长至原来的 2 倍，则拉长后的电阻丝阻值为多少？若将其对折，那么对折后电阻丝的阻值又为多少？

3. 电阻与温度的关系

导体的电阻与温度有关，通常情况下，纯金属的电阻随温度的升高而增大。例如：用钨丝制造的灯丝发光时温度约为 2 000 ℃，钨的电阻随温度升高而增大，温度升高 1 ℃，电阻约增大 0.5%，所以灯丝正常发光时的电阻要比常温下的电阻大很多。

有的合金（如康铜和锰铜）的电阻与温度变化的关系不大，而碳和有些半导体的电阻随温度的升高而减小。

2.4.2 电阻器

1. 常见电阻器

电阻器是一种较常见、应用较广泛的电子元器件之一。常见电阻器可分为固定电阻器、可变电阻器和敏感电阻器等。

教学动画
电阻元件

固定电阻器通常有碳膜电阻器、金属膜电阻器、金属氧化膜电阻器、线绕电阻器、水泥电阻器、贴片电阻器等;可变电阻器通常有可变电位器、精密电位器等;敏感电阻器通常有压敏电阻器、热敏电阻器、光敏电阻器、力敏电阻器、气敏电阻器、湿敏电阻器等。

常见电阻器外形如图 2-4-2 所示。

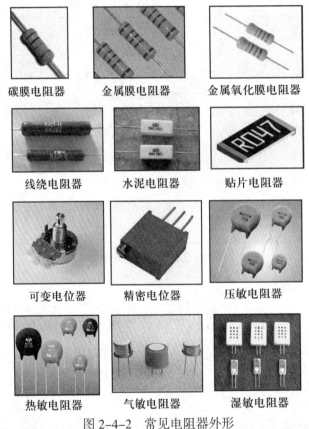

图 2-4-2 常见电阻器外形

敏感电阻器通常又称电阻式传感器,它是利用非电学量(如力、位移、温度、光照强度等)的变化引起电路中电阻的变化,从而把不易测量的非电学量转换为便于测量的电学量。如利用金属的电阻率随温度变化而制作的电阻温度计,利用半导体特性制作的光敏电阻器、热敏电阻器等。

2. 电阻器的主要参数

教学视频
电阻器的主
要参数

电阻器的主要参数有标称阻值、允许误差和额定功率,其他参数只在有特殊要求时才考虑。

（1）标称阻值。电阻器的标称阻值是指电阻器表面所标注的阻值。为了便于生产,同时考虑能够满足实际使用的需要,国家规定了一系列数值作为产品的标准,这一系列数值就是电阻的标称系列值。

（2）允许误差。允许误差是指电阻器的实际阻值对于标称阻值的最大允许偏差范围。电阻器的允许误差与精度等级对应关系见表 2-4-2。电阻器在制造时,实际阻值与它的标称阻值会存在误差。误差越小,准确程度越高。如标称阻值为 100 kΩ、允许误差为 ±5% 的电阻器,其实际阻值应该在 95~105 kΩ 之间。

表 2-4-2 电阻器的允许误差与精度等级对应关系

允许误差	± 0.5%	± 1%	± 2%	± 5%	± 10%	± 20%
精度等级	0.05	0.1	0.2	Ⅰ	Ⅱ	Ⅲ

标称阻值按标准化优先数系列制造,系列数对应于允许误差。常用的标称阻值系列有 E6、E12、E24 等,其对应关系见表 2-4-3。

表 2-4-3 常用的标称阻值系列与允许误差、电阻标称值对应关系

标称阻值系列	允许误差	电阻标称值
E6	± 20%	1.0、1.5、2.2、3.3、4.7、6.8
E12	± 10%	1.0、1.2、1.5、1.8、2.2、2.7、3.3、3.9、4.7、5.6、6.8、8.2
E24	± 5%	1.0、1.1、1.2、1.3、1.5、1.6、1.8、2.0、2.2、2.4、2.7、3.0、3.3、3.6、3.9、4.3、4.7、5.1、5.6、6.2、6.8、7.5、8.2、9.1

小提示

在选用电阻器时,一定要按国家规定的标称阻值系列去选用。在电子电路中,对于电阻器的电阻值,一般标注标称阻值。如果不是标称阻值,可以根据电路要求,选择与它相近的标称阻值。

不同的电路对电阻的允许误差有不同的要求。一般电路使用的电阻器允许误差为 ±5%~ ±10%。精密仪器及特殊电路中的电阻器应选用精密电阻器。

（3）额定功率。电阻器的额定功率是指在规定的温度和气压下,电阻器在交流或直流电路中能长期连续工作所消耗的最大功率。常用的有 0.125 W、0.25 W、0.5 W、1 W、2 W、5 W、10 W 等数值。额定功率较大的电阻器,一般将额定功率直接印在电阻器上。额定功率较小的电阻器,可以从它的几何尺寸看出。在电路中表示电阻器额定功率的图形符号如图 2-4-3 所示。

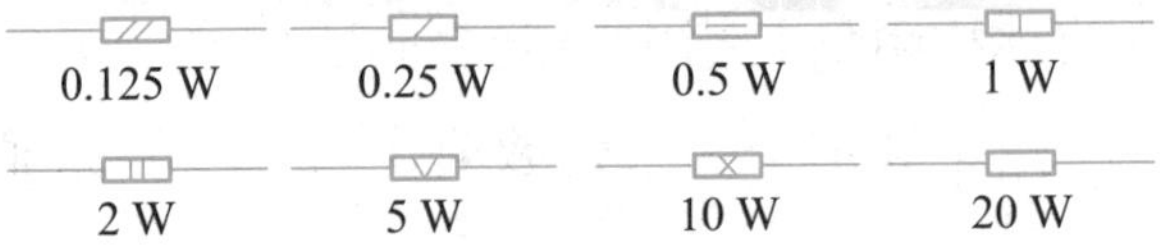

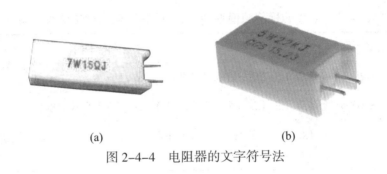

| | 0.125 W | 0.25 W | 0.5 W | 1 W |
| | 2 W | 5 W | 10 W | 20 W |

图 2-4-3   在电路中表示电阻器额定功率的图形符号

3. 电阻器的阻值和允许误差的表示方法

电阻器的阻值和允许误差的表示方法有直标法、文字符号法、数码法和色标法。

（1）直标法。直接用数字表示电阻器的阻值和误差，例如，电阻器上印有"68 kΩ ±5%"，则该电阻器的标称阻值为 68 kΩ，允许误差为 ±5%。若电阻器上未标出误差，则均为 ±20%。

教学视频
电阻器的识读

（2）文字符号法。用数字和文字符号或两者有规律的组合，在电阻器上标出主要参数的表示方法。例如，如图 2-4-4 所示，电阻器上标有"7W15ΩJ"，则该电阻器的标称阻值为 15 Ω，"J"表示允许误差为 ±5%；电阻器上标有"5W22KJ"，则该电阻器的标称阻值为 22 kΩ，允许误差为 ±5%。电阻器允许误差的文字符号见表 2-4-4，电阻器单位的文字符号见表 2-4-5。

(a)	(b)

图 2-4-4   电阻器的文字符号法

表 2-4-4   电阻器允许误差的文字符号

文字符号	D	F	G	J	K	M
允许误差	± 0.5%	± 1%	± 2%	± 5%	± 10%	± 20%

表 2-4-5   电阻器单位的文字符号

文字符号	R	K	M	G	T
表示单位	Ω	10^3 Ω（1 kΩ）	10^6 Ω（1 MΩ）	10^9 Ω（1 GΩ）	10^{12} Ω（1 TΩ）

（3）数码法。在电阻器上用三位数码表示标称值的标记方法。数码从左到右，第一、二位表示电阻值的有效值，第三位表示倍率，即零的个数，单位为 Ω。允许误差通常用文字符号表示。体积较小的可变电阻器以及贴片电阻器的标称阻值一般用数码法表示。如图 2-4-5 所示，103 表示可变电阻器的阻值为 10×10^3 Ω ＝ 10 kΩ，202 表示可变电阻器的阻值为 20×10^2 Ω ＝ 2 kΩ。

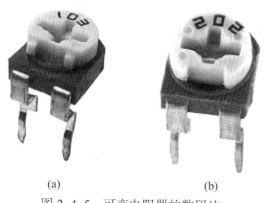

(a)   (b)

图 2-4-5   可变电阻器的数码法

贴片电阻器的标称阻值有三位数表示的,也有四位数表示的。三位表示法的精度为 ±5%,四位表示法的精度为 ±1%。三位表示法标称阻值的读法与以上可变电阻器的相同。四位表示法标称阻值的具体读法如下:数码从左到右,第一、二、三位表示电阻值的有效值,第四位表示倍率,即零的个数,单位为 Ω。如图 2-4-6(a)(b)所示,151 表示贴片电阻器的阻值为 $15 \times 10^1 \, \Omega = 150 \, \Omega$,1502 表示贴片电阻器的阻值为 $150 \times 10^2 \, \Omega = 15 \, k\Omega$。

贴片电阻器还有一种带字母 R 的表示法,R 表示小数点,R 所在的位置就是小数点的位置。如图 2-4-6(c)所示,6R80 表示贴片电阻器的标称阻值为 6.80 Ω。

(a)   (b)   (c)

图 2-4-6   贴片电阻器的数码法

(4)色标法。色标法是用不同颜色的色环或点在电阻器表面标出标称阻值和允许误差的方法。色环电阻器是目前市场上最常见、使用最广泛的电阻器,色环表示的意义见表 2-4-6。

表 2-4-6   色环表示的意义

颜色	有效数值	倍率	允许误差	颜色	有效数值	倍率	允许误差
黑	0	10^0	—	紫	7	10^7	±0.1%
棕	1	10^1	±1%	灰	8	10^8	—
红	2	10^2	±2%	白	9	10^9	—
橙	3	10^3	—	金	—	10^{-1}	±5%
黄	4	10^4	—	银	—	10^{-2}	±10%
绿	5	10^5	±0.5%	无色	—	—	±20%
蓝	6	10^6	±0.25%				

色环电阻器主要包括四色环电阻器和五色环电阻器两种。普通电阻器用四条色环表示标称阻值和允许误差,其中,前三条表示阻值,最后一条表示允许误差(通常为金色或银色)。

四色环电阻器阻值 = 第一、二色环数值组成的两位数 ×
第三色环表示的倍率(10^n)

查表 2-4-6 可知,图 2-4-7 所示四色环电阻器第一棕环表示 1,第二黑环表示 0,第三棕环表示 10^1,第四金环表示 ±5% 的允许误差。则其阻值为:$10 \times 10^1 \, \Omega = 100 \, \Omega$,从而识别出该电阻器的标称阻值为 100 Ω,允许误差为 ±5%。

精密电阻器用五条色环表示标称阻值和允许误差,其中,前四条表示阻值,最后一条表示允许误差(通常最后一条与前面四条之间距离较大)。

五色环电阻器阻值 = 第一、二、三色环数值组成的三位数 ×
第四色环表示的倍率(10^n)

如图 2-4-8 所示,电阻器上的色环依次为黄、紫、黑、棕、棕,查表 2-4-6 可知,第一黄环表示 4,第二紫环表示 7,第三黑环表示 0,第四棕环表示 10^1,第五棕环表示 ±1% 的允许误差。则其阻值为:$470 \times 10^1 \, \Omega = 4\,700 \, \Omega$,从而识别出该电阻器的标称阻值为 4.7 kΩ,允许误差为 ±1%。

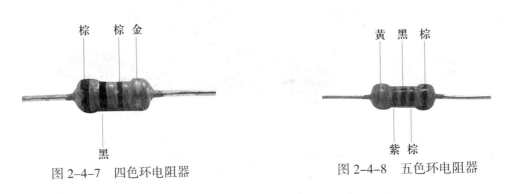

图 2-4-7 四色环电阻器   图 2-4-8 五色环电阻器

想一想 做一做

仿真实训
色环电阻器的识读仿真练习

一个四色环电阻器,其色环颜色依次为绿、蓝、棕、金,则其标称阻值为多大? 一个五色环电阻器,其色环颜色依次为红、红、黑、黑、棕,则其标称阻值为多大?

2.4.3 电阻的测量

测量电阻的方法很多,在实际应用中通常用万用表的电阻挡来测量电阻,也可用伏安法来测量电阻。若被测电阻的精度要求比较高,一般用电桥进行测量;若测量电动机、电器、电缆等电气设备的绝缘性能,一般用兆欧表。

1. 使用万用表测量电阻

(1) 选择挡位与量程。根据被测电阻的估值,将挡位与量程选择开关置于合适的电阻挡,如 200 Ω 挡。

（2）测量方法。将万用表的红、黑表笔分别连接被测电阻两端，如图 2-4-9 所示。

（3）读数。正确读出被测电阻数值。

使用数字式万用表测量电阻

图 2-4-9　万用表测电阻

注意

（1）对于大于 1 MΩ 的电阻，要经过几秒后读数才能稳定。

（2）当万用表电阻挡无输入时（开路），显示"OL"。如果在测量过程中，万用表显示"OL"，说明被选量程不够大，应重新选择合适的量程。

（3）使用万用表测量电阻时，不能带电测量。同时不能两只手同时接触电阻器两端，以免人体电阻并入被测电阻中。

使用指针式万用表测量电阻

另外，使用指针式万用表也可以测量电阻，根据二维码提供的教学视频练习使用指针式万用表测量电阻。

2. 使用伏安法测量电阻

根据欧姆定律 $U = IR$，只要用电压表测出电阻两端的电压，用电流表测出通过电阻的电流，就可以求出电阻值，这就是测量电阻的伏安法。

使用伏安法测量电阻在原理上是非常简单的，但由于在电路中接入了电压表和电流表，不可避免地改变了电路原来的状态，这就给测量结果带来了误差。

使用伏安法测量电阻，有两种把电压表和电流表接入电路的方法，如图 2-4-10 所示。采用图 2-4-10（a）所示的接法时（电流外接法），由于电压表的分流，电流表测出的电流比通过电阻的电流要大些，这样计算出的电阻就要比实际值小些。采用图 2-4-10（b）所示的接法时（电流内接法),由于电流表的分压,电压表测出的电压比电阻两端的电压大些,这样计算出的电阻值就要比实际值大些。

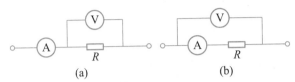

图 2-4-10　使用伏安法测量电阻

小提示

如果待测电阻的阻值比电压表的内阻小得多,则采用图 2-4-10(a)所示的接法时,由电压表的分流而引起的误差就小。如果待测电阻的阻值比电流表的内阻大得多,采用图 2-4-10(b)所示的接法时,由电流表的分压而引起的误差就小。

3. 使用单臂电桥测量电阻

直流单臂电桥又称惠斯通电桥,简称单臂电桥,如图 2-4-11 所示。单臂电桥利用电桥平衡原理来测量被测电阻值,其实质是将被测电阻与已知电阻进

教学动画
直流单臂电桥

仿真实训
使用直流电桥检测仿真练习

行比较从而求得测量结果。使用单臂电桥测量电阻的方法与步骤如下:

(1) 先将检流计的锁扣打开(内→外),调节调零器,把指针调到零位。

(2) 把被测电阻接在"R_x"位置上。

(3) 估计被测电阻的大小,选择适当的桥

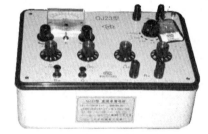

图 2-4-11　直流单臂电桥

臂比率,使比较臂的四挡都能被充分利用。

(4) 先按下电源按钮 B(锁定),再按下检流计的按钮 G(点接)。

(5) 调整比较臂电阻,使检流计指向零位,电桥平衡。

(6) 读取数据:被测电阻 = 比较臂读数之和 × 桥臂比率。

(7) 测量完毕,先断开检流计按钮,再断开电源按钮,然后拆除被测电阻,最后将检流计锁扣锁上,以防搬动过程中损坏检流计。

4. 使用兆欧表测量绝缘电阻

教学动画
兆欧表工作原理

仿真实训
使用兆欧表检测仿真练习

兆欧表又称绝缘电阻表,俗称摇表,如图 2-4-12所示,兆欧表有两个接线端子(线路"L"端、接地"E"端)。使用兆欧表测量绝缘电阻的一般步骤为:

(1) 将兆欧表放置在平稳的地方。

(2) 开路试验。将兆欧表的两接线端分开,摇动

图 2-4-12　兆欧表

手柄。正常时,兆欧表指针应指向"∞"。

（3）短路试验。将兆欧表的两接线端接触,摇动手柄。正常时,兆欧表指针应指向"0"。注意:在摇动手柄时不得让"L"端和"E"端短接时间过长,否则将损坏兆欧表。

（4）用单股导线将"L"端和"E"端分别接在被测电阻两端,摇动手柄,摇动手柄的转速要均匀,一般规定为 120 r/min,允许有 ±20% 的变化。

（5）使用后,将"L"端、"E"端用导线短接,对兆欧表进行放电,以免发生触电事故。

技术与应用　电阻与温度的关系及其在家电产品中的应用

热敏电阻器是一种对温度反应较敏感、阻值会随着温度变化而变化的非线性电阻器,通常由单晶、多晶等半导体材料制成。热敏电阻器按其温变(温度变化)特性可分为正温度系数(PTC)热敏电阻器和负温度系数(NTC)热敏电阻器。

1. 正温度系数热敏电阻器

正温度系数热敏电阻器属于直热式热敏电阻器,其主要特性是电阻值与温度变化成正比例关系,即当温度升高时,电阻值随之增大。在常温下,其电阻值较小,仅有几欧至几十欧,当流经它的电流超过额定值时,其电阻值能在几秒内迅速增大至数百欧甚至数千欧。

正温度系数热敏电阻器广泛应用于彩色电视机的消磁电路、电冰箱压缩机的起动电路及过热保护、过电流保护等电路中,还可作为电加热元件用于电驱蚊器和卷发器等小家电中。

图 2-4-13 所示为电动机起动保护正温度系数热敏电阻器。

图 2-4-13　电动机起动保护正温度系数热敏电阻器

2. 负温度系数热敏电阻器

负温度系数热敏电阻器是应用较多的热敏电阻器。它使用锰(Mn)、钴(Co)、镍(Ni)、铜(Cu)、铝(Al)等金属氧化物(具有半导体性质)或碳化硅(SiC)等材料,采用陶瓷工艺制成,其主要特性是电阻值与温度变化成反比,即当温度升高时,电阻值却随之减小。

负温度系数热敏电阻器广泛应用于电冰箱、空调器、微波炉、电烤箱、复印机、打印机等家电、办公产品中,用于温度检测、温度补偿、温度控制、微波功率测量及稳压控制。

图 2-4-14 所示为电子体温计应用的负温度系数热敏电阻器。

图 2-4-14　电子体温计应用的负温度系数热敏电阻器

职业相关知识

为了避免电子电路中在开机瞬间产生的浪涌电流,在电源电路中串联一个功率型负温度系数热敏电阻器,能有效地抑制开机时的浪涌电流。

实践活动

通过上网或其他方式查找资料,调查正温度系数热敏电阻器和负温度系数热敏电阻器在家用电器产品中还有哪些具体应用。

实训项目三   使用万用表测量电阻

实训目的

- 熟悉使用万用表测量电阻的基本操作。
- 学会使用万用表测量电位器、光敏电阻器阻值变化的方法。

仿真实训
电阻器的辨
识仿真练习

任务一   识别元器件

本实训项目所需元器件并不多,实训前可对应表2-4-7逐一进行识别。

表 2-4-7   使用万用表测量电阻电路元器件清单

序号	代号	名称	规格	数量	实物图	备注
1	R_1	色环电阻器	100 Ω	1	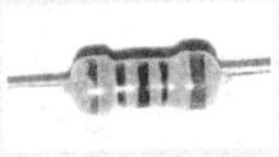	
2	R_2	色环电阻器	4.7 kΩ	1		
3	R_3	色环电阻器	1 MΩ	1		
4	R_P	可变电阻器	20 kΩ(可自选)	1		
5		光敏电阻器		1		
6		万用表	VC890D	1	略	

任务二   测量色环电阻器

(1) 选择合适的挡位与量程。

(2) 电阻调零。

(3) 用万用表的红、黑表笔分别接100 Ω、4.7 kΩ、1 MΩ电阻器两端。

（4）正确读数。将测量结果填入表 2-4-8 中。

表 2-4-8　使用万用表测量电阻技训表

	测量项目	万用表挡位和量程	标尺读数	测量值
电阻器	100 Ω 电阻器			
	4.7 kΩ 电阻器			
	1 MΩ 电阻器			
电位器	标称阻值			
	阻值变化情况			
光敏电阻器	阻值变化情况			

任务三　测量可变电阻器和光敏电阻器的阻值

1. 测量可变电阻器标称阻值及阻值变化情况

（1）选择合适的挡位与量程。

（2）测量标称阻值。万用表的红、黑表笔分别接量可变电阻器的"1""3"两个引脚进行测量，并正确读数，将测量结果填入表 2-4-8 中。

（3）测量阻值变化情况。万用表的红、黑表笔分别接量可变电阻器的"1""2"或"2""3"两个引脚，同时旋转量可变电阻器的旋钮，观察万用表读数的变化情况，并把观察结果填入表 2-4-8 中。

2. 测量光敏电阻器阻值变化情况

（1）选择合适的挡位与量程。

（2）测量阻值变化情况。用万用表的红、黑表笔分别接光敏电阻器的两个引脚，然后用黑纸片慢慢靠近光敏电阻器，直到完全挡住光照为止。在这个过程中，仔细观察万用表读数的变化情况，并把观察结果填入表 2-4-8 中。

任务四　实训小结

（1）将使用万用表测量电阻的操作方法与步骤、收获与体会及实训评价填入"实训小结表"（见附录 2）。

（2）将实训过程评价填入"实训过程评价表"（见附录 1）中的相应位置。

2.5　部分电路欧姆定律

1. 部分电路欧姆定律

在电阻电路中，电路中的电流 I 与电阻两端的电压 U 成正比，与电阻 R 成反比，这就是**部分电路欧姆定律**。部分电路欧姆定律可以用公式表示为

$$I = \frac{U}{R}$$

教学动画
部分电路欧姆定律

也可以写为

$$U = IR$$

注意

在应用欧姆定律时,电流 I、电压 U、电阻 R 的单位应分别为 A、V、Ω。

【例 2-5-1】

一个电阻器的阻值为 484 Ω, 接在电压为 220 V 的家庭照明电路上,则正常工作时通过电阻器的电流为多大?

解:根据欧姆定律,通过电阻器的电流

$$I = \frac{U}{R} = \frac{220}{484} \text{A} \approx 0.45 \text{A}$$

【例 2-5-2】

已知某个电阻器两端的电压为 2.5 V,测得通过它的电流为 0.3 A,求电阻器的阻值。若电阻器两端的电压变为 3 V,则电阻器的阻值又为多大? 此时通过电阻器的电流又为多少?

解:根据欧姆定律, $I = \dfrac{U}{R}$, 可得 $R = \dfrac{U}{I}$, 则

电阻器的阻值　　　$R = \dfrac{U}{I} = \dfrac{2.5}{0.3} \text{Ω} \approx 8.33 \text{Ω}$

当电压改变为 3 V 时,电阻器的阻值不变, $R = \dfrac{25}{3} \text{Ω}$

此时,电流 $I = \dfrac{U'}{R} = \dfrac{3}{\frac{25}{3}} \text{A} = 0.36 \text{A}$

小提示

欧姆定律的变式 $R = \dfrac{U}{I}$ 并不表示电阻的阻值会随电阻两端电压的变化而改变,也不会随通过电阻的电流变化而改变,此公式只是说明电阻的阻值可通过测量电阻两端的电压和通过电阻的电流大小来进行计算。

2. 电阻的伏安特性

电阻阻值不随电压、电流变化而改变的电阻称为线性电阻。人们平常所说的电阻都是线性电阻,线性电阻的阻值是一个常数,其电压与电流关系符合欧姆定律。反之,电阻阻值随电压或电流变化而改变的电阻称为非线性电阻。非线性电阻的阻值不是常数,其电压与电流关系不符合欧姆定律。

一般把电阻两端的电压 U 和通过电阻的电流 I 之间的对应变化关系,称为电阻的伏安特性,二者之间的变化关系曲线称为伏安特性曲线。

如果分别以电压、电流为坐标轴,可以得到线性电阻与非线性电阻的伏安特性曲线,如图 2-5-1 所示。其中图 2-5-1(a)所示为线性电阻(2 kΩ 电阻器)的伏安特性曲线,图 2-5-1(b)所示为非线性电阻(二极管)的伏安特性曲线。

线性电阻的伏安特性曲线是一条通过原点的直线,非线性电阻的伏安特性曲线是一条曲线。

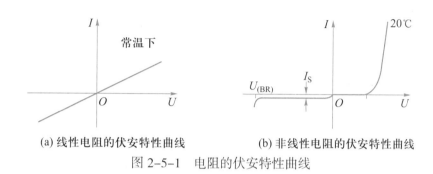

(a) 线性电阻的伏安特性曲线　　　(b) 非线性电阻的伏安特性曲线

图 2-5-1　电阻的伏安特性曲线

职业相关知识

压敏电阻器、消磁电阻器是典型的非线性电阻,它们的伏安特性曲线为非线性曲线。压敏电阻器广泛应用在家用电器及其电子产品中,起过电压保护、防雷、抑制浪涌电流等作用。

思考与练习

1. 由部分电路欧姆定律可知,某段纯电阻电路的电流 I 与电阻两端的电压 U 成_____,与电阻 R 成_____,其表达式为_____。

2. 如果一电阻两端加 15 V 电压时,通过 3 A 的电流,则该电阻的阻值为_____,若在该电阻两端加 18 V 电压,则它的电流为_____。

2.6　电能与电功率

观察与思考

教学视频
电能与电功率

图 2-6-1 所示为某品牌转叶扇的相关技术参数,从技术参数可知,该电扇的额定电压(正常工作电压)为交流 220 V,额定功率为 55 W。

仔细观察各用电器的技术参数,通常都标有其额定电压和额定功率。若在标有"220 V、10 W"的 LED 灯、"220 V、55 W"的电风扇、"220 V、1 500 W"的电吹风、"220 V、1 000 W"的电饭煲两端都加上 220 V 电压,请问连续使用 1 h 后,哪个用电器消耗电能最多?哪个最少？分别为多少？

　　实际上，连续使用 1 h 后，标有"220 V、1 500 W"的电吹风消耗电能最多，而标有"220 V、10 W"的 LED 灯消耗电能最少。那么，什么是电能？什么是电功率？电能与电功率之间有什么关系？如何测量电能呢？

××牌300 mm轻触升降转叶扇
型号：KTS30-33　规格：300 mm
额定电压：~220 V　额定频率：50 Hz
额定功率：55 W

图 2-6-1　某品牌转叶扇的相关技术参数

1. 电能

　　电流能使电灯发光、电动机转动、电炉发热……这些都是电流做功的表现。在电场力的作用下，电荷定向移动形成的电流所做的功称为电能。电流做功的过程就是将电能转换成其他形式的能的过程。

教学动画
电能

　　如果加在导体两端的电压为 U，在时间 t 内通过导体横截面的电荷量为 q，则电流所做的功即电能 $W = Uq$。由于 $q = It$，所以

$$W = UIt$$

式中：W——电能，单位是 J(焦)；

　　　U——加在导体两端的电压，单位是 V；

　　　I——导体中的电流，单位是 A；

　　　t——通电时间，单位是 s。

　　上式表明，电流在一段电路上所做的功，与这段电路两端的电压、电路中的电流和通电时间成正比。

　　在国际单位制中，电能的单位是 J(单位名称为焦[耳]，简称焦)。如果加在导体两端的电压为 1 V，导体中的电流是 1 A，则 1 s 内的电能就是 1 J。

职业相关知识

　　在实际使用中，电能常用 kW·h(千瓦时，俗称度)为单位。$1 \text{ kW·h} = 3.6 \times 10^6 \text{ J}$。

　　对于纯电阻电路，欧姆定律成立，即 $U = IR$，$I = \dfrac{U}{R}$。代入上式得到

$$W = \frac{U^2}{R}t = I^2Rt$$

2. 电功率

　　电功率是描述电流做功快慢的物理量。电流在单位时间内所做的功称为电功率。如果在时间 t 内，电流通过导体所做的功为 W，那么电功率

$$P = \frac{W}{t}$$

式中:P——电功率,单位是 W(瓦);

　W——电能,单位是 J;

　t——电流做功所用的时间,单位是 s。

在国际单位制中,电功率的单位是 **W**(单位名称为瓦[特],简称瓦)。电功率的常用单位还有 kW(千瓦)和 mW(毫瓦),它们之间的关系为

$$1\ kW = 10^3\ W$$

$$1\ W = 10^3\ mW$$

对于纯电阻电路,电功率的公式还可以写成

$$P = UI = \frac{U^2}{R} = I^2 R$$

可见,一段电路上的电功率,与这段电路两端的电压和电路中的电流成正比。

职业相关知识

额定值是保证电气设备能长期安全工作所允许的电压、电流和消耗功率,分别称为额定电压、额定电流和额定功率。电气设备的额定值通常标在铭牌上,位置一般在设备外壳表面,因而有时额定值又称铭牌数据,例如,电饭煲外壳标注的"220 V、40 W"即为额定值。

【例 2-6-1】

一个标有"220 V、1 000 W"字样的电熨斗,试求:(1) 电熨斗的电阻和允许通过的额定电流。(2) 当其两端加 110 V 电压时,其消耗的实际功率为多少?

解:(1)根据公式 $P = \frac{U^2}{R}$ 可以求出

$$R = \frac{U^2}{P} = \frac{220^2}{1000}\ \Omega = 48.4\ \Omega$$

又由公式 $P = UI$ 可以求出

电熨斗允许通过的额定电流 $I = \frac{P}{U} = \frac{1\ 000}{220}\ A \approx 4.5\ A$

(2) 加 110 V 电压时,其消耗的实际功率

$$P' = \frac{U'^2}{R} = \frac{110^2}{48.4}\ W = 250\ W$$

小提示

如果给用电器加上额定电压,则它的功率就是额定功率,此时用电器正常工作。如果加在用电器上的电压改变,则它消耗的功率也随着改变。因此,用电器应该工作在额定工作参数

下,否则将影响用电器的正常使用,甚至损坏用电器。

【例 2-6-2】

一个电阻元件的铭牌上标有"100 Ω、1 W"的字样,请问该电阻元件允许通过的额定电流为多少? 允许加在该电阻元件两端的额定电压又为多少?

解:根据公式 $P = I^2R$,则

电阻元件允许通过的额定电流 $I = \sqrt{\dfrac{P}{R}} = \sqrt{\dfrac{1}{100}}\,\text{A} = 0.1\,\text{A}$

允许加在该电阻元件两端的额定电压 $U = IR = 0.1 \times 100\,\text{V} = 10\,\text{V}$

【例 2-6-3】

小明家卧室原来采用一盏"220 V、60 W"白炽灯照明,为响应节能减排的号召,现在更换为一盏照明亮度相当的"220 V、10 W"LED 灯。若平均每天使用 3 h,电价是 0.56 元 /(kW·h),则更换照明灯前后每月(以 30 天计)节省多少电费?

解:由已知条件可知 P_1=60 W=0.06 kW,P_2=10 W=0.01 kW,则

每天节省的电能 $W = (P_1 - P_2)t = (0.06 - 0.01) \times 3\,\text{kW·h} = 0.15\,\text{kW·h}$

每月节省的电能为 0.15 × 30 kW·h=4.5 kW·h

每月节省的电费为 4.5 × 0.56 元 =2.52 元

3. 焦耳定律

实验结果表明:电流通过导体产生的热量,跟电流的平方、导体的电阻和通电时间成正比,这就是焦耳定律。用 Q 表示热量,R 表示电阻,t 表示时间,焦耳定律可写成公式

$$Q = RI^2t$$

式中,Q、I、R、t 单位分别为 J、A、Ω、s。

想一想　做一做

电流通过电路时要做功,$W = UIt$;同时,一般电路都是有电阻的,因此电流通过电路时也要发热,$Q = RI^2t$。那么,电流做的功与它产生的热能相等吗? 为什么?

4. 电能表

计量电能一般用电能表,又称电度表,俗称火表。图 2-6-2 所示为单相感应式电能表。

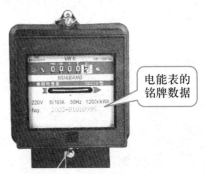

在电能表的铭牌上都标有一些字母和数字,以 DD228 型电能表为例,DD 表示单相电能表,数字 228 为设计序号;220 V、50 Hz 分别是电能表的额定电压和工作频率,它必须与电源的规格相符合;5(10)A 是电能表的标定电流值和最大电流值,5(10)A 表示标定电流为 5 A,允许使用的最大电流为 10 A;

电能表的铭牌数据

图 2-6-2　单相感应式电能表

1 200 r/(kW·h)表示电能表的额定转速是每千瓦时 1 200 转。

思考与练习

1. 电流在_____内所做的功称为电功率。

2. 额定值为"220 V、40 W"电阻元件的阻值为_____Ω。如果把它接到 110 V 的电源上,它实际消耗的功率为_____W。

 技术与应用 超导现象及其应用

1. 超导现象

物质在低温下电阻突然消失的现象称为超导现象。超导现象是 1911 年荷兰物理学家昂尼斯在测量低温下水银电阻率时发现的,当温度降到 4.2 K(约 −269 ℃)附近,水银的电阻竟然消失了!电阻的消失称为零电阻效应。零电阻效应是超导体的基本性质之一。

2. 超导体的两个基本性质

除了零电阻效应之外,超导体的另一个基本性质是抗磁性,又称迈斯纳效应。即在磁场中超导体内部产生的磁感应强度与外磁场完全抵消,从而内部的磁感应强度为零。也就是说,磁感线完全被排斥在超导体外面。利用超导体的抗磁性可以实现磁悬浮。

目前,我国已经成功掌握了铁基超导技术(如图 2-6-3 所示),位于世界领先地位,为进一步发展磁悬浮列车、超导电力输送等工程应用奠定了坚实的基础。

图 2-6-3 铁基超导技术

3. 超导技术的应用

高温超导材料的用途非常广泛,大致可分为三类:大电流应用(强电应用)、电子学应用(弱电应用)和抗磁性应用。

(1)大电流应用。由于超导材料的零电阻效应带来的零损耗,其最诱人的应用是发电、输电和储能。2021 年,我国首条自主研制的新型超导电缆在深圳投入使用,这也是世界首个应用于超大型城市中心区的超导电缆,标志着我国已全面掌握新型超导电缆设计、制造、建设的关键核心技术,如图 2-6-4 所示。

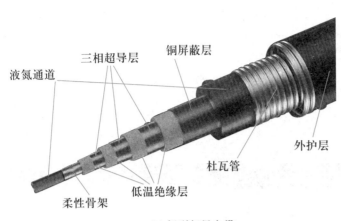

液氮通道　三相超导层　铜屏蔽层

外护层

杜瓦管

低温绝缘层

柔性骨架

(a) 新型超导电缆

(b) 由新型超导电缆供电的大厦

图 2-6-4　新型超导电缆及其应用

（2）电子学应用。电子学应用包括超导计算机、超导天线、超导微波器件等。此外，科学家正研究用半导体和超导体来制造三极管，甚至完全用超导体来制作三极管。

（3）抗磁性应用。抗磁性除应用在热核聚变反应堆外，主要应用在磁悬浮列车上。2021年，我国原创技术的世界首条高温超导高速磁悬浮工程化样车及试验线正式启用（如图 2-6-5 所示），这标志着我国在高温超导高速磁悬浮工程化研究领域取得了从无到有的突破，具备了工程化试验示范条件。该试验线全长 165 m，可实现高温超导高速磁悬浮样车的悬浮、导向、牵引、制动等基本功能，以及整个系统工程的联调联试，为后续载人磁悬浮高速铁路的开发奠定了坚实的基础。

图 2-6-5　世界首条高温超导高速磁悬浮
工程化样车及试验线

应知应会要点归纳

一、电路

（1）电路是电流的通路，由一些电气元器件按一定的方式连接而成。一个完整的电路至少包含电源、负载、导线、控制和保护装置四部分。

（2）电路通常有通路、断路（开路）、短路三种状态。电路中不允许无故短路，特别不允许电源短路。

二、基本物理量及其测量

1. 电流

电荷的定向移动形成电流,用 I 表示。规定正电荷移动的方向为电流方向。电流的大小用单位时间内通过导体横截面的电荷量来表示,即 $I = \dfrac{q}{t}$,单位是 A。

测量直流电流的大小一般用直流电流表。在实际应用中,通常用万用表的直流电流挡代替电流表进行测量。

2. 电压

电压是衡量电场力做功本领大小的物理量,用 U 表示。A、B 两点间的电压 U_{AB} 在数值上等于电场力把正电荷由 A 点移动到 B 点所做的功 W_{AB} 与被移动电荷的电荷量的比值,即 $U_{AB} = \dfrac{W_{AB}}{q}$,单位是 V。

测量直流电压的大小一般用直流电压表,在实际应用中,通常用万用表的直流电压挡代替电压表进行测量。

3. 电动势

电源电动势是衡量电源力做功本领大小的物理量,用 E 表示,单位是 V。

电源两端的电压称为电源的端电压,用 U 表示。电源的端电压 U 与电源的电动势 E 之间既有联系,又有区别。当电源开路时,电源的端电压 U 在数值上等于电源的电动势 E,即 $U = E$;当电源工作时,电源的端电压 U 在数值上小于电源的电动势 E,即 $U < E$。

4. 电位

电路中某点的电位就是该点与参考点之间的电压,用 V 表示,单位是 V。参考点的电位为 0,通常选择大地、机壳或电路的公共点为参考点。电路中两点间的电压等于两点间的电位差,即 $U_{AB} = V_A - V_B$。

5. 电阻

电阻是反映导体对电流起阻碍作用的物理量,用 R 表示,单位是 Ω。

电阻器通常称为电阻,是一种最常见、应用广泛的电子元器件之一。电阻器的主要参数有标称阻值、允许误差和额定功率。

在实际应用中,通常用万用表的电阻挡来测量电阻值。

6. 电能

在电场力的作用下,电荷定向移动形成的电流所做的功称为电能,用字母 W 表示,单位是 J 或 kW·h。计量电能一般用电能表。

7. 电功率

单位时间内电流所做的功称为电功率,用 P 表示,单位是 W 或 kW。电功率是反映电流做功快慢的物理量,电功率的大小可用公式 $P = UI = \dfrac{U^2}{R} = I^2R$ 进行计算。用电器的额定功率与实际功率是两个不同的概念。

三、基本定律

1. 电阻定律

实验证明,在温度不变时,一定材料制成的导体的电阻与它的长度成正比,与它的横截面积成反比,这就是电阻定律。用公式表示为 $R = \rho\dfrac{l}{A}$。

2. 部分电路欧姆定律

电路中的电流 I 与电阻两端的电压 U 成正比,与电阻 R 成反比,这就是部分电路欧姆定律。用公式表示为 $I = \dfrac{U}{R}$。

3. 焦耳定律

电流通过导体产生的热量,跟电流的平方、导体的电阻和通电时间成正比,这就是焦耳定律。用公式表示为 $Q = RI^2t$。

复习与考工模拟

一、是非题

1. 电路中允许电源短路。　　　　　　　　　　　　　　　　　　　　　　（　　）

2. 导体中电流的方向与电子流动的方向一致。　　　　　　　　　　　　　（　　）

3. 电流表必须串联在被测电路中。　　　　　　　　　　　　　　　　　　（　　）

4. 电路中两点的电压等于这两点间的电位差,所以两点间的电压与电位的参考点有关。
　　　　　　　　　　　　　　　　　　　　　　　　　　　　　　　　　（　　）

5. 电源电动势的大小由电源本身的性质决定,与外电路无关。　　　　　　（　　）

6. 若导体的长度和横截面积都增大一倍,则其电阻值也增大一倍。　　　　（　　）

7. 电阻两端的电压为 9 V 时,电阻值为 100 Ω;当电压升至 18 V 时,电阻值将为 200 Ω。
　　　　　　　　　　　　　　　　　　　　　　　　　　　　　　　　　（　　）

8. "220 V、30 W"的荧光灯能在 110 V 的电源上正常工作。　　　　　　　（　　）

9. 由公式 $R = \dfrac{U}{I}$ 可知,电阻的大小与两端的电压和通过它的电流有关。（　　）

10. 使用数字式万用表测电阻时,如果显示"OL",应该选择更小的量程。　（　　）

二、选择题

1. 若将一段电阻为 R 的导线均匀拉长至原来的 4 倍,则电阻变为（　　　）。

       A. $4R$ B. $16R$ C. $\dfrac{1}{4}R$ D. $\dfrac{1}{16}R$

2. 一电阻两端加 15 V 电压时,通过 3 A 的电流,若在两端加 18 V 电压,则通过它的电流为(　　)。

       A. 1 A   B. 3 A   C. 3.6 A   D. 5 A

3. 两根同种材料的电阻丝,长度之比为 1 : 2,横截面积之比为 3 : 2,则它们的电阻之比为(　　)。

       A. 3 : 4   B. 1 : 3   C. 3 : 1   D. 4 : 3

4. 电路中安装熔断器,主要是为了(　　)。

       A. 短路保护   B. 漏电保护   C. 过载保护   D. 以上都是

5. 万用表不能用来测量(　　)。

       A. 电压   B. 电流   C. 电阻   D. 频率

6. 以下叙述不正确的是(　　)。

       A. 电压和电位的单位都是 V

       B. 电压是两点间的电位差,它是相对值

       C. 电位是某点与参考点之间的电压

       D. 电位是相对值,会随参考点的改变而改变

7. 一个五色环电阻器,其色环颜色依次为黄、紫、黑、棕、棕,则其标称阻值和允许误差为(　　)。

       A. 47 Ω,±1%   B. 47 kΩ,±1%

       C. 4.7 kΩ,±1%   D. 470 Ω,±1%

8. 使用数字式万用表测 10 kΩ 电阻器的阻值,挡位与量程选择开关选择(　　)比较合适。

       A. 2 kΩ 挡   B. 20 kΩ 挡   C. 200 kΩ 挡   D. 2 MΩ 挡

9. 有一个额定值为"10 Ω、2 W"的电阻器连接到电压为 1.5 V 的直流电源上,则关于实际流过电阻器的电流 I 和电阻器的电功率 P,下面正确的是(　　)。

       A. $I = 0.15$ A,$P < 2$ W   B. $I = 0.15$ A,$P > 2$ W

       C. $I = 0.2$ A,$P = 2$ W   D. $I = 0.15$ A,$P = 2$ W

10. 在以下 4 个不同负载的伏安特性曲线中,符合欧姆定律的特性曲线是(　　)。

A.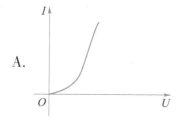
                        B.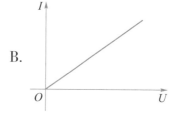

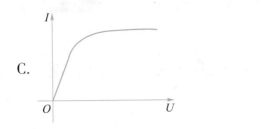
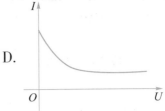

三、问答与计算题

1. 一根铜导线长度 l 为 2 000 m,横截面积 $A = 1.5\ mm^2$,问这根导线的电阻有多大? (已知铜的电阻率 $\rho = 1.75 \times 10^{-8}\ \Omega \cdot m$)

2. 一个 "220 V、1 kW" 的电炉,正常工作时电流有多大? 如果不考虑温度对电阻的影响,把它接到 110 V 的电压上,它的功率是多少?

3. 小明家有一台空调,制冷时的电功率为 1.24 kW,小明家夏天平均每天使用 8 h,一个暑假(60 天)需要用多少度电? 若每度电按 0.60 元计算,需要多少电费?

四、实践与应用题

1. 小明经常玩赛车,有一次在给赛车更换电池时,不小心把新、旧电池混在一起了,小明不知道该怎么办。现请你用万用表帮小明来区分新、旧电池。(1) 写出用万用表区分新、旧电池的方法;(2) 写出用万用表测电池两端电压的操作步骤。

2. 请写出自己所了解的常用电池及其应用场合。

3

直流电路

本单元的学习内容是在理解上一单元电路基本知识的基础上,对直流电路进行分析,理解电路分析的基本定律和定理,并了解其在生产生活中的实际应用,培养对电工技术的认知方法及解决实际电工问题的能力。

本单元将学习闭合电路欧姆定律,负载获得最大功率的条件,电阻的串联、并联及混联电路的分析,基尔霍夫电流与电压定律,电源的等效变换,戴维宁定理及叠加定理等常见的电路分析方法;同时,还将学习电阻性电路的搭接与测试、电阻性电路故障的检查等实践技能操作训练。

职业岗位群应知应会目标

— 掌握闭合电路欧姆定律,理解电源的外特性。

— 了解负载获得最大功率的条件及其在电工电子技术中的应用。

— 掌握电阻串联、并联及混联的连接方式,会计算等效电阻、电压、电流和功率。

— 掌握基尔霍夫电压、电流定律及其应用,并能列出两个网孔的电路方程。

— 学会电阻性电路的搭接与测试。

— 会对电阻性电路进行故障检查与排除。

*— 了解电压源和电流源的概念,了解实际电源的电路模型。

*— 了解戴维宁定理及其在电气工程技术中进行外部端口等效与替换的方法。

*— 了解叠加定理,了解对于线性电路中的复杂信号可用简单信号叠加的分析方法。

3.1 闭合电路欧姆定律

观察与思考

日常生活中,常常会遇到这样的情况:用电动势为 1.5 V 的两节新电池给手电筒供电,开始时,手电筒正常发光,亮度足,使用一段时间后,手电筒逐渐变暗,最后完全处于不亮状态。取出电池,用万用表测电池两端电压,其值约为 1.4 V。请问,虽然旧电池两端的电压还有

1.4 V,可给同样的手电筒供电,为什么手电筒就不亮了呢?如图 3-1-1 所示,你能解释其中的原因吗?

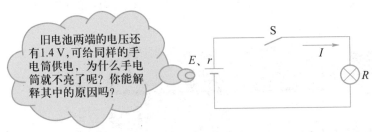

图 3-1-1   手电筒闭合电路

手电筒工作后,其实就是一个闭合电路,由电源、开关和灯组成,如图 3-1-1 所示。电源一般是有电阻的,称为电源的内阻,通常用 r 表示,电池也不例外。通常用 E、r 表示电源的电动势和内阻。电池使用一段时间后,其内阻 r 会显著增大,导致闭合电路中的电流 I 逐渐减小,具体表现为灯逐渐变暗,最后完全处于不亮状态。那么闭合电路中的电流 I 究竟与电路中的电阻有怎样的关系呢? 就让闭合电路欧姆定律来告诉我们吧。

1. 闭合电路欧姆定律

实际电路是由电源和负载组成的闭合电路。闭合电路由两部分组成,一部分是电源外部的电路,称为外电路;另一部分是电源内部的电路,称为内电路。外电路的电阻称为外电阻,内电路也有电阻,通常称为电源的内电阻,简称内阻。

图 3-1-2 所示为最简单的闭合电路,其中,E 为电源电动势,r 为电源内阻,R 为负载电阻,I 为电路中的电流。则闭合电路中的电流 I,与电源电动势 E 成正比,与电路的总电阻 $r+R$(内电路电阻与外电路电阻之和)成反比,这就是闭合电路欧姆定律。

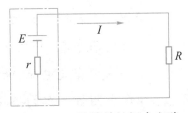

图 3-1-2   最简单的闭合电路

用公式表示为

$$I = \frac{E}{r + R}$$

进一步进行数学变换得:$E = Ir + IR$

由于 $IR = U$ 是外电路上的电压降(也称电源的端电压),$Ir = U_0$ 是内电路上的电压降(也称内压降),所以

$$E = U + U_0$$

这就是说,电源的电动势等于内、外电路电压降之和。

【例 3-1-1】

有一电源电动势 $E = 3$ V,内阻 $r = 0.5$ Ω,外接负载 $R = 9.5$ Ω。求:(1)电路中的电流;(2)电源端电压;(3)负载两端的电压;(4)电源内阻上的电压降。

解:(1) 电路中的电流 $\qquad I = \dfrac{E}{r+R} = \dfrac{3}{0.5+9.5} \text{ A} = 0.3 \text{ A}$

(2) 电源端电压 $\qquad\qquad U = E - Ir = (3 - 0.3 \times 0.5) \text{ V} = 2.85 \text{ V}$

(3) 负载两端的电压 $\qquad U = IR = 0.3 \times 9.5 \text{ V} = 2.85 \text{ V}$

(4) 电源内阻上的电压降 $\quad U_0 = Ir = 0.3 \times 0.5 \text{ V} = 0.15 \text{ V}$

小提示

负载两端的电压等于电源的端电压,也等于电源的电动势减去电源的内压降,即 $U = E - Ir$。

2. 电源与外特性

电源的电动势 E 不随外电路的电阻而改变,但电源加在外电路两端的电压——电源的端电压 U 却不是这样。

由公式 $U = E - Ir$ 可知,在电源电动势 E 和内阻 r 不变的情况下,当负载电阻 R 趋于无穷大时,由闭合电路欧姆定律 $I = \dfrac{E}{r+R}$ 可知,$I = 0$,则端电压 $U = E$;当 R 变小时,电路中电流 I 增加,内压降 Ir 也增加,端电压 U 将减小;反之,当 R 增大时,I 将减小,U 增加。

可见,电源端电压 U 会随着外电路上负载电阻 R 的改变而改变,其变化规律为:

$R{\uparrow} \to I = \dfrac{E}{r+R}{\downarrow} \to U_0 = Ir{\downarrow} \to U = E - Ir{\uparrow}$ 特例:开路时 $(R = \infty)$,$I = 0$,$U = E$

$R{\downarrow} \to I = \dfrac{E}{r+R}{\uparrow} \to U_0 = Ir{\uparrow} \to U = E - Ir{\downarrow}$ 特例:短路时 $(R = 0)$,$I = \dfrac{E}{r}$,$U = 0$

电源端电压随负载电流变化的规律称为电源的外特性,绘成的曲线称为外特性曲线,如图 3-1-3 所示。

从外特性曲线也可以看出,当 $I = 0$(电路开路)时,电源的端电压最大,等于电源的电动势,即 $U = E$;当电路闭合时,电路中有电流 I,电源的端电压小于电动势,即 $U < E$,并随着电路中电流 I 的增大而减小。

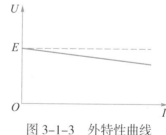

图 3-1-3 外特性曲线

实践活动

用万用表分别测新、旧电池给手电筒供电时的端电压 U 与电路中的电流 I,对测量值进行比较并解释旧电池给手电筒供电时灯不亮的原因。

思考与练习

电源电动势 $E = 4.5$ V,内阻 $r = 0.5$ Ω,外接负载 $R = 4$ Ω,则电路中的电流 $I = $ _____,电源的端电压 $U = $ _____,电路的内压降 $U_0 = $ _____。

3.2 负载获得最大功率的条件

由闭合电路欧姆定律可知,电源的电动势等于内、外电路电压降之和。

即
$$E = U + U_0 = U + Ir$$

两边同时乘以 I,得

$$EI = UI + I^2 r$$

式中:EI——电源产生的功率;

$\quad UI$——电源向负载输出的功率(负载获得的功率);

$\quad I^2 r$——电源内部消耗的功率。

即电源产生的功率等于负载获得的功率与电源内部消耗的功率之和。这个关系式称为功率平衡方程式,即

$$P_E = P_R + P_r$$

下面来看一个例子,已知电源的电动势 $E = 3\ V$,内阻 $r = 0.5\ \Omega$,当外接负载 R 分别为 $0.1\ \Omega$、$0.5\ \Omega$、$2.5\ \Omega$ 时,分别把电源产生的功率、电源内部消耗的功率及负载获得的功率填入表 3-2-1 中。

表 3-2-1　负载电阻 R 的大小与各功率之间的关系

电源电动势 E/V	电源内阻 r/Ω	负载电阻 R/Ω	电源产生的功率 P_E/W	电源内部消耗的功率 P_r/W	负载获得的功率 P_R/W
3	0.5	0.1	15	12.5	2.5
3	0.5	0.5	9	4.5	4.5
3	0.5	2.5	3	0.5	2.5

由表 3-2-1 所列数据可以看出:

(1) 闭合电路中的功率平衡方程式成立,即电源产生的功率等于负载获得的功率与电源内部消耗的功率之和。

(2) 闭合电路中,当电源电动势 E 和内阻 r 固定时,负载获得的功率与负载电阻 R 的大小有关。那么在什么条件下负载才能获得最大功率呢?

理论与实践证明,当 $R = r$ 时,负载获得最大功率。其最大值为

$$P_{\max} = \frac{E^2}{4r}$$

即负载获得最大功率的条件为:

当电源给定而负载可变时,负载电阻 R 和电源内阻 r 相等时,负载能够从电源中获得最大功率。

由于负载获得的最大功率就是电源输出的最大功率,即此时电源输出功率最大,也称为电源与负载匹配。负载功率随电阻 R 变化的曲线如图 3-2-1 所示。

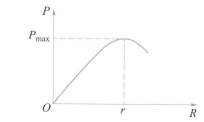

图 3-2-1　负载功率随电阻 R 变化的曲线

职业相关知识

当负载获得最大功率时,由于 $R = r$,所以负载和内阻上消耗的功率相等,这时电源的效率不高,只有 50%。在电工电子技术中,有些电路主要考虑负载获得最大功率,效率高低是次要问题,因而电路总是工作在 $R = r$ 附近,这种工作状态一般称为"阻抗匹配状态"。而在电力系统中,希望尽可能减少内部损失,提高供电效率,故要求 $R \gg r$。

【例 3-2-1】

在图 3-2-2 所示电路中,电源电动势 $E = 6\,\text{V}$,内阻 $r = 0.5\,\Omega$,$R_1 = 2.5\,\Omega$,R_2 为变阻器,要使变阻器获得最大功率,R_2 应为多大? R_2 获得的最大功率是多少?

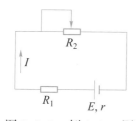

图 3-2-2　例 3-2-1 图

分析:可以把 R_1 看成电源内阻的一部分,这样电源内阻就是 $r + R_1$。

解:要使 R_2 获得最大功率,则

$$R_2 = r + R_1 = (0.5 + 2.5)\,\Omega = 3\,\Omega$$

此时,$P_{\text{max}} = \dfrac{E}{4R_2} = \dfrac{6^2}{4 \times 3}\,\text{W} = 3\,\text{W}$

思考与练习

当电源给定而负载可变时,负载获得最大功率的条件是_____,负载获得的最大功率为_____,在电工电子技术中,一般把这种工作状态称为_____,此时电源的效率只有_____。而在电力系统中,希望尽可能减少内部损失,提高供电效率,故要求 R_____r。

3.3 电阻串联电路

观察与思考

小明在做电路实验时,遇到了如下问题:想让一个额定值为"3 V、0.1 A"的照明灯正常工作,可手头只有 12 V 的电源,如果把照明灯直接接到 12 V 的电源中,照明灯肯定会被烧坏,这可怎么办呢? 你能帮小明解决这个问题吗?

用电器上一般标有额定电压值,若电源电压比用电器的额定电压高,则不可把用电器直接接到电源上。在这种情况下,可给用电器串联一个合适阻值的电阻,让它分担一部分电压,用电器便能在额定电压下正常工作。

如图 3-3-1 所示,当串接一个合适的分压电阻后,额定电压为 3 V 的照明灯便可接到电压为 12 V 的电源上正常工作。这时照明灯与分压电阻是串联的关系,那么分压电阻的阻值如何计算呢? 本节将学习串联电路及其相关知识。

图 3-3-1　照明灯工作电路

1. 串联电路

把电阻一个接一个依次连接起来,就组成串联电路。图 3-3-2(a)所示为由 3 个电阻组成的串联电路。

2. 串联电路的特点

(1) 电流特点。由于串联电路中只有一条通路,所以串联电路中电流处处相等,即

$$I = I_1 = I_2 = I_3 = \cdots = I_n$$

(2) 电压特点。串联电路两端的总电压等于各部分两端的电压之和,即

$$U = U_1 + U_2 + U_3 + \cdots + U_n$$

电流特点和电压特点是电路的基本特点,以下特点都可以从基本特点中推导出来。

(3) 电阻特点。电路的总电阻(也称等效电阻)等于各串联电阻之和,即

$$R = R_1 + R_2 + R_3 + \cdots + R_n$$

在分析电路时,为了方便,常用一个电阻来表示几个串联电阻的总电阻,这个电阻称为等效电阻。图 3-3-2(b)所示电路是图 3-3-2(a)所示电路的等效电路。

小提示

电阻串联越多,总电阻就越大。当 n 个相同阻值的电阻串联时,其总电阻(等效电阻)为 $R_{总} = nR$。

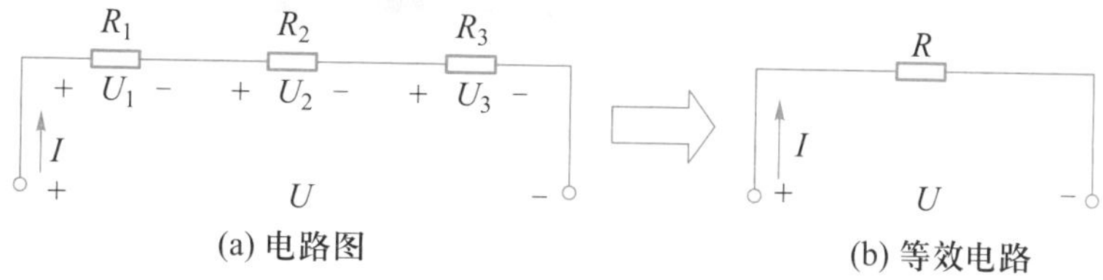

(a) 电路图　　　　　　　　　　　　(b) 等效电路

图 3-3-2　电阻串联及其等效电路

(4) 电压分配。串联电路中各电阻两端的电压与各电阻的阻值成正比,即

$$\frac{U_1}{R_1} = \frac{U_2}{R_2} = \cdots = \frac{U_n}{R_n} = I$$

【例 3-3-1】

1 个 2 Ω 电阻和 1 个 10 Ω 电阻串联后接到一直流电压上,用万用表测得 2 Ω 电阻两端的电压为 3 V,问 10 Ω 电阻两端的电压为多少?

分析:设 $R_1 = 2\ \Omega$,$R_2 = 10\ \Omega$,$U_1 = 3\ V$,求 U_2。

解:由分压公式 $\frac{U_1}{R_1} = \frac{U_2}{R_2}$ 可得

$$U_2 = \frac{R_2}{R_1}U_1 = \frac{10}{2} \times 3\ V = 15\ V$$

小技巧

当只有两个电阻 R_1、R_2 串联时,可得 R_1、R_2 两端的分电压 U_1、U_2 与总电压 U 之间的关系分别为

$$U_1 = \frac{R_1}{R_1 + R_2}U,\ U_2 = \frac{R_2}{R_1 + R_2}U$$

【例 3-3-2】

1 个 4 Ω 电阻和 1 个 6 Ω 电阻串联后,两端接 10 V 的直流电压,问 4 Ω 电阻和 6 Ω 电阻两端的电压分别为多少? 电路中的电流又为多少? 4 Ω 电阻消耗的功率为多大?

分析:设 $R_1 = 4\ \Omega$,$R_2 = 6\ \Omega$,$U = 10\ V$,求 U_1、U_2、I、P_1。

解:由分压公式可知

$$U_1 = \frac{R_1}{R_1 + R_2}U = \frac{4}{4+6} \times 10\ V = 4\ V$$

$$U_2 = \frac{R_2}{R_1 + R_2}U = \frac{6}{4+6} \times 10\ V = 6\ V$$

$$I = \frac{U}{R} = \frac{U_1}{R_1} = \frac{U_2}{R_2} = \frac{10}{10}\ A = \frac{4}{4}\ A = \frac{6}{6}\ A = 1\ A$$

$$P_1 = P_{4\ \Omega} = I^2 R_1 = 1^2 \times 4\ W = 4\ W$$

(5) 功率分配。串联电路中各电阻消耗的功率与各电阻的阻值成正比,即

$$\frac{P_1}{R_1} = \frac{P_2}{R_2} = \frac{P_3}{R_3} = \cdots = \frac{P_n}{R_n} = I^2$$

两个电阻的分功率公式与分压公式相似,用相应的 P 代替相应的 U 即可。

教学动画
电压表量程
扩大

想一想 做一做

如图 3–3–3 所示电路,表头内阻 $R_g = 1\ \mathrm{k\Omega}$,满偏电流 $I_g = 100\ \mathrm{\mu A}$,若要改装成量程为 10 V 的电压表,应串联多大的电阻?

教学动画
电流表量程
扩大

分析:先根据欧姆定律求出满偏电压,再求出电阻 R 分担的电压,即可求出分压电阻的值。

解:表头的满偏电压 $U_g = R_g I_g = 1 \times 10^3 \times 100 \times 10^{-6}\ \mathrm{V} = 0.1\ \mathrm{V}$

串联电阻分担的电压 $U_R = U - U_g = (10 - 0.1)\ \mathrm{V} = 9.9\ \mathrm{V}$

串联电阻值 $R = \dfrac{U_R}{I_R} = \dfrac{U_R}{I_g} = \dfrac{9.9}{100 \times 10^{-6}}\ \mathrm{\Omega} = 99\ \mathrm{k\Omega}$

同学们还可尝试用其他方法求出分压电阻的值。

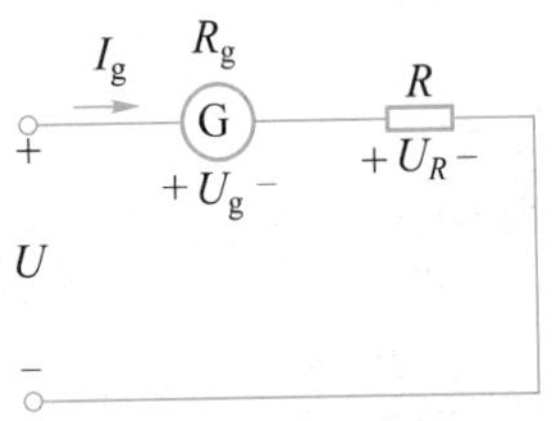

图 3–3–3   电压表改装

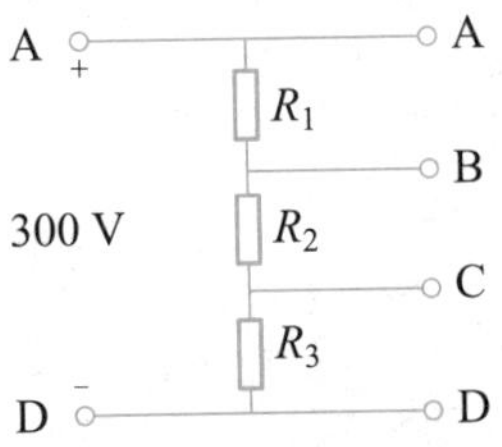

图 3–3–4   分压器电路

3. 串联电路的应用

电阻串联电路的应用非常广泛。在工程上,常利用几个电阻串联构成分压器,使同一电源能供给不同电压,如图 3–3–4 所示;利用串联电阻的方法来限制、调节电路中的电流,常用的有电子电路中的二极管限流电阻;利用小阻值的电阻串联来获得较大阻值的电阻;利用串联电阻的方法来扩大电压表的量程;等等。

想一想 做一做

在图 3–3–4 所示分压器电路中,已知电路的输入电压 $U_{AD} = 300\ \mathrm{V}$,D 是公共点,$R_1 = R_2 = R_3 = 50\ \mathrm{k\Omega}$,输出电压 U_{CD}、U_{BD} 分别为多大?在电路中标出 U_{CD}、U_{BD} 的电压方向。

分析:可根据电阻串联电路中,各电阻两端的电压与各电阻的阻值成正比这一特点来解答。

根据电阻两端的电压与各电阻的阻值成正比,可列出

$$\frac{U_{CD}}{U_{AD}} = \frac{R_{CD}}{R_{AD}} = \frac{R_3}{R_1 + R_2 + R_3},\ 则$$

$$U_{CD} = \frac{R_3}{R_1 + R_2 + R_3} U_{AD} = \frac{50}{50 + 50 + 50} \times 300\ \mathrm{V} = 100\ \mathrm{V}$$

同理,可得出 $U_{BD} = \dfrac{R_3 + R_2}{R_1 + R_2 + R_3} U_{AD} = \dfrac{50 + 50}{50 + 50 + 50} \times 300\ \text{V} = 200\ \text{V}$

思考与练习

已知 $R_1 = 5\ \Omega$,$R_2 = 10\ \Omega$,现把 R_1、R_2 两个电阻串联后接入 3 V 的电源中,则电路的总电阻 $R = $ _____ Ω,电路中的电流 $I = $ _____ A,R_1 两端的电压 $U_1 = $ _____ V,R_2 消耗的功率 $P_2 = $ _____ W。

3.4 电阻并联电路

观察与思考

小明在维修电子设备时,遇到了如下问题:急需一个 5 Ω 的电阻,而手头只有 10 Ω、20 Ω 等较大电阻,你能帮小明解决这个问题吗?其实,只需把 2 个 10 Ω 的电阻或者 4 个 20 Ω 的电阻并联,就能得到 5 Ω 的电阻。那么电阻并联后接在电路中会具有哪些特性呢?本节将学习并联电路及其相关知识。

1. 并联电路

把几个电阻并列地连接起来,就组成并联电路。图 3-4-1(a)所示电路是由 3 个电阻组成的并联电路,图 3-4-1(b)所示电路是图 3-4-1(a)所示电路的等效电路。

2. 并联电路的特点

(1)电压特点。并联电路中各电阻两端电压相等,且等于电路两端的总电压,即

$$U = U_1 = U_2 = U_3 = \cdots = U_n$$

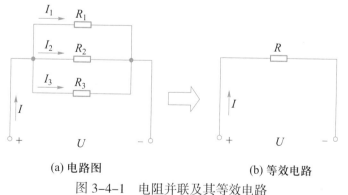

(a) 电路图   (b) 等效电路

图 3-4-1 电阻并联及其等效电路

(2)电流特点。并联电路的总电流等于通过各电阻的分电流之和,即

$$I = I_1 + I_2 + I_3 + \cdots + I_n$$

(3) 电阻特点。并联电路的总电阻(等效电阻)的倒数等于各电阻倒数之和,即

$$\frac{1}{R} = \frac{1}{R_1} + \frac{1}{R_2} + \frac{1}{R_3} + \cdots + \frac{1}{R_n}$$

两个电阻并联时,其总电阻(等效电阻) $R = R_1 // R_2 = \dfrac{R_1 R_2}{R_1 + R_2}$

小提示

电阻的阻值越并越小。当 n 个相同阻值的电阻并联时,其总电阻(等效电阻)为 $R_总 = \dfrac{R}{n}$。

【例 3-4-1】

1 个 4 Ω 电阻和 1 个 6 Ω 电阻并联后,两端接 12 V 的直流电源。试求:(1) 加在 6 Ω 电阻两端的电压;(2) 电路中的总电阻;(3) 通过电路的总电流。

分析:设 $R_1 = 4\ \Omega$,$R_2 = 6\ \Omega$,$U = 12\ V$,求 U_2、R、I。

解:(1) 加在 6 Ω 电阻两端的电压 $U_2 = U = 12\ V$

(2) 电路中的总电阻 $R = R_1 // R_2 = \dfrac{R_1 R_2}{R_1 + R_2} = \dfrac{4 \times 6}{4 + 6}\ \Omega = 2.4\ \Omega$

(3) 通过电路的总电流 $I = \dfrac{U}{R} = \dfrac{12}{2.4}\ A = 5\ A$

显然,并联电路的总电阻比任何一个并联的电阻阻值都小。

(4) 电流分配。并联电路中,通过各个电阻的电流与它的阻值成反比,即

$$I_1 R_1 = I_2 R_2 = I_3 R_3 = \cdots = I_n R_n = IR = U$$

式中: $R = R_1 // R_2 // R_3 // \cdots // R_n$。

【例 3-4-2】

已知 $R_1 = 2\ \Omega$,$R_2 = 3\ \Omega$,现把 R_1、R_2 两个电阻并联后接入一直流电源中,测得通过 R_1 的电流为 1 A,则通过 R_2 的电流为多大?

解:由公式 $I_1 R_1 = I_2 R_2$ 可得

$$I_2 = \frac{R_1}{R_2} I_1 = \frac{2}{3} \times 1\ A = \frac{2}{3}\ A$$

可见,电阻越大,通过它的电流越小;电阻越小,通过它的电流越大。

小技巧

当只有两个电阻 R_1、R_2 并联时,通过电阻 R_1、R_2 的分电流 I_1、I_2 与总电流 I 之间的关系分别为

$$I_1 = \frac{R_2}{R_1 + R_2} I,\ I_2 = \frac{R_1}{R_1 + R_2} I$$

(5) 功率分配。并联电路中各电阻消耗的功率与各电阻的阻值成反比，即

$$P_1R_1 = P_2R_2 = P_3R_3 = \cdots = P_nR_n = U^2$$

两个电阻的分功率公式与分流公式相似，即用相应的 P 代替相应的 I。

想一想　做一做

如图 3-4-2 所示，表头内阻 R_g=1 kΩ，满偏电流 I_g=100 μA，若要改装成量程为 5 A 的电流表，应并联多大的电阻？

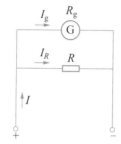

图 3-4-2　电流表改装

分析：先根据欧姆定律求出满偏电压，再求出电阻 R 分担的电流，即可求出并联电阻值。

解：表头的满偏电压 $U_g = R_gI_g = 1 \times 10^3 \times 100 \times 10^{-6}$ V = 0.1 V

并联电阻分担的电流 $I_R = I - I_g = (5 - 100 \times 10^{-6})$ A = 4.999 9 A

并联电阻值 $R = \dfrac{U_R}{I_R} = \dfrac{0.1}{4.999\ 9}\ \Omega \approx 0.02\ \Omega$

同学们还可尝试用其他方法求出并联电阻值。

3. 并联电路的应用

电阻并联电路的应用非常广泛。在工程上，常利用并联电阻的分流作用来扩大电流表的量程；实际上，额定电压相同的用电器一般采用并联，如各种电动机、各种照明灯具都采用并联，这样既可以保证用电器在额定电压下正常工作，又能在断开或闭合某个用电器时，不影响其他用电器的正常工作；利用大阻值的电阻并联来获得较小电阻；等等。

实践活动

调查家用电器具体的接线方式，并画出其接线图。

思考与练习

1. 电阻并联电路中，各电阻两端的电压_____，通过电路的总电流等于_____，通过各电阻的电流与各电阻的阻值成_____，各电阻消耗的功率与各电阻的阻值成_____。

2. 有两个电阻 R_1 和 R_2，已知 $R_1 = 3R_2$，若它们在电路中并联，则电阻两端的电压比 $U_1 : U_2 =$ _____，流过电阻的电流比 $I_1 : I_2 =$ _____，它们消耗的功率比 $P_1 : P_2 =$ _____。

3.5 电阻混联电路

1. 混联电路

在实际电路中,既有电阻串联又有电阻并联的电路,称为混联电路,如图 3-5-1 所示。其中,图 3-5-1(a)所示混联电路中,R_1、R_2、R_3 3 个电阻之间的连接关系是:R_1 与 R_2 先串联,再与 R_3 并联;图 3-5-1(b)所示的混联电路中,R_1、R_2、R_3 3 个电阻之间的连接关系是:R_2 与 R_3 先并联,再与 R_1 串联。

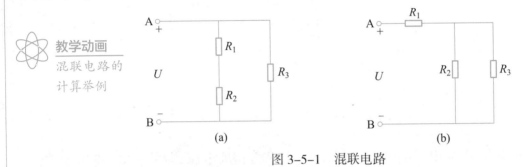

图 3-5-1 混联电路

2. 混联电路的一般分析方法

混联电路的一般分析方法如下:

(1) 求混联电路的等效电阻。先计算各电阻串联和并联的等效电阻,再计算电路总的等效电阻。

(2) 求混联电路的总电流。由电路的总的等效电阻和电路的端电压计算电路的总电流。

(3) 求各部分的电压、电流和功率。根据欧姆定律,电阻的串、并联特点和电功率的计算公式分别求出电路各部分的电压、电流和功率。

【例 3-5-1】

如图 3-5-2 所示电路,已知 $U = 220\,\text{V}$,$R_1 = R_4 = 10\,\Omega$,$R_2 = 300\,\Omega$,$R_3 = 600\,\Omega$。试求:(1) 电路的等效电阻 R;(2) 电路中的总电流 I;(3) 电阻 R_2 两端的电压 U_2;(4) 电阻 R_3 消耗的功率 P_3。

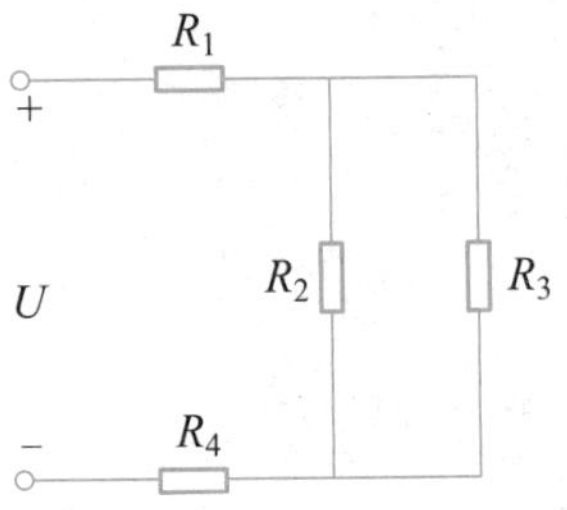

解:(1) 电路的等效电阻

$$R = R_1 + R_2 /\!/ R_3 + R_4$$
$$= \left(10 + \frac{300 \times 600}{300 + 600} + 10\right)\Omega = 220\,\Omega$$

图 3-5-2 例 3-5-1 图

(2) 电路中的总电流 $I = \dfrac{U}{R} = \dfrac{220}{220}\,\text{A} = 1\,\text{A}$

(3) 电阻 R_2 两端的电压 $U_2 = U - I(R_1 + R_4) = (220 - 1 \times 20)\,\text{V} = 200\,\text{V}$

(4) 电阻 R_3 消耗的功率 $P_3 = \dfrac{U_3^2}{R_3} = \dfrac{U_2^2}{R_3} = \dfrac{200^2}{600}\,\text{W} \approx 66.7\,\text{W}$

也可用其他方法求解电阻 R_2 两端的电压 U_2 和电阻 R_3 消耗的功率 P_3。

3. 混联电路的等效变换与等效电阻的求法

在实际电路中,有些混联电路往往不易瞬时看清各电阻之间的连接关系,这时就需要根据电路的具体结构,按照电阻串、并联电路的定义和性质,进行电路的等效变换,使其电阻之间的关系一目了然,而后再求电路的等效电阻。

混联电路的等效变换通常采用等电位法,等电位法的一般分析方法如下:

(1) 确定等电位点,标出相应的符号。导线的电阻和理想电流表的电阻可忽略不计,可以认为导线和电流表连接的两点是等电位点。

(2) 画出串、并联关系清晰的等效电路图。根据等电位点,从电路的一端画到另一端,一般先确定电阻最少的支路,再确定电阻次少的支路。

(3) 求解等效电阻。根据电阻串、并联的关系求出等效电阻。

【例 3-5-2】

在图 3-5-3(a)所示电路中,$R_1 = R_2 = R_3 = R_4 = 10\ \Omega$,试分别求 S 断开与闭合时 AB 间的等效电阻。

分析:S 断开时,A'' 与 A 为等电位点;从 A 点出发到 B 点有三条通路,第一条通过 R_2,第二条通过 R_4,第三条通过 R_1 与 R_3。其简化等效电路如图 3-5-3(b)所示,即 R_1 与 R_3 串联再与 R_2、R_4 并联。

S 闭合时,A''、A' 与 A 为等电位点;从 A 点出发到 B 点仍有三条通路,第一条通过 R_2,第二条通过 R_4,第三条通过 R_3,R_1 接在 A 与 A' 之间,被短路。其简化等效电路如图 3-5-3(c)所示,即 R_2、R_3、R_4 并联。

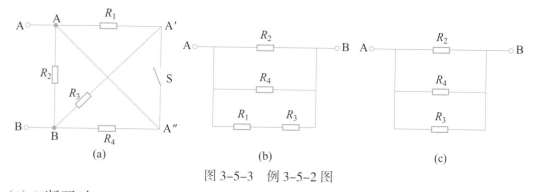

图 3-5-3　例 3-5-2 图

解:(1) S 断开时:

$$R_{AB} = R_2 /\!/ R_4 /\!/ (R_1 + R_3) = \frac{\dfrac{10 \times 10}{10 + 10} \times (10 + 10)}{\dfrac{10 \times 10}{10 + 10} + (10 + 10)}\ \Omega = 4\ \Omega$$

(2) S 闭合时:

$$R_{AB} = R_2 /\!/ R_4 /\!/ R_3 = \frac{\dfrac{10 \times 10}{10 + 10} \times 10}{\dfrac{10 \times 10}{10 + 10} + 10}\ \Omega = \frac{10}{3}\ \Omega$$

思考与练习

1. 在图 3-5-4 所示电路中,已知 $R_1 = 5\ \Omega$, $R_2 = R_3 = R_4 = 10\ \Omega$,则等效电阻 R_{AB} 为多少?

2. 如图 3-5-5 所示电路中,已知 $R_1 = R_2 = R_3 = 12\ \Omega$,当开关 S_1、S_2 都闭合时,其等效电阻 $R_{AB} = $ _____ Ω。

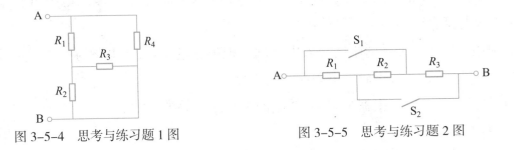

图 3-5-4 思考与练习题 1 图   图 3-5-5 思考与练习题 2 图

  技术与应用   常用导电材料与绝缘材料

1. 导电材料

常用的导电材料是指专门用于传导电流的金属材料。当前两大普通的导电材料是铜和铝,铜和铝作为普通导电材料主要用于制造电线电缆,常用的有裸导线、绝缘导线、电磁线和电力电缆等。

(1) 裸导线。裸导线是指只有导线部分而没有绝缘层与保护层的导线。裸导线主要分为单线和裸绞线两种。主要用于电力、交通、通信工程及电机、变压器和电器的制造。架空线用得较多的是铝绞线和钢芯铝绞线,前者用于低压短距离输电线路,后者用于高压长距离输电线路。

(2) 绝缘导线。绝缘导线是指导线外表有绝缘层的导线,它不仅有导线部分,而且还有绝缘层。绝缘层的主要作用是隔离带电体或不同电位的导体。绝缘导线由导电线芯及绝缘包层等构成,型号较多,用途广泛。

(3) 电磁线。电磁线是专门用于实现电能与磁能相互转换的具有绝缘层的导线。常用于制造电机、变压器、电器的各种线圈,其作用是通过电流产生磁场或切割磁感线产生感应电动势以实现电磁互换。从材质分,有铜线、铝线。从外形分,有圆、扁、带、箔。按绝缘特点和用途,分为漆包线、绕包线、无机绝缘线和特种电磁线。

(4) 电力电缆和通信电缆。电力电缆主要用于输电和配电网络,按绝缘材料分,可分为纸绝缘、橡皮绝缘、聚氯乙烯塑料绝缘和交联聚氯乙烯塑料绝缘电力电缆。通信电缆是用于传输电话、电报、传真、广播、电视和数据等电信息的绝缘电缆。敷设的通信电缆多数埋于地下,受大气和自然灾害的影响小且保密性强,传输信息的质量高,性能稳定,使用寿命长。按结构可分为对称电缆和同轴电缆。

2. 绝缘材料

绝缘材料主要用于隔离带电导体或不同电位的导体,以保障人身和设备的安全。此外,在电气设备上还可用于机械支撑、固定、灭弧、散热、防潮、防霉、防虫、防辐射、耐化学腐蚀等场合。

绝缘材料在使用过程中,由于各种因素的长期作用会发生老化,因此对各种绝缘材料都规定它们在使用过程中的极限温度,以延缓它们的老化过程,保证产品的使用寿命。

实训项目四　电阻性电路的搭接与测试

实训目的

- 掌握色环电阻器的识读与检测。
- 学会根据电路原理图在面包板或 PCB 上搭接电路。
- 掌握用万用表测直流电压与电流的方法与步骤,并能正确读数。

任务一　电阻器的识读与检测

教师准备好若干四色环或五色环电阻器,学生识读,并利用万用表的电阻挡,选择合适的挡位与量程,测量给定电阻器的阻值。同时把识读和测量结果填入表 3-5-1 或表 3-5-2 中。

(注:数字式万用表、指针式万用表均可。具体操作时选择其中一种即可。)

表 3-5-1　"数字式万用表测量电阻器阻值"技训表

测量项目	色环排列	标称值 + 允许误差	万用表挡位和量程	测量值
电阻器 1				
电阻器 2				
电阻器 3				

表 3-5-2　"指针式万用表测量电阻器阻值"技训表

测量项目	色环排列	标称值 + 允许误差	万用表挡位和量程	标尺读数	测量值
电阻器 1					
电阻器 2					
电阻器 3					

任务二　搭接电路

根据图 3-5-6 所示的电阻性实验电路原理图,利用表 3-5-3 给定的元器件清单,在面包板或 PCB 或实验台上搭接电路,并使电路正常工作。

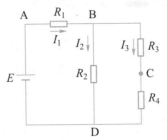

图 3-5-6　电阻性实验电路原理图

表 3-5-3　元器件清单

电路元器件符号	E	R_1	R_2	R_3	R_4
参数	9 V 或 6 V	68 Ω	240 Ω	100 Ω	91 Ω

任务三　使用万用表测量直流电压与电流

电路正常工作后,利用万用表,选择合适的挡位与量程,完成表 3-5-4 或表 3-5-5 相应项目的测试。

(注:数字式万用表、指针式万用表均可。具体操作时选择其中一种即可)

表 3-5-4　"使用数字式万用表测量直流电压与电流"技训表

测量项目	万用表挡位和量程	测量值
U_{AB}		
U_{BC}		
U_{AD}		
I_1		
I_2		
I_3		

表 3-5-5　"使用指针式万用表测量直流电压与电流"技训表

测量项目	万用表挡位和量程	每小格代表值	指针所偏转的格数	测量值
U_{AB}				
U_{BC}				
U_{AD}				
I_1				
I_2				
I_3				

任务四　实训小结

(1) 将使用万用表测量电阻、电压与电流的操作方法与步骤、收获与体会及实训评价填入"实训小结表"(见附录 2)。

(2) 将实训过程评价填入"实训过程评价表"(见附录 1)中的相应位置。

3.6 基尔霍夫定律

观察与思考

图 3-6-1(a)所示的电路为一个电阻混联电路,电路中,电阻 R_2 与 R_3 并联,而后再与 R_1 串联,可以通过电阻串、并联特性及欧姆定律对其进行求解;再看图 3-6-1(b)所示的电路,该电路是某汽车车灯电路的等效电路,它由发电机(电动势 E_1 和内阻 R_1)、蓄电池(电动势 E_2 和内阻 R_2)及车灯(负载电阻 R_3)组成,你能通过电阻串、并联特性及欧姆定律对该电路进行求解吗?

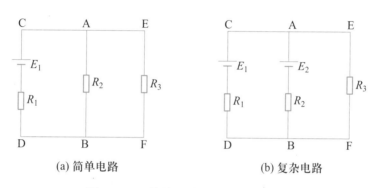

(a) 简单电路   (b) 复杂电路

图 3-6-1   简单电路与复杂电路比较

对图 3-6-1(a)所示电路,可用电阻的串、并联分析方法对其进行简化,使其成为一个单回路电路,这样的电路称为简单电路。求解简单电路可运用电阻的串、并联特性及欧姆定律。图 3-6-1(b)所示电路中,电阻 R_1、R_2、R_3 之间既不是串联,也不是并联,不能用电阻的串、并联分析方法对其进行简化,这样的电路称为复杂电路。求解复杂电路除了运用欧姆定律之外,还需要学习新的方法,即基尔霍夫定律。

3.6.1 几个基本概念

支路   由一个或几个元件首尾相接构成的无分支电路称为支路。在同一支路中,流过各元件的电流相等。图 3-6-1(b)所示电路中有三条支路,R_1 和 E_1 构成一条支路,R_2 和 E_2 构成一条支路,R_3 是另一条支路。

节点   三条或三条以上支路的汇交点称为节点。图 3-6-1(b)所示电路中有两个节点,节点 A 和节点 B。

回路   电路中任一闭合路径称为回路。图 3-6-1(b)所示电路中有三个回路,回路 AEFBA、回路 CABDC 和回路 CEFDC。

网孔　内部不包含支路的回路称为网孔。图 3-6-1(b) 所示电路中有两个网孔,网孔 AEFBA 和网孔 CABDC。

想一想　做一做

图 3-6-2 所示电路中,有几个节点、几条支路、几个回路和几个网孔?

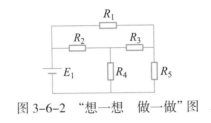

图 3-6-2 "想一想　做一做"图

3.6.2 基尔霍夫第一定律

教学动画
基尔霍夫电流定律

基尔霍夫第一定律(基尔霍夫电流定律)研究的对象是节点,研究的问题是通过节点的各支路电流之间的关系。

1. 实验探究

(1) 按图 3-6-3 所示,在实验板上连接好电路,取电阻 $R_1 = 100\ \Omega$,$R_2 = 200\ \Omega$,$R_3 = 51\ \Omega$。

(2) 将电流表接入电路中(注意电流的方向),将直流稳压电源 E_1、E_2 接入电路,调节 E_1、E_2 的值,用电流表测量 E_1、E_2 的取值分别为 12 V、12 V,12 V、9 V,9 V、12 V 三组数值时各支路电流 I_1、I_2、I_3 的数值,将测量结果记入表 3-6-1 中。

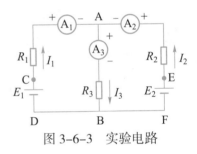

图 3-6-3 实验电路

表 3-6-1 电流表测各支路电流大小

实验次数	电源电压	I_1/mA	I_2/mA	I_3/mA
1	$E_1 = 12$ V,$E_2 = 12$ V	68.6	34.0	102.5
2	$E_1 = 12$ V,$E_2 = 9$ V	46.2	38.1	84.3
3	$E_1 = 9$ V,$E_2 = 12$ V	72.0	20.9	92.8

由表 3-6-1 中所列数据可以看出,在误差允许范围内,$I_3 = I_1 + I_2$。

通过以上实验可以得出一个重要结论,即基尔霍夫第一定律。

2. 基尔霍夫第一定律

基尔霍夫第一定律也称**节点电流定律**,其内容为:对电路中的任意一个节点,在任一时刻,流入节点的电流之和等于流出节点的电流之和。

用公式表示为

$$\Sigma I_{入} = \Sigma I_{出}$$

式中:$\Sigma I_{入}$——流入节点的电流之和,单位是 A;

$\quad\Sigma I_{出}$——流出节点的电流之和,单位是 A。

上式也称节点电流方程,即 KCL 方程。

对于图 3-6-3 所示电路中的节点 A,流入的电流为 I_1 和 I_2,流出的电流为 I_3;对于节点 B,流入的电流为 I_3,流出的电流为 I_1 和 I_2,因此,对于节点 A 和节点 B,可列节点电流方程为

$$I_1 + I_2 = I_3$$

对于图 3-6-4 所示电路,有 5 条支路汇交于节点 A,I_1、I_3 流入节点 A,I_2、I_4、I_5 流出节点 A,因此对于节点 A,可列节点电流方程为

$$I_1 + I_3 = I_2 + I_4 + I_5$$

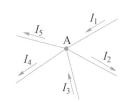

图 3-6-4 节点电流示意图

通常规定,流入节点的电流为正值,流出节点的电流为负值,因此,基尔霍夫第一定律的内容也可表述为:在任一时刻,通过电路中任一节点的电流代数和恒等于零。

用公式表示为

$$\Sigma I = 0$$

则对于图 3-6-4 所示电路中的节点 A,节点电流方程也可写成

$$I_1 + (-I_2) + I_3 + (-I_4) + (-I_5) = 0$$

3. 基尔霍夫第一定律的推广

基尔霍夫第一定律不仅适用于节点,也可推广应用于任一假想的封闭面 S,S 称为广义节点,如图 3-6-5 所示。通过广义节点的各支路电流代数和恒等于零。在图 3-6-5 所示电路中,假定一个封闭面 S 把电阻 R_3、R_4、R_5 所构成的三角形全部包围起来成为一个广义节点,则流入广义节点的电流应等于从广义节点流出的电流,故得

$$I_1 + I_3 = I_2$$

职业相关知识

图 3-6-6 所示为三极管,可以把三极管看成一个广义节点,则有 $I_b + I_c = I_e$。

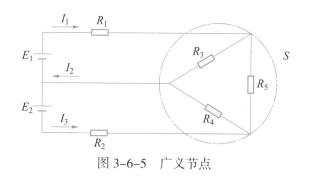

图 3-6-5 广义节点

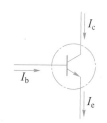

图 3-6-6 三极管

需要注意的是,只能对流过同一节点(广义节点)的各支路电流列节点电流方程。列节点电流方程时,首先假定未知电流的参考方向,如果计算结果为正值,说明该支路电流实际方向与参考方向相同;如果计算结果为负值,说明该支路电流实际方向与参考方向相反。

【例 3-6-1】

如图 3-6-7 所示电路,已知 $I_1 = 20$ mA, $I_3 = 15$ mA, $I_5 = 8$ mA,求其余各支路电流。

解:对于节点 A,可列节点电流方程

$$I_1 + I_2 = I_3$$

则　$I_2 = I_3 - I_1 = (15-20)\,\text{mA} = -5\,\text{mA}$

对于节点 C,可列节点电流方程

$$I_5 = I_1 + I_4$$

则　$I_4 = I_5 - I_1 = (8-20)\,\text{mA} = -12\,\text{mA}$

对于节点 B,可列节点电流方程

$$I_3 + I_4 = I_6$$

则　$I_6 = I_3 + I_4 = (15-12)\,\text{mA} = 3\,\text{mA}$

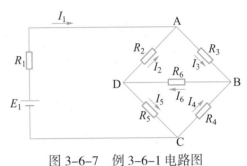

图 3-6-7　例 3-6-1 电路图

3.6.3　基尔霍夫第二定律

基尔霍夫第二定律(基尔霍夫电压定律)研究的对象是回路,研究的问题是某个闭合回路中各段电压之间的关系。

1. 实验探究

(1) 按图 3-6-3 所示,在实验板上连接好电路,把电流表短接,取电阻 $R_1 = 100\ \Omega$,$R_2 = 120\ \Omega$,$R_3 = 51\ \Omega$。

教学动画

基尔霍夫电压定律

(2) 将直流稳压电源 E_1、E_2 接入电路,将 E_1、E_2 的值均调节到 12 V。

(3) 使用电压表测量出各段电压,将测量结果记入表 3-6-2 中。

(4) 将 E_1 的值调节到 12 V,E_2 的值调节到 9 V,重复上述实验步骤。

表 3-6-2　使用电压表测量各段电压大小

实验次数	电源电压	U_{AB}/V	U_{BC}/V	U_{CA}/V	U_{AE}/V	U_{EB}/V
1	$E_1 = 12$ V、$E_2 = 12$ V	5.2	-12	6.8	-6.9	12
2	$E_1 = 12$ V、$E_2 = 9$ V	4.8	-12	7.1	-4.2	9

由表 3-6-2 中所列数据可以看出,在误差允许范围内:

回路 ABDCA 的电压关系:$U_{AB} + U_{BC} + U_{CA} = 0$

回路 AEFBA 的电压关系:$U_{AE} + U_{EB} + U_{BA} = U_{AE} + U_{EB} + (-U_{AB}) = 0$

回路 AEFBDCA 的电压关系:$U_{AE} + U_{EB} + U_{BC} + U_{CA} = 0$

通过以上实验可以得出一个重要结论,即基尔霍夫第二定律。

2. 基尔霍夫第二定律

基尔霍夫第二定律也称回路电压定律,其内容为:对电路中的任一闭合回路,沿回路绕行方向上各段电压的代数和等于零。

用公式表示为

$$\Sigma U = 0$$

上式也称回路电压方程,即 KVL 方程。

图 3-6-8 所示为复杂电路的一部分,带箭头的虚线表示回路的绕行方向,各段电压分别为

$$U_{AB} = I_1 R_1 - E_1$$

$$U_{BC} = -I_2 R_2$$

$$U_{CD} = -I_3 R_3 + E_2$$

$$U_{DA} = I_4 R_4$$

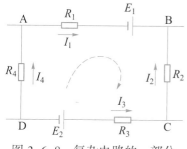

图 3-6-8 复杂电路的一部分

根据回路电压定律,可得

$$U_{AB} + U_{BC} + U_{CD} + U_{DA} = 0$$

即

$$I_1 R_1 - E_1 - I_2 R_2 - I_3 R_3 + E_2 + I_4 R_4 = 0$$

整理后得

$$I_1 R_1 - I_2 R_2 - I_3 R_3 + I_4 R_4 = E_1 - E_2$$

因此,基尔霍夫第二定律也可表述为:对电路中的任一闭合回路,各电阻上电压降的代数和等于各电源电动势的代数和。

用公式表示为

$$\Sigma IR = \Sigma E$$

在运用基尔霍夫第二定律所列的方程中,电压和电动势都是指代数和,因此必须注意其正、负号的确定。

运用公式 $\Sigma U = 0$ 列方程的一般步骤为:

(1) 任意选定各支路未知电流的参考方向。

(2) 任意选定回路的绕行方向(顺时针或逆时针),以公式中少出现负号为宜。

(3) 确定电阻电压降的正负号。当选定的绕行方向与电流参考方向一致时(电阻电压的参考方向从"+"极性到"−"极性),电阻电压降取正值,反之取负值。

(4) 确定电源电动势正负号。当选定的绕行方向为从电源的"+"极性到"−"极性时,电动势取正值,反之取负值。

小提示

在运用公式 $\Sigma IR = \Sigma E$ 列方程时,电源电动势的正、负号规定正好与公式 $\Sigma U = 0$ 列方程时相反。即当选定的绕行方向为从电源的"–"极性到"＋"极性时,电动势取正值,反之取负值。

【例 3-6-2】

图 3-6-9 所示为某电路图中的一部分,试列出其回路电压方程。

解:标出各支路电流的参考方向和回路的绕行方向,如图 3-6-9 所示。

根据 $\Sigma U = 0$,列出回路电压方程为

$$I_3R_3 + E_2 - I_2R_2 + I_1R_1 - E_1 = 0$$

根据 $\Sigma IR = \Sigma E$,列出回路电压方程为

$$I_3R_3 - I_2R_2 + I_1R_1 = E_1 - E_2$$

3. 基尔霍夫第二定律的推广

基尔霍夫第二定律不仅适用于闭合回路,也可推广应用于不闭合的假想回路,现以图 3-6-10 所示电路加以说明。

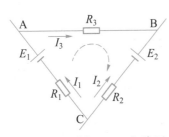

图 3-6-9 例 3-6-2 电路图

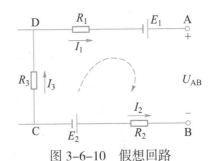

图 3-6-10 假想回路

图中,A、B 之间无支路直接相连,但可设想有一条假想支路连接其间,构成假想回路 ABCDA,其中,A、B 两点之间的电压可用 U_{AB} 表示,则根据 $\Sigma U = 0$,列出回路电压方程为

$$U_{AB} - I_2R_2 + E_2 + I_3R_3 + I_1R_1 - E_1 = 0$$

想一想 做一做

图 3-6-10 所示电路中,若选定回路的绕行方向为逆时针,那么列出的回路电压方程又会怎样呢?

3.6.4 支路电流法

教学动画
支路电流法

不论简单的或复杂的电路,基尔霍夫定律都适用,对于复杂电路可以采用支路电流法求解。

对于一个复杂电路,先假设各支路的电流方向和回路方向,再根据基尔霍夫定律列出方程式求解支路电流的方法称为支路电流法,其步骤如下:

(1) 假定各支路电流的方向和回路方向,回路方向可以任意假设,对于具有两个以上电动势的回路,通常取值较大的电动势的方向为回路方向,电流方向也可参照此法来假设。

(2) 用基尔霍夫第一定律列出节点电流方程式。一个具有 b 条支路,n 个节点($b>n$)的复杂电路,需列出 b 个方程式来联立求解。由于 n 个节点只能列出 $n-1$ 个独立方程式,这样还缺 $b-(n-1)$ 个方程式,可由基尔霍夫第二定律来补足。

(3) 用基尔霍夫第二定律列出回路电压方程式。

(4) 代入已知数,解联立方程式,求出各支路的电流。

(5) 确定各支路电流的实际方向。当支路电流计算结果为正值时,其方向和假设方向相同;当计算结果为负值时,其方向和假设方向相反。

【例 3-6-3】

在图 3-6-11 所示电路中,已知电源电动势 $E_1 = 42\ \text{V}$,$E_2 = 21\ \text{V}$,电阻 $R_1 = 12\ \Omega$,$R_2 = 3\ \Omega$,$R_3 = 6\ \Omega$,求流过各电阻的电流。

解:这个电路有三条支路,需要列出三个方程式。电路有两个节点,可用基尔霍夫第一定律列出一个节点电流方程式,用基尔霍夫第二定律列出两个回路电压方式。

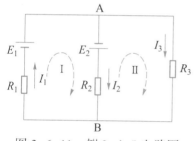

图 3-6-11 例 3-6-3 电路图

设各支路的电流为 I_1、I_2 和 I_3,方向如图 3-6-11 所示,两个回路绕行方向取顺时针方向。列出节点 A 的电流方程和回路 I、回路 II 的电压方程,可得方程组

$$I_1 = I_2 + I_3$$
$$-E_1 + R_1I_1 - E_2 + R_2I_2 = 0$$
$$-R_2I_2 + E_2 + R_3I_3 = 0$$

将已知的电源电动势和电阻值代入得

$$I_1 = I_2 + I_3$$
$$-42 + 12I_1 - 21 + 3I_2 = 0$$
$$-3I_2 + 21 + 6I_3 = 0$$

整理后得

$$I_1 = I_2 + I_3 \qquad ①$$
$$I_2 + 4I_1 - 21 = 0 \qquad ②$$
$$2I_3 - I_2 + 7 = 0 \qquad ③$$

由②式和③式得

$$I_1 = \frac{21 - I_2}{4} \qquad ④$$

$$I_3 = \frac{I_2-7}{2} \qquad \text{⑤}$$

代入①式化简后得

$$21-I_2 = 4I_2 + 2I_2 -14$$

即

$$7I_2 = 35$$

所以

$$I_2 = 5\text{A}$$

将这个值分别代入④式和⑤式,解出

$$I_1 = 4\text{A}$$

$$I_3 = -1\text{A}$$

其中,I_3 为负值,表示 I_3 的实际方向与假设方向相反。

*3.7   电源的模型

观察与思考

电路中,电源是向负载提供电能的装置。大多数的电源是以输出电压的形式向负载供电的,如干电池、蓄电池、发电机,如图 3-7-1(a)所示。一节干电池能够提供约 1.5 V 的电压,一块锂离子电池能够提供约 3.7 V 的电压,这种以输出电压的形式向负载供电的电源称为电压源。但也有一些电源是以输出电流的形式向负载供电的,如稳流电源、光电池,如图 3-7-1(b)所示。这种以输出电流的形式向负载供电的电源称为电流源。那么什么是电压源和电流源?电压源和电流源的电路模型又是怎样的呢?

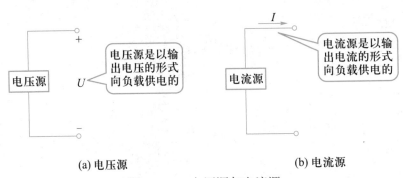

(a) 电压源   (b) 电流源

图 3-7-1   电压源与电流源

1. 电压源

能为电路提供一定电压的电源称为电压源。实际的电压源可以用一个恒定的电动势 E 和

内阻 r 串联起来的模型表示,如图 3-7-2(a)所示,它的输出电压(即电源的端电压)的大小为

$$U = E - Ir$$

式中:E、r 为常数。如果输出电流 I 增加,则内阻 r 上的电压降会增高,输出电压会降低。因此,要求电压源的内阻越小越好。

若电源内阻 $r = 0$,则输出电压 $U = E$,与输出电流 I 无关,电源始终输出恒定的电压 E。把内阻 $r = 0$ 的电压源称为理想电压源或恒压源,其电路模型如图 3-7-2(b)所示。如果电源的内阻极小,可近似看成理想电压源,如稳压电源。实际上,理想电压源是不存在的,因为电源内部总是存在电阻。

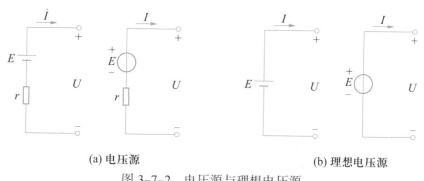

(a) 电压源　　　　　(b) 理想电压源

图 3-7-2　电压源与理想电压源

2. 电流源

能为电路提供一定电流的电源称为电流源。实际的电流源可以用一个恒定电流 I_S 和内阻 r 并联起来的模型表示,如图 3-7-3(a)所示,它的输出电流 I 总是小于恒定电流 I_S。电流源的输出电流的大小为

$$I = I_S - I_0$$

式中:I_0 为通过电源内阻的电流。如果电流源内阻 r 越大,则负载变化引起的输出电流变化就越小,输出电流越稳定。因此,要求电流源内阻越大越好。

若电源内阻 $r = \infty$,则输出电流 $I = I_S$,电源始终输出恒定的电流 I_S。把内阻 $r = \infty$ 的电流源称为理想电流源或恒流源,其电路模型如图 3-7-3(b)所示。实际上,理想电流源是不存在的,因为电源内阻不可能为无穷大。

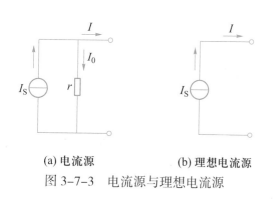

(a) 电流源　　　　(b) 理想电流源

图 3-7-3　电流源与理想电流源

3. 电压源与电流源等效变换

电压源以输出电压形式向负载供电，电流源以输出电流形式向负载供电。在满足一定条件下，电压源与电流源可以等效变换。等效变换是指对外电路等效，即把它们与相同的负载连接，负载两端的电压、流过负载的电流、负载消耗的功率都相同，如图 3-7-4 所示。

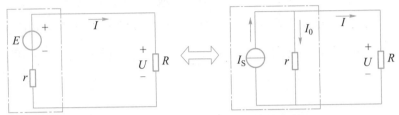

图 3-7-4   电压源与电流源等效变换

电压源与电流源等效变换关系式为

$$I_\mathrm{S} = \frac{E}{r}, E = rI_\mathrm{S}$$

应用式 $I_\mathrm{S} = \dfrac{E}{r}$ 可将电压源等效变换成电流源，内阻 r 阻值不变，要注意将其改为并联；应用式 $E = rI_\mathrm{S}$ 可将电流源等效变换成电压源，内阻 r 阻值不变，将其改为串联。

理想电压源与理想电流源之间不能进行等效变换。

注意

电压源与电流源等效变换后，电流源的方向必须与电压源的极性保持一致，即电流源中恒定电流的方向总是由电压源中恒定电动势的负极指向正极。

【例 3-7-1】

图 3-7-5(a)所示为实际的电压源模型，已知 $E = 6\ \mathrm{V}, r = 2\ \Omega$，试通过等效变换的方法将其转换成相应的电流源模型，并标出相应的参数 I_S 和 r。

分析：等效变换的关键是求出电流源的 I_S 和 r。

解：电流源的恒定电流 $I_\mathrm{S} = \dfrac{E}{r} = \dfrac{6}{2}\ \mathrm{A} = 3\ \mathrm{A}$

电流源的内阻 $r = 2\ \Omega$

其等效电流源如图 3-7-5(b)所示，恒定电流的方向为电动势的负极指向正极，即图 3-7-5 中的 A 指向 B。

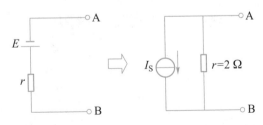

(a) 实际的电压源模型   (b) 等效电流源

图 3-7-5   例 3-7-1 电路图

实际中，通常运用电压源与电流源等效变换的方法把多电源的复杂电路等效变换成简单电路，然后再进行求解。

*3.8 戴维宁定理

观察与思考

有一台笔记本电脑,可以采用稳压电源电路供电,也可以用配套的锂离子电池来供电,如图 3-8-1 所示。相对于电池来说,稳压电源电路比较复杂,但不管是用简单的电池供电,还是用复杂的稳压电源电路供电,其使用效果是一样的。那么对于外电路(负载)来说,复杂的稳压电源电路是否可以等效成一个简单的电池电源呢? 就让戴维宁定理来告诉我们吧。

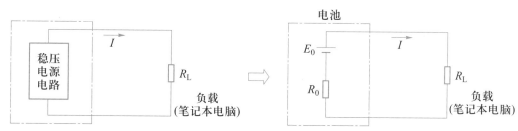

图 3-8-1 笔记本电脑供电电路

1. 二端网络

电路也称电网络或网络。任何一个具有两个端口与外电路相连的网络,不管其内部结构如何,都称为二端网络。按网络内部是否含有电源,二端网络又可分为有源二端网络和无源二端网络,如图 3-8-2 所示。

当一个网络是由若干电阻组成的无源二端网络时,可以将它等效成一个电阻,即二端网络的等效电阻,在电工电子技术中通常称为输入电阻。

一个有源二端网络两端口之间开路时的电压称为该网络的开路电压。

2. 戴维宁定理

对外电路而言,有源二端网络可以用一个理想电压源和内电阻相串联的电压源来代替。理想电压源的电动势 E_0 等于有源二端网络两端点间的开路电压 U_{AB},内电阻 R_0 等于有源二端网络中所有电源不作用,仅保留内阻时,网络两端的等效电阻 R_{AB},如图 3-8-3 所示。这就是戴维宁定理。

教学动画
戴维宁定理

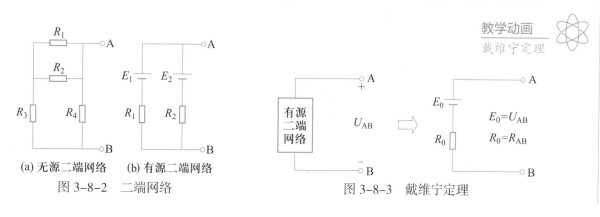

(a) 无源二端网络　(b) 有源二端网络

图 3-8-2　二端网络

图 3-8-3　戴维宁定理

小提示

戴维宁定理中的"所有电源不作用",是指把所有电压源用短路线代替处理,所有电流源用开路代替,且均保留其内阻。

【例 3-8-1】

如图 3-8-4(a)所示,已知 $R_1 = R_2 = R_3 = 10\ \Omega$,$E_1 = E_2 = 20\ \text{V}$,求该有源二端网络的戴维宁等效电路。

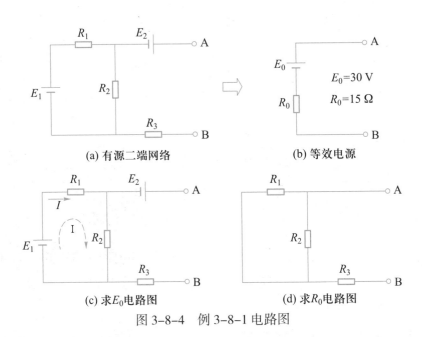

图 3-8-4   例 3-8-1 电路图

解:(1) 求等效电压源的电动势 E_0,即有源二端网络的开路电路 U_{AB}。

先求回路电流 I,如图 3-8-4(c)所示。

$$I = \frac{E_1}{R_1 + R_2} = \frac{20}{10 + 10}\ \text{A} = 1\ \text{A}$$

则

$$E_0 = U_{AB} = E_2 + IR_2 = (20 + 1 \times 10)\ \text{V} = 30\ \text{V}$$

(2) 求等效电压源的内阻 R_0,即有源二端网络的等效电阻 R_{AB}。

电源不起作用时的等效电路如图 3-8-4(d)所示,即把电动势 E_1、E_2 分别用短路线代替。

则

$$R_0 = R_{AB} = R_1 // R_2 + R_3 = \left(\frac{10 \times 10}{10 + 10} + 10\right) \Omega = 15\ \Omega$$

最后画出有源二端网络的等效电路,如图 3-8-4(b)所示。

职业相关知识

在电工电子技术中,如果有源二端网络作为电源使用,供电给负载,那么其等效电阻 R_0 又称该有源二端网络的输出电阻。

　　实际中,当仅需要求某一支路电流时,通常运用戴维宁定理,把多电源的复杂电路等效变换成包含待求支路的单回路简单电路,然后再进行求解。

3.9 叠加定理

观察与思考

　　在日常生活中,有很多关于叠加的例子,我们可以用叠加的思路和方法来分析一些日常现象。例如,两个人向同一方向同时推一辆车时,可以把车子受到的推力看成两个人推力的叠加;一个房间同时点亮两盏灯,可以把房间的亮度看成每盏灯单独点亮时亮度的叠加。在电路中,当有多个电源同时作用时,是否也可用叠加的思路和方法来分析电路呢?

　　对于由多个电源组成的线性电路,可以运用叠加定理来进行分析。如图 3-9-1(a)所示电路,它是由多个线性电阻和 E_1、E_2 两个电源组成的线性电路,可以用叠加定理对其进行电路分析。

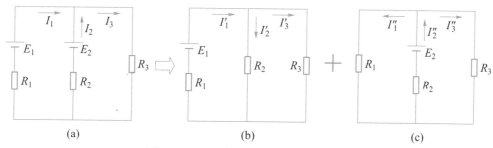

图 3-9-1　两个电源组成的线性电路

1. 叠加定理

　　叠加定理是线性电路的一种重要分析方法。它的内容是: 由线性电阻和多个电源组成的线性电路中,任何一个支路中的电流(或电压)等于各个电源单独作用时,在此支路中所产生的电流(或电压)的代数和。

　　运用叠加定理求解复杂电路的总体思路是:把一个复杂电路分解成几个简单电路来进行求解,然后将计算结果进行叠加,求得原来电路中的电流(或电压)。当假设一个电源单独作用时,要保持电路中的所有电阻(包括电源内阻)不变,其余电源不起作用,即把电压源用短路线代替,电流源用开路代替。

2. 叠加定理解题的一般步骤

运用叠加定理解题的一般步骤为:

(1) 在原电路中标出各支路电流的参考方向。

(2) 分别求出各电源单独作用时各支路电流的大小和实际方向。

(3) 对各支路电流进行叠加,求出最后结果。

【例 3-9-1】

如图 3-9-1(a)所示电路,已知:E_1、E_2 和 R_1、R_2、R_3,试用叠加定理求各支路电流。

解:(1) 在图 3-9-1(a)所示电路中,标出各支路电流 I_1、I_2、I_3 的参考方向。

(2) 画出当 E_1 单独作用时的等效电路,如图 3-9-1(b)所示,此电路其实是一个 R_2 与 R_3 并联,然后再与 R_1 串联的简单电路,可以运用电路的串、并联特点及欧姆定律求出各支路电流 I'_1、I'_2、I'_3 的大小,图 3-9-1(b)中标出的方向即为其实际方向。

(3) 画出当 E_2 单独作用时的等效电路,如图 3-9-1(c)所示,此电路其实是一个 R_1 与 R_3 并联,然后再与 R_2 串联的简单电路,同样可以运用电路的串、并联特点及欧姆定律求出各支路电流 I''_1、I''_2、I''_3 的大小,图 3-9-1(c)中标出的方向即为其实际方向。

(4) 对各支路电流进行叠加(即求代数和)。

$$I_1 = I'_1 - I''_1 \ (I'_1 \text{ 方向与 } I_1 \text{ 相同}, I''_1 \text{ 方向与 } I_1 \text{ 相反})$$

$$I_2 = -I'_2 + I''_2 \ (I'_2 \text{ 方向与 } I_2 \text{ 相反}, I''_2 \text{ 方向与 } I_2 \text{ 相同})$$

$$I_3 = I'_3 + I''_3 \ (I'_3 、 I''_3 \text{ 方向均与 } I_3 \text{ 相同})$$

小提示

对各支路电流进行叠加时,要注意电流的正、负号。当各电源单独作用时支路电流的实际方向与原电路中参考方向一致时,电流值取正;反之,电流值取负。

值得注意的是:叠加定理只能用来求电路中的电压或电流,而不能用来计算功率。

实训项目五   电阻性电路故障的检查

实训目的

- 学会使用电压表(或万用表的电压挡)测量电位的方法分析与检查电路故障。
- 学会使用电阻表(或万用表的电阻挡)测量电阻的方法分析与检查电路故障。

任务一   "电路常态"测试

1. 搭接电路

图 3-9-2 所示为电阻性实验电路,已知 $E = 6 \text{ V}$,$R_1 = R_3 = R_4 = 120 \text{ Ω}$,$R_2 = 240 \text{ Ω}$,按要求在面包板上或电工实验台上搭接电路,直至电路工作正常。

2. 电路常态测试

电路正常工作后,按要求进行测试。

(1) 以 D 为参考点,用万用表的电压挡测电路中 A、B、C 三点

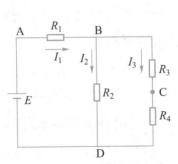

图 3-9-2   电阻性实验电路

的电位 V_A、V_B、V_C 及电压 U_{AB}、U_{BC}、U_{BD}，测量结果填入表 3-9-1 中。

（2）使用万用表的电流挡分别测量电流 I_1、I_2、I_3，测量结果填入表 3-9-1 中。

表 3-9-1 相关电压与电流测量表（以 D 为参考点）

电路状态	V_D/V	V_C/V	V_B/V	V_A/V	U_{AB}/V	U_{BC}/V	U_{BD}/V	I_1/mA	I_2/mA	I_3/mA
工作正常	0									
B、D 两点短接后										

小提示

根据电阻串、并联特性及各电阻的阻值可知，B 点的电位是 A 点电位的一半，C 点的电位是 B 点电位的一半，即 $V_B = \frac{1}{2}V_A$，$V_C = \frac{1}{2}V_B$；另外，电流 I_1、I_2、I_3 之间的关系为，$I_1 = I_2 + I_3$，且 $I_2 = I_3$。

（3）切断电源，使用万用表的电阻挡分别测量 B、D 和 B、C 两点之间的等效电阻 R_{BD} 和 R_{BC}，测量结果填入表 3-9-2。

表 3-9-2 相关电阻测量表

序号	电路状态	R_{BD}/Ω	R_{BC}/Ω
1	电路正常情况下，切断电源		
2	C 点断开状态		
3	B、D 两点短接后		

想一想 做一做

R_{BC} 的值是否等于 R_3？ R_{BD} 的值是否等于 R_3 与 R_4 串联再与 R_2 并联的值？

任务二 "断路故障" 电路测试

（1）设置"断路故障"。断开电路中的 C 点，如图 3-9-3 所示，把靠近电阻 R_3 的一端称为 C'，把靠近电阻 R_4 的一端称为 C"。使用万用表的电压挡测量电路中 A、B、C'、C" 四点的电位 V_A、V_B、$V_{C'}$、$V_{C''}$ 及电压 U_{AB}、$U_{BC'}$、U_{BD}，将测量结果填入表 3-9-3 中。

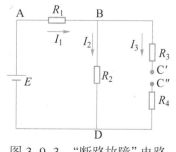

仿真实训

使用电压法检测电阻电路故障仿真练习

图 3-9-3 "断路故障"电路

表 3-9-3   相关电压与电流测量表（以 D 为参考点）

电路状态	V_D/V	$V_{C'}$/V	$V_{C''}$/V	V_B/V	V_A/V	U_{AB}/V	U_{BC}/V	U_{BD}/V	I_1/mA	I_2/mA	I_3/mA
C 点断开状态	0										

小提示

由于电阻 R_3 与 R_4 之间断开，通过电阻 R_3 与 R_4 的电流均为零，则电阻 R_3 的下端 C′ 点的电位与 B 点的电位相同，而电阻 R_4 的上端 C″ 点的电位与 D 点的电位相同。

注意

C 点断开，电路发生"断路故障"后，"断路故障"处的电流 I_3 为零，且该支路电阻上的电压降也为零；通过比较电阻两端的电位是否相等或直接测量电阻两端的电压是否为零，就可直接判断该支路是否发生断路故障。

(2) 切断电源，使用万用表的电阻挡分别测量 B、D 和 B、C 两点之间的等效电阻 R_{BD} 和 R_{BC}，测量结果填入表 3-9-2 中。

想一想 做一做

C 点断开后 R_{BD} 的等效阻值与正常时相比是否发生变化？ R_{BD} 的值与 R_2 的值有什么关系？是否可通过 R_{BD} 阻值的变化来判断？ R_3 与 R_4 之间如果断路了，会出现什么情况？

任务三 "短路故障"电路测试

(1) 设置"短路故障"。将电路中的 B、D 两点短接，如图 3-9-4 所示。使用万用表的电压挡测量电路中 A、B、C 三点的电位 V_A、V_B、V_C 及电压 U_{AB}、U_{BC}、U_{BD}，测量结果填入表 3-9-1 中。

仿真实训
使用电阻法
检测电阻电
路故障仿真
练习

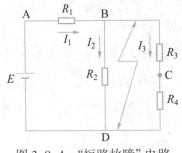

图 3-9-4   "短路故障"电路

(2) 使用万用表的电流挡分别测量电流 I_1、I_2、I_3，测量结果填入表 3-9-1 中。

小提示

B、D 短接后，B、C、D 三点的电位都为零，支路电流 I_2、I_3 也为零。

（3）切断电源,用万用表的电阻挡分别测 B、D 和 B、C 两点之间的等效电阻 R_{BD} 和 R_{BC},测量结果填入表 3–9–2 中。

讨论:研究比较正常电路与故障电路的电压、电流情况。

小结:对于电阻性电路,检查故障的一般性方法如下所述:

（1）使用电压表(或万用表的电压挡)检查故障。首先检查电源电压是否正常,如果电源电压是正常的,再逐步测量电位或逐段测量电压降,查出故障的位置和原因。

（2）使用电阻表(或万用表的电阻挡)检查故障。首先切断线路的电源,使用万用表的电阻挡测量电阻的方法检查各元件引线及导线连接点是否断开,电路有无短路。如遇复杂电路时,可以断开一部分电路后再分别进行检查。

（3）也可使用电流表(或万用表的电流挡)检查故障。可用电流表测支路中有无电流来判断该支路是否断路。

任务四　实训小结

（1）将"电阻性电路故障的检查"操作方法与步骤、收获与体会及实训评价填入"实训小结表"（见附录 2）。

（2）将实训过程评价填入"实训过程评价表"（见附录 1）中的相应位置。

 应知应会要点归纳

一、闭合电路欧姆定律

（1）闭合电路中的电流 I,与电源电动势成正比,与电路的总电阻成反比,这就是闭合电路欧姆定律,即

$$I = \frac{E}{r + R}$$

（2）电源的外特性。在闭合电路中,电源端电压随负载电流变化的规律 $U = E - Ir$,称为电源的外特性。电源端电压 U 随外电路上负载电阻 R 的改变而改变。

二、负载获得最大功率的条件

负载电阻等于电源内阻时,负载能够从电源中获得最大功率,即 $R = r$ 时,有

$$P_{max} = \frac{E^2}{4r}$$

三、电阻的串联、并联

电阻串联、并联电路的特点见表 3–1。

表 3-1　电阻串联、并联电路的特点

比较项目	串联	并联
电流	$I = I_1 = I_2 = I_3 = \cdots = I_n$	$I = I_1 + I_2 + I_3 + \cdots + I_n$ 两个电阻并联时的分流公式为 $I_1 = \dfrac{R_2}{R_1 + R_2} I , I_2 = \dfrac{R_1}{R_1 + R_2} I$
电压	$U = U_1 + U_2 + U_3 + \cdots + U_n$ 两个电阻串联时的分压公式为 $U_1 = \dfrac{R_1}{R_1 + R_2} U , U_2 = \dfrac{R_2}{R_1 + R_2} U$	$U = U_1 = U_2 = U_3 = \cdots = U_n$
电阻	$R = R_1 + R_2 + R_3 + \cdots + R_n$ 当 n 个阻值为 R 的电阻串联时 $R_总 = nR$	$\dfrac{1}{R} = \dfrac{1}{R_1} + \dfrac{1}{R_2} + \dfrac{1}{R_3} + \cdots + \dfrac{1}{R_n}$ 当 n 个阻值为 R 的电阻并联时 $R_总 = \dfrac{R}{n}$
电功率	功率分配与电阻成正比 $\dfrac{P_1}{P_2} = \dfrac{R_1}{R_2}$	功率分配与电阻成反比 $\dfrac{P_1}{P_2} = \dfrac{R_2}{R_1}$

四、基尔霍夫定律

(1) 基尔霍夫第一定律(节点电流定律): 对电路中的任意一个节点,在任一时刻,流入节点的电流之和等于流出节点的电流之和。即

$$\Sigma I_入 = \Sigma I_出$$

基尔霍夫第一定律可以推广应用于任意封闭面。

(2) 基尔霍夫第二定律(回路电压定律): 对电路中的任一闭合回路,沿回路绕行方向上各段电压的代数和等于零。即

$$\Sigma U = 0$$

(3) 支路电流法: 对于一个复杂电路,先假设各支路的电流方向和回路方向,再根据基尔霍夫定律列出方程式求解支路电流的方法称为支路电流法。

*五、电源的模型

实际电源有两种模型: 一种是理想电压源与电阻串联组合,为电路提供一定电压的电源称为电压源;另一种是理想电流源与电阻并联组合,为电路提供一定电流的电源称为电流源。

实际的电压源与电流源之间可以进行等效变换,等效变换关系式为

$$I_S = \frac{E}{r} , E = rI_S$$

应用式 $I_s = \dfrac{E}{r}$ 可将电压源等效变换成电流源,内阻 r 阻值不变,并将其改为并联;应用式 $E = rI_s$ 可将电流源等效变换成电压源,内阻 r 阻值不变,并将其改为串联。

＊六、戴维宁定理

戴维宁定理是计算复杂电路常用的一个定理,适用于求电路中某一支路的电流。它的内容是:对外电路而言,有源二端网络可以用一个等效电压源来代替。电压源的电动势等于网络的开路电压,电压源的内阻等于网络的输入电阻。

七、叠加定理

叠加定理是线性电路普遍适用的重要定理,它的内容是:由线性电阻和多个电源组成的线性电路中,任何一个支路中的电流(或电压)等于各个电源单独作用时,在此支路中所产生的电流(或电压)的代数和。

复习与考工模拟

一、是非题

1. 当外电路开路时,电源的端电压等于零。　　　　　　　　　　　　　（　　　）

2. 短路状态下,电源内阻的电压降为零。　　　　　　　　　　　　　　（　　　）

3. 通常,照明电路中灯开得越多,总的负载电阻就越大。　　　　　　　（　　　）

4. 电源的端电压会随着负载电阻的增大而增大。　　　　　　　　　　　（　　　）

5. 当负载获得最大功率时,电源的利用率不高,只有 50%。　　　　　　（　　　）

6. 基尔霍夫定律不仅适用于线性电路,而且也适用于非线性电路。　　（　　　）

7. 任一瞬时,从电路中某点出发,沿回路绕行一周回到出发点,电位不会发生变化。（　　　）

＊8. 理想的电压源与理想的电流源之间可以等效变换。　　　　　　　　（　　　）

＊9. 任何一个有源二端网络,都可以用一个电压源模型来等效替代。　　（　　　）

＊10. 叠加定理只能用来求电路中的电压或电流,而不能用来计算功率。　（　　　）

二、选择题

1. 在闭合电路中,负载电阻减小,则端电压将（　　　　）。

　　A. 增大　　　　　　B. 减小　　　　　　C. 不变　　　　　　D. 不能确定

2. 将 $R_1 > R_2 > R_3$ 的 3 个电阻串联,然后接在电压为 U 的电源上,获得功率最大的电阻是（　　　　）。

　　A. R_1　　　　　　B. R_2　　　　　　C. R_3　　　　　　D. 不能确定

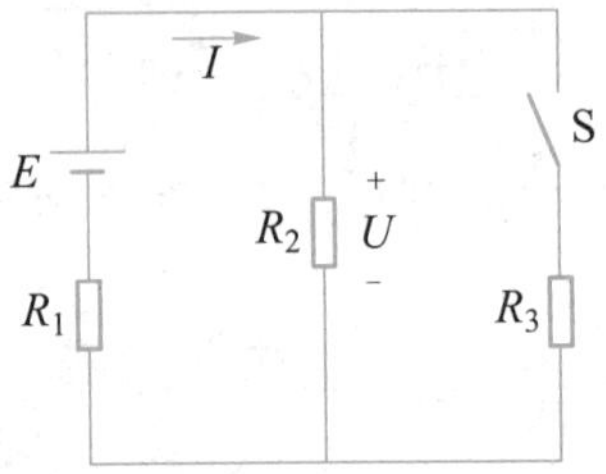

3. 如题图 3-1 所示电路中,当开关 S 闭合后,则(　　　)。

  A. I 增大,U 不变   B. I 不变,U 减小

  C. I 增大,U 减小   D. I、U 均不变

题图 3-1

4. 电阻 R_1、R_2 并联,等效电阻值为(　　　)。

  A. $\dfrac{1}{R_1}+\dfrac{1}{R_2}$ B. R_1-R_2

  C. $\dfrac{R_1 R_2}{R_1+R_2}$ D. $\dfrac{R_1+R_2}{R_1 R_2}$

5. 将"100 Ω、4 W"和"100 Ω、25 W"的两个电阻串联时,允许加的最大电压是(　　　)。

  A. 40 V   B. 50 V   C. 70 V   D. 140 V

6. 有一个未知电源,测得其端电压 $U = 16$ V,内阻 $r = 2$ Ω,输出的电流 $I = 2$ A,则该电源的电动势为(　　　)。

  A. 16 V   B. 4 V   C. 220 V   D. 20 V

7. 如题图 3-2 所示电路中,已知 $R_1 = 5$ Ω,$R_2 = 10$ Ω,可变电阻 R_P 的阻值在 0 ~ 25 Ω 之间变化。A、B 两端点接 20 V 恒定电压,当滑动片上下滑动时,C、D 间所能得到的电压变化范围是(　　　)。

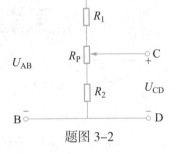

  A. 0~15 V   B. 5~17.5 V

  C. 0~12.5 V   D. 2.5~12.5 V

题图 3-2

8. R_1 和 R_2 为两个串联电阻,已知 $R_1 = 2R_2$,若 R_1 上消耗的功率为 10 W,则 R_2 上消耗的功率为(　　　)。

  A. 2.5 W   B. 5 W   C. 20 W   D. 40 W

9. 能列出 n 个独立节点电流方程的电路应有(　　　)个节点。

  A. $n-1$ B. $n+1$ C. n D. n^2

10. 一个电气设备的额定功率为 1.2 W,额定电压为 120 V,但电源电压为 220 V,现需要选择一个电阻与它串联,才能将它接到电源上正常工作,则该电阻为(　　　)。

  A. $R = 5$ kΩ,额定功率 $P = 1$ W

  B. $R = 10$ kΩ,额定功率 $P = 1$ W

  C. $R = 20$ kΩ,额定功率 $P = 0.5$ W

  D. $R = 10$ kΩ,额定功率 $P = 2$ W

11. 题图 3-3 所示是由相同的均匀金属材料弯成的正方形 ABCD,若把 AD 两端连接在电路上,那么 AB 导线与 ABCD 导线上消耗的功率之比为(　　　)。

  A. 1 : 1   B. 2 : 1   C. 3 : 1   D. 9 : 1

12. 题图 3-4 所示电路中,已知 $R_1 = 2$ Ω,$R_2 = 4$ Ω,$R_3 = 3$ Ω,$R_4 = 6$ Ω,$R_5 = 10$ Ω,若把 R_5 增大为原来的 2 倍,则 I_5 将(　　　)。

A. 增大　　　　　B. 减小　　　　　C. 不变　　　　　D. 不能确定

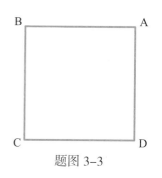
题图 3-3

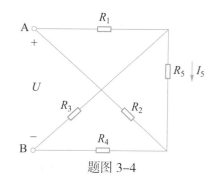
题图 3-4

三、分析与计算题

1. 已知电源的电动势为 3 V,内电阻为 0.1 Ω,外电路的电阻为 1.9 Ω,求电路中的电流和端电压。

2. 如题图 3-5 所示电路中,已知 $E = 10$ V,$r = 1$ Ω,$R = 0.5$ Ω,要使 R_P 获得最大功率,R_P 应为多大?

3. 现有 3 V 的直流电源,问采用什么办法才能使"2.5 V、0.1 A"的照明灯正常发光?

4. 有两个电阻并联,其中 R_1 为 200 Ω,通过 R_1 的电流 I_1 为 0.2 A,通过整个并联电路的电流 I 为 0.8 A,求 R_2 和通过 R_2 的电流 I_2。

5. 如题图 3-6 所示电路,已知电源电动势为 8 V,内电阻为 1 Ω,外电路有三个电阻,R_1 为 5.8 Ω,R_2 为 2 Ω,R_3 为 3 Ω。求:(1) 通过各电阻的电流;(2) 外电路中各个电阻的电压降和电源内部的电压降;(3) 外电路中各个电阻消耗的功率、电源内部消耗的功率和电源的总功率。

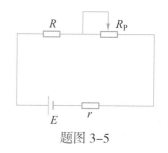
题图 3-5

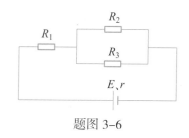
题图 3-6

6. 如题图 3-7 所示电路,已知 $E_1 = E_2 = 17$ V,$R_1 = 1$ Ω,$R_2 = 5$ Ω,$R_3 = 2$ Ω。(1) 列出节点 A 的节点电流方程;(2) 列出回路 I、回路 II 的回路电压方程;(3) 用支路电流法求流过各支路的电流。

7. 如题图 3-8 所示电路,电阻值均为 12 Ω,分别求 S 打开和闭合时 A、B 两端的等效电阻 R_{AB}。

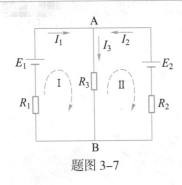

题图 3-7

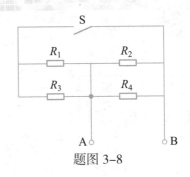

题图 3-8

*8. 将题图 3-9 所示点画线框内的有源二端网络等效为一个电压源。

*9. 将题图 3-10 所示的电压源等效为一个电流源。

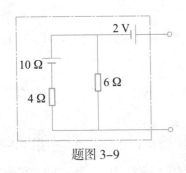

题图 3-9

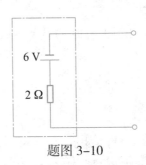

题图 3-10

四、实践与应用题

1. 请写出使用万用表测量电压与电流时的不同之处。

2. 使用数字式万用表测量电阻时应特别注意哪些要点？

3. 请调查你家所使用的导线有哪些规格？分别应用在什么回路？哪些回路中的导线直径最大？

4

电容器

电阻器、电容器和电感器是组成电路的三大基本元器件。电容器是一种储能元件,具有充、放电的特点,在电路中有着非常广泛的应用。

本单元主要学习电容器的基本概念、电容器的参数和种类、电容器的连接、电容器的充电与放电、电容器的识别与检测及其典型应用。教学中把"电容器的参数和种类""常用电容器的识别与检测"等与生产生活紧密结合的教学内容作为本单元学习的核心;为尽可能贴近工作岗位,说明电容器在电路检测与维修中的重要作用,把"电容器的充电和放电"等应用性强的知识作为本单元重点关注的内容。

职业岗位群应知应会目标

— 了解电容器的种类、外形、结构与符号,理解电容的概念。

— 理解电容器的额定工作电压、标称容量和允许误差等参数的含义,并会正确识读。

— 掌握电容器串、并联电路的特点,能根据要求正确利用串、并联方式获得合适的电容。

— 能够识别常用电容器,学会电解电容器极性的判别。

— 理解电容器充、放电的工作特点,学会用万用表的电阻挡判别较大容量电容器质量的好坏。

4.1 电容器的基本概念

观察与思考

走进电子市场、家电维修部或打开电视机等家用电器的后盖,会发现如图 4-1-1 所示的电路板及一些电子元器件,有电阻器、电容器、电位器和集成电路等,图 4-1-1 中,"1"所指的是电阻器,"2"所指的是电容器。电容器是电子电路中的基本元器件之一,它有着广泛的应用。本节将学习电容器及其相关知识。

图 4-1-1   电路板及一些电子元器件

常见电容器有电解电容器、陶瓷电容器、涤纶电容器、云母电容器、可调电容器、贴片电容器等,其外形如图 4-1-2 所示。

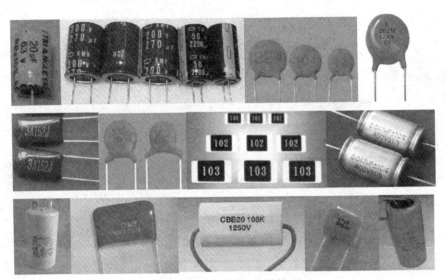

图 4-1-2   常见电容器外形

1. 电容器结构与特性

教学动画
电容器

任何两个彼此绝缘而又互相靠近的导体,都可以看成一个电容器,这两个导体就是电容器的两个极板,中间的绝缘材料称为电容器的介质。最简单的电容器是平行板电容器,它由两块相互平行且靠得很近而又彼此绝缘的金属板组成。电容器的基本结构与符号如图 4-1-3 所示。

电容器最基本的特性是能够储存电荷。如果在电容器的两极板间加一定的电压,则在两个极板上将分别出现数量相等的正、负电荷,如图 4-1-4 所示。

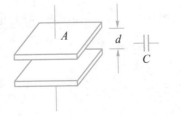

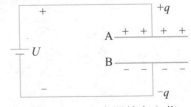

图 4-1-3   电容器的基本结构与符号   图 4-1-4   电容器储存电荷

　　使电容器带电的过程称为充电,这时总是使它的一个极板带正电荷,另一个极板带等量的负电荷,每一个极板所带电荷量的绝对值称为电容器所带的电荷量。充了电的电容器的两极板之间有电场,这样电容器就储存了一定量的电荷和电场能量。

　　充电后的电容器失去电荷的过程称为放电,例如,用一根导线把电容器的两极接通,两极上的电荷互相中和,电容器就不带电了。放电后,两极板之间不再有电场。

小提示

当电容器充电后从电源移开,仍能保持其两端的电压,这时决不能用双手接触电容器的两极,除非将电容器的两极短路,待放电完成后才可用手接触。

2. 电容器容量

　　实验表明,对某一个电容器而言,电容器所带的电荷量与它的两极板间的电压的比值是一个常数,称为电容器的电容量,简称电容,用字母 C 表示,用公式表示为

$$C = \frac{q}{U}$$

式中:C——电容量(或电容),单位是 F(法);

　　　q——一个极板的电荷量,单位是 C;

　　　U——两极板间的电压,单位是 V。

　　电容量的单位是 F(单位名称为法〔拉〕,简称法)。实际应用时,F 这个单位太大,通常用远远小于 F 的单位 μF(微法)和 pF(皮法),它们之间的关系是

$$1\ \mu F = 10-6\ F$$

$$1\ pF = 10-12\ F$$

【例 4-1-1】

　　将一个电容器接到输出电压为 12 V 的直流电源上,充电结束后,电容器两极板上所带的电荷量均为 1.2×10^{-3} C,求该电容器的电容。

　　解:　　　　$$C = \frac{q}{U} = \frac{1.2 \times 10^{-3}\ C}{12\ V} = 10^{-4}\ F = 100\ \mu F$$

3. 平行板电容器的电容

　　理论和实验证明:平行板电容器的电容量与电介质的介电常数及极板间的正对面积成正比,与两极板间的距离成反比,用公式表示为

$$C = \frac{\varepsilon A}{d}$$

式中:C——电容,单位是 F;

　　　ε——某种电介质的介电常数,单位是 F/m;

　　　A——两极板间的正对面积,单位是 m^2;

d——两极板间的距离,单位是 m。

电容是电容器的固有特性,外界条件变化、电容器是否带电或带多少电都不会使电容改变。只有当电容器两极板间的正对面积、极板间的距离或极板间的绝缘材料(即介电常数)变化时,它的电容才会改变。

小提示

必须注意,不只是电容器中才具有电容,实际上任何两导体之间都存在着电容。例如,两根传输线之间,每根传输线与大地之间,都是被空气介质隔开的,所以也都存在着电容。一般情况下,这个电容值很小,它的作用可忽略不计。如果传输线很长或所传输的信号频率很高,就必须考虑这一电容的作用。另外,在电子仪器中,导线和仪器的金属外壳之间也存在着电容。上述这些电容统称为分布电容,虽然其数值很小,但有时会给传输线路或仪器设备的正常工作带来干扰。

思考与练习

1. 电容器的基本特性是＿＿＿＿＿＿＿＿。任何两个被绝缘物质隔开而又互相靠近的导体,就可称为＿＿＿＿＿＿。

2. 有一个 47 μF 的电容器,其两端加上 9 V 的直流电压,充电结束后,电容器极板上所带的电荷量是＿＿＿＿＿＿。

4.2 电容器的参数和种类

观察与思考

电容器的外壳上通常标注一些数字和符号,如图 4-2-1 所示。它们表示电容器的一些主要参数,如额定工作电压、标称容量和允许误差等,这些参数有其特定的标注方法和含义。

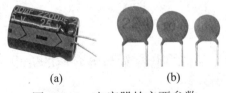

(a)   (b)

图 4-2-1 电容器的主要参数

4.2.1 电容器的参数

1. 电容器的参数

电容器的参数主要有额定工作电压、标称容量和允许误差,通常都标注在电容器的外壳上。

（1）额定工作电压。电容器的额定工作电压一般称为耐压，是指在规定的温度范围内，可以连续加在电容器上而不损坏电容器的最大电压值。在电容器外壳上所标注的电压就是该电容器的额定工作电压，如图 4-2-1（a）所示，电容器上标注着的"25 V"，即为该电容器的额定工作电压。

电容器上标注着的额定工作电压，通常指的是直流工作电压值。电容器常用的额定工作电压有 6.3 V、10 V、16 V、25 V、63 V、100 V、160 V、250 V、400 V、630 V、1 000 V、1 600 V、2 500 V 等。如果该电容器用在交流电路中，应使交流电压的最大值不超过它的额定工作电压值，否则电容器将会被击穿。

小提示

很多电容器只是用数字标注容量而不标注耐压值，这些电容器的额定电压一般是 63~160 V，额定电压高于这个范围，必须标注额定电压。

（2）标称容量。电容器的标称容量是指电容器表面所标注的容量，它表征了电容器储存电荷的能力，是电容器的重要参数。如图 4-2-1（a）所示，电容器上标注着的"2200 μF"，即为该电容器的标称容量。

（3）允许误差。电容器的实际容量和它的标称容量之间总有一定的误差。国家对不同的电容器，规定了不同的误差范围，在此范围之内的误差称为允许误差。电容器的允许误差一般标注在电容器的外壳上。按其精度分为 ±1%（00 级）、±2%（0 级）、±5%（Ⅰ级）、±10%（Ⅱ级）和 ±20%（Ⅲ级）等五级（不包括极性电容器）。一般有极性电容器的允许误差范围较大，如铝有极性电容器的允许误差范围是 -20%~+100%。

2. 电容器参数的标注方法

电容器参数的标注方法有直标法、文字符号法、数码法和色标法。

（1）直标法。直标法就是在电容器的表面直接标出其主要参数和技术指标的一种方法。图 4-2-2（a）中的标称容量为 4 700 μF、耐压为 25 V，图 4-2-2（b）中的标称容量为 10 μF、耐压为 250 V。

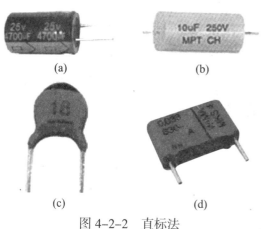

(a)　　(b)

(c)　　(d)

图 4-2-2　直标法

小提示

有些电容器由于体积小，为了便于标注，习惯上省略其单位，但遵循如下规则：

① 凡不带小数点的整数，若无标志单位，则表示 pF（皮法）。如图 4-2-2（c）所示，18 表示电容器容量为 18 pF。

②凡带小数点的数值,若无标志单位,则表示 μF(微法)。如图 4-2-2(d)所示,0.033 表示电容器容量为 0.033 μF。

③许多小型固定电容器,如瓷介质电容器等,其耐压均为 100 V 以上,由于体积小可以不标注。

(2) 文字符号法。文字符号法是由数字和字母相结合表示电容器容量的一种方法。如 10 p 代表 10 pF;3n3 表示 3.3 nF,即 3 300 pF,其特点是省略 F,小数点部分用 p、n、μ、m 表示。

(3) 数码法。标称容量一般用 3 位数字表示,第一、二位为有效数字位,第三位为倍率,电容的单位是 pF,如 103 表示 10×10^3 pF,即 0.01 μF;224 表示 22×10^4 pF,即 0.22 μF。

电容器容量的允许误差用文字符号表示为:D(±0.5%)、F(±1%)、G(±2%)、J(±5%)、K(±10%)、M(±20%)。

(4) 色标法。色标法是用有颜色的环或点在电容器表面标示出其主要参数的标注方法。电容器的色环一般只有三环,前两环表示有效数字,第三环表示倍率,标称容量的单位为 pF。色环表示的意义见表 2-4-6,例如,若色环顺序排列分别为黄、紫、棕,则该电容器的标称容量为 47×10^1 pF,即为 470 pF。

4.2.2　电容器的种类

电容器按其容量是否可变,可分为固定电容器、可变电容器和微调电容器。

1. 固定电容器

固定电容器的容量是固定不变的,它的性能和用途与两极板间的介质有密切关系。常见的固定电容器分为有极性电容器和无极性电容器两类。

电解电容器是有极性电容器。有极性电容器的两极有正、负之分,使用时切记不可将极性接反,不可接到交流电路中,否则电容器将会被击穿。图 4-2-3 所示为铝电解电容器。

无极性电容器有纸介电容器、陶瓷电容器、涤纶电容器、云母电容器、聚苯乙烯电容器、玻璃釉电容器等,如图 4-2-4 所示。

图 4-2-3　铝电解电容器

(a) 纸介电容器　　(b) 陶瓷电容器　　(c) 涤纶电容器　　(d) 云母电容器

图 4-2-4　无极性电容器

2. 可变电容器

容量能在较大范围内随意调节的电容器称为可变电容器,可分为单联可变电容器和双联可变电容器,如图 4-2-5 所示。这种电容器一般用在电子电路中作为调谐元件,可以改变谐振回路的频率。

3. 微调电容器

容量在某一小范围内可以调整的电容器称为微调电容器,如图 4-2-6 所示。微调电容器主要在调谐回路中用于微调频率。

图 4-2-5 可变电容器

图 4-2-6 微调电容器

教学动画
电容器的充电和放电

职业相关知识

在特殊场合或设备中,经常用到特殊电容器。

1. 电力电容器、起动电容器

电力电容器、起动电容器如图 4-2-7 所示。

2. 超级电容器

超级电容器是介于传统电容器和充电电池之间的一种新型储能装置,如图 4-2-8 所示。根据不同的储能机理,超级电容器可以分为双电层电容器和法拉第准电容器两大类,双电层电容器主要是通过电荷在电极表面进行吸附来存储能量,法拉第准电容器主要是通过活性电极材料表面及表面附近发生可逆的氧化还原反应实现对能量的存储与转换。由于制作超级电容器的材料薄、表面积大,因此在同样体积条件下,超级电容器容量更大。超级电容器还具有充电速度快、使用寿命长、放电能力强、功率密度高等优点,因此在新能源汽车等方面具有广泛的应用前景。

(a) 电力电容器　　(b) 起动电容器
图 4-2-7 电力电容器、起动电容器

图 4-2-8 超级电容器

3. 电容屏幕

目前,智能手机、平板电脑等电子产品的触摸屏幕需要支持手指直接书写输入,因此一般采用电容屏幕,如图 4-2-9 所示。电容屏幕是一块由四层复合玻璃构成的屏幕,当手指触摸在屏幕上时,人体和屏幕表面形成一个耦合电容,对于高频电流电容直接导通,电流分别从屏幕四角上的电极中流出,并且流经这四个电极的电流大小与手指到四角的距离成正比,控制器通过对这四个电流大小的精确计算,就可以得出触摸点的位置信息。

图 4-2-9　电容屏幕

教学动画

电容器的充
电和放电

思考与练习

1. 额定工作电压是指电容器正常工作时,允许加在其两端的_____电压值。

2. 电容器上标有"203"字样,则其标称容量为_____ pF,即_____ μF。

4.3　电容器的充电和放电

观察与思考

做电容器充、放电演示实验。按图 4-3-1 所示将电容器充、放电实验电路连接好,其中,C 是一个大容量未充电电容器,E 是内阻很小(可忽略不计)的直流电源,HL 是指示灯,实验前,开关 S 应放置在"2"位置。

实验开始,将开关 S 置于"1"位置,发现指示灯 HL 突然亮一下,然后慢慢变暗,最后处于完全不亮状态;同时将观察到电流表最初偏转一个较大角度,然后指针逐渐向零位偏转,最后指向零,而电压表的指针变化是从零开始,慢慢上升,最后指向一定位置后不变。再将开关 S 从"1"拨向"2"位置,将会发现指示灯与电流表的变化情况与开关 S 置于"1"位置时相同,只是电压表的变化情况相反,从最大慢慢变小,经过一段时间后为零。

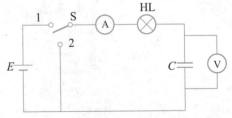

图 4-3-1　电容器充、放电实验电路

你能解释以上实验现象吗?电容器究竟具有哪些基本功能和特性呢?就让电容器的充、

放电过程来告诉我们吧!

1. 电容器的充电功能

对图 4-3-1 所示电路,当开关 S 置于"1"位置时,其等效电路如图 4-3-2(a)所示,去除观察电路现象用的电流表、电压表和指示灯等仪表器件后,电路如图 4-3-2(b)所示,即电动势为 E 的直流电源直接接在电容器 C 两端。因为电容器两极板间是绝缘物质,不导电,因此,直流电不能通过电容器,电容器具有隔断直流电的作用,即通常所说的"隔直"作用。

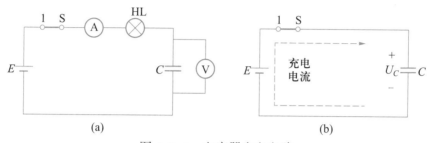

图 4-3-2 电容器充电电路

那么,当开关 S 置于"1"位置时,为什么会出现实验中的现象呢? 这是由于 S 刚闭合的瞬间,电容器的极板与电源之间存在着较大的电压,正电荷向电容器的上极板移动,负电荷向电容器的下极板移动,电路中形成充电电流。开始时充电电流较大,随着电容器极板上电荷的积聚,两者之间的电压逐渐减小,电流也就越来越小,当两者之间的电压为零时,充电结束,充电电流为零。观察到的现象是:指示灯突然亮,然后慢慢变暗,直到完全不亮;电流表的指针偏转角度从大逐渐变小,最后为零。而随着充电的进行,电容器两端的电压 U_C 从"0"开始慢慢变大,直到充电结束,此时 $U_C=E$。观察到的现象是:电压表的读数从"0"开始慢慢变大,直到指针指向数值 E。

使电容器带电(储存电荷和电能)的过程称为充电。在充电的过程中,电容器储存电荷,把电能转换成电场能,因此,相对于电阻器这个"耗能元件"来说,电容器是一种"储能元件"。

2. 电容器的放电功能

对图 4-3-1 所示电路,当开关 S 从"1"位置拨向"2"位置时,其等效电路如图 4-3-3(a)所示,去除观察电路现象用的电流表、电压表和指示灯等仪表器件后,电路如图 4-3-3(b)所示,即在充电结束后的电容器两端接了根短路线。此时,电容器便通过短路线开始放电,电路中存在放电电流。开始时,由于电容器两端的电压 U_C 较大,放电电流较大,随着电容器极板上正、负电荷的不断中和,两极板间的电压 U_C 越来越小,电流也就越来越小,当电容器两端电压 $U_C=0$ 时,放电电流为"0",放电结束。观察到的现象是:指示灯突然亮,然后慢慢变暗,直到完全不亮;电流表的指针偏转角度从大逐渐变小,最后为零;电压表的读数从最大"E"慢慢变小,直到指针指向"0"。

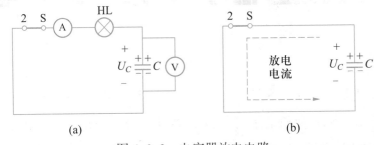

图 4-3-3   电容器放电电路

小提示

(1) 在直流电路中,充完电的电容器相当于一个直流电源。

(2) 充完电的电容器所储存的电场能为

$$W_C = \frac{1}{2}CU_C^2$$

式中:W_C——电场能,单位是 J;

　　C——电容,单位是 F;

　　U_C——电容器两端的电压,单位是 V。

　　使充电后的电容器失去电荷(释放电荷和电能)的过程称为**放电**。例如,用一根导线把电容器的两极板接通,两极板上的电荷互相中和,电容器就会放出电荷和电能。放电后电容器两极板之间的电场消失,电能转换为其他形式的能。

职业相关知识

　　在进行电路或电器维修时,如果碰到大容量的电容器,应先通过短接将其电荷放掉后再进行维修,以防被电击。电容器放电的快慢与电容器容量 C 的大小和放电回路中电阻 R 的乘积成正比。

　　值得注意的是:电路中的电流没有通过电容器中的电介质,是电容器充、放电形成的电流。在充电过程中,电容器储存电荷,充电结束的电容器相当于一个电源;在放电过程中,电容器将正、负电荷中和,放电结束的电容器,其两端电压为零。充电和放电功能是电容器的基本功能。

　　3. 电容器的简易检测

　　电容器的常见故障有:击穿短路、断路、漏电或电容变化等。通常利用指针式万用表的电阻挡($R \times 100$ 或 $R \times 1k$)可以简易检测电容器,根据指针摆动的情况,来判别较大容量的电容器质量,这是利用了电容器的充、放电特性。

　　(1) 如果电容器质量很好,漏电很小,将指针式万用表的表笔分别与电容器的两端接触,则指针会有一定的偏转,并很快回到接近于起始位置的地方。

　　(2) 如果电容器的漏电很严重,则指针回不到起始位置,而停在标度尺的某处,这时指针所指的电阻数值即表示该电容器的漏电阻值。

（3）如果指针偏转到 0 Ω 之后不再回去,则说明电容器内部已经短路。

（4）如果指针根本不偏转,则说明电容器内部可能断路,或电容很小,充、放电电流很小,不足以使指针偏转。

小提示

针对不同容量的电容器应选用指针式万用表合适的量程。一般情况下,小于 1 μF 的电容器可选用 $R\times10$ k 挡,1~47 μF 间的电容器可选用 $R\times1$ k 挡;47~1 000 μF 之间的电容器可选用 $R\times100$ 挡。

思考与练习

1. 在电容器充电过程中,充电电流一开始为_____,然后_____,直到_____。此时,电容器两端的电压却从_____变化到_____。充电结束的电容器相当于一个_____。

2. 通常利用指针式万用表的_____挡来区别较大容量电容器质量的好坏。如果指针根本不偏转,则说明_____;如果指针偏转到 0 Ω 之后不再回去,则说明_____。

实训项目六　常用电容器的识别与检测

实训目的

● 能够识别常用电容器。

● 学会电解电容器极性的判别。

● 学会使用数字式万用表的电阻挡判别较大容量电容器质量的好坏。

仿真实训
电容器容量
识读仿真练习

任务一　常用电容器的识别

对提供的 10 个不同类型电容器进行识别,并将识别结果填入表 4-3-1 中。

仿真实训
电容器分类
仿真练习

表 4-3-1　常用电容器的识别

编号	名称	标称容量	耐压	有无极性	编号	名称	标称容量	耐压	有无极性
1					6				
2					7				
3					8				
4					9				
5					10				

任务二　电解电容器极性的判别

1. 直接观察法

电解电容器有两个引脚,在使用中应注意正、负极性。一般长引脚为正极,短引脚为负极。另外,从电容器的外壳也可判断其正、负极性,标有"−"号的一端为负极,另一端为正极,如图4-3-4所示。

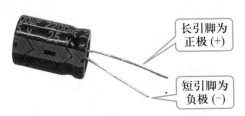

长引脚为
正极 (+)

短引脚为
负极 (−)

图4-3-4　电容器正、负极性的识别

2. 万用表判别法

(1) 先测量电解电容器任意两极间的漏电阻。

(2) 交换红、黑表笔,再一次测量电解电容器的漏电阻。

(3) 如果电解电容器性能良好,在两次测量结果中,阻值大的一次便是正向接法,即红表笔接电解电容器的负极,黑表笔接正极。

根据以上两种方法,分别判别提供的若干电解电容器的极性,并比较判别结果是否一致。

任务三　常用电容器的检测

仿真实训

瓷介电容器
质量检测仿
真练习

测量电容器的正向漏电阻,分析检测结果,进一步判断电容器性能。根据检测情况填写表4-3-2。

表4-3-2　常用电容器的检测

编号	电容器类别	万用表挡位	漏电阻	测量中的问题	是否合格
1	陶瓷电容器 0.1 μF				
2	纸介电容器 1 μF				
3	涤纶电容器 3.3 μF				
4	电解电容器 100 μF				
5	电解电容器 1 000 μF				

任务四　实训小结

(1) 将"常用电容器的识别与检测"操作方法与步骤、收获与体会及实训评价填入"实训小结表"(见附录2)。

(2) 将实训过程评价填入"实训过程评价表"(见附录1)中的相应位置。

4.4 电容器的连接

观察与思考

小明在维修和设计电路时,碰到了以下两种情况:一是手头有多个电容器,但每个电容器的耐压都不能满足电路的要求;二是手头有多个电容器,但每个电容器的容量都不能满足电路的要求,你能帮他解决这些问题吗?

在实际应用中,电容器的选择主要考虑电容器的容量和额定工作电压。如果电容器的容量和额定工作电压不能满足电路要求,可以将电容器进行适当连接,即串联或并联,以满足电路的工作要求。那么电容器串、并联后接在电路中会具有哪些基本特性呢? 本节将学习电容器串、并联电路及其相关知识。

4.4.1 电容器串联电路

1. 电容器的串联

将两个或两个以上电容器的极板首尾依次相连,中间无分支的连接方式称为电容器的串联,如图 4-4-1 所示。

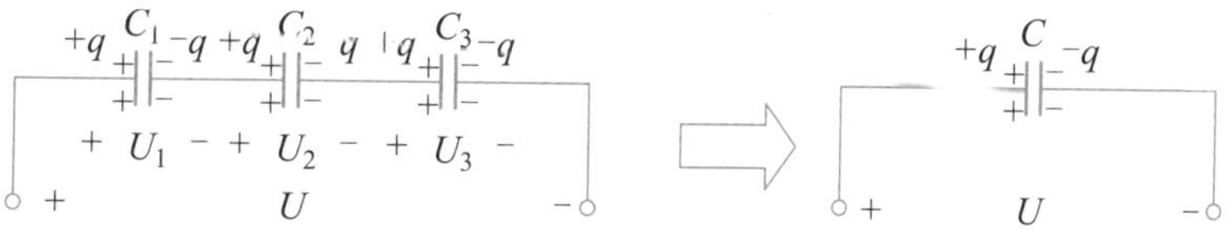

图 4-4-1 电容器串联电路

2. 电容器串联电路的特点

(1)电荷量特点。**串联时每个电容器所带的电荷量相等。** 在电容器串联电路中,接上端电压为 U 的电源后,串联电容器组两端的两个极板上分别带电,电荷量分别为 $+q$ 和 $-q$,由于静电感应,中间各极板所带的电荷量也等于 $+q$ 或 $-q$,因此,串联电容器组中的每个电容器所带的电荷量相等,并且等于串联后等效电容器上所带的电荷量。即

$$q=q_1=q_2=q_3$$

(2)电压特点。**电容器串联电路的总电压等于各个电容器上的电压之和。** 即

$$U=U_1+U_2+U_3$$

(3)电容特点。**电容器串联电路的总电容的倒数等于各个电容器的电容的倒数之和。**

因为 $U=U_1+U_2+U_3$,则有 $\dfrac{q}{C}=\dfrac{q}{C_1}+\dfrac{q}{C_2}+\dfrac{q}{C_3}$,即

$$\frac{1}{C}=\frac{1}{C_1}+\frac{1}{C_2}+\frac{1}{C_3}$$

小提示

电容器串联之后,总电容小于每一个电容器的电容。电容器串联时电容间的关系,与电阻并联时电阻间的关系相类似。当 n 个相同容量的电容器串联时,其总电容 $C_{总}=\dfrac{C}{n}$。

(4) 电压分配。电容器串联电路中各电容器两端的电压与其自身的电容成反比。

两个电容器串联时,因为 $q_1=q_2$,则有 $C_1U_1=C_2U_2$,即

$$\frac{U_1}{U_2}=\frac{C_2}{C_1}$$

3. 电容器串联电路的应用

当一个电容器的耐压不能满足电路要求时,可用多个电容器串联。但应注意,电容大的电容器分配的电压小,电容小的电容器分配的电压反而大。因此电容器串联电路常应用于耐压不够的场合。

【例 4-4-1】

有两个电容器 C_1 和 C_2,其中 C_1 为 10 μF,C_2 为 5 μF,把它们串联后其等效电容为多少?

解:串联后的等效电容

$$C=\frac{C_1C_2}{C_1+C_2}=\frac{10\times5}{10+5}\,\mu F=\frac{10}{3}\,\mu F\approx3.3\,\mu F$$

【例 4-4-2】

现有两个电容器,其中电容器 C_1 的容量为 20 μF,额定工作电压为 25 V;电容器 C_2 的容量为 10 μF,额定工作电压为 16 V。若将这两个电容器串联后接到电压为 36 V 的电路上,电路能否正常工作?

解:总电容

$$C=\frac{C_1C_2}{C_1+C_2}=\frac{20\times10}{20+10}\,\mu F=\frac{20}{3}\,\mu F\approx6.7\,\mu F$$

各电容器所带的电荷量

$$q=q_1=q_2=CU=\frac{20}{3}\times10^{-6}\times36\,\text{C}=2.4\times10^{-4}\,\text{C}$$

电容器 C_1 两端所加的电压

$$U_1=\frac{q_1}{C_1}=\frac{q}{C_1}=\frac{2.4\times10^{-4}}{20\times10^{-6}}\,\text{V}=12\,\text{V}$$

电容器 C_2 两端所加的电压

$$U_2 = \frac{q_2}{C_2} = \frac{q}{C_2} = \frac{2.4 \times 10^{-4}}{10 \times 10^{-6}} \text{ V} = 24 \text{ V}$$

由于电容器 C_2 两端所加的电压是 24 V，超过了它的额定工作电压，C_2 会被击穿，导致 36 V 电压全部加到了 C_1 上，C_1 也会被击穿。因此，电路不能正常工作。

4.4.2 电容器并联电路

1. 电容器的并联

将两个或两个以上电容器的正极接在一起，负极也接在一起的连接方式称为电容器的并联，如图 4-4-2 所示。

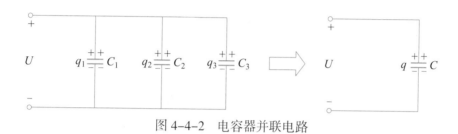

图 4-4-2 电容器并联电路

2. 电容器并联电路的特点

（1）电压特点。电容器并联电路中每个电容器两端的电压相等，并等于外加电压。即
$$U = U_1 = U_2 = U_3$$

（2）电荷量特点。电容器并联电路中的总电荷量等于各个电容器的电荷量之和。即
$$q = q_1 + q_2 + q_3$$

（3）电容特点。电容器并联电路中的总电容等于各个电容器的电容之和。

因为 $q = q_1 + q_2 + q_3$，则有
$$CU = C_1U_1 + C_2U_2 + C_3U_3$$

即
$$C = C_1 + C_2 + C_3$$

电容器并联之后，总电容增大了，这种情况相当于增大了两极板的面积，因此，总电容大于每个电容器的电容。当 n 个相同容量的电容器并联时，其总电容
$$C_{总} = nC$$

小提示

电容器并联电路中，每个电容器均承受着外加电压，因此，每个电容器的额定工作电压均应大于外加电压。否则，一个电容器被击穿，整个并联电路被短路，会对电路造成危害。

【例 4-4-3】

两个电容器的容量和额定工作电压分别为"$20\,\mu F/25\,V$""$30\,\mu F/16\,V$",现将它们并联起来后接到 15 V 的电压上。问:(1)此时的等效电容为多少? (2)两个电容器储存的电荷量分别是多少?

解:(1) 此时的等效电容

$$C=C_1+C_2=(20+30)\,\mu F=50\,\mu F$$

(2) 两个电容器储存的电荷量分别为

$$q_1=C_1U=20\times10^{-6}\times15\,C=3\times10^{-4}\,C$$

$$q_2=C_2U=30\times10^{-6}\times15\,C=4.5\times10^{-4}\,C$$

思考与练习

1. 电容器串联电路的_____相等;电容器并联电路的_____相等。

2. 有 2 个电容器,$C_1=3\,\mu F$,$C_2=6\,\mu F$,将它们串联后接到 120 V 的电压上,电容器 C_1 两端的电压为_____,电容器 C_2 两端的电压为_____;若将它们并联后接到 120 V 的电压上,则电容器 C_1 所带的电荷量为_____,电容器 C_2 所带的电荷量为_____。

技术与应用 电容器的典型应用

电容器是电子设备中最基础也是最重要的元件之一。电容器的产量占全球电子元器件产品(其他的还有电阻器、电感器等)的 40% 以上。基本上所有的电子设备,小到充电器、数码照相机,大到航天飞机、火箭中都可以见到它的身影。作为一种最基本的电子元器件,电容器对于电子设备来说就像食品对于人一样不可缺少。

电容器的种类繁多,用途非常广泛,主要应用在电源电路、信号电路、电力系统及工业中。

在电源电路和信号电路中,电容器主要用于实现旁路、去耦、滤波、储能、耦合等方面的作用。

(1) 旁路。旁路电容的主要功能是产生一个交流分路,把输入信号中的干扰作为滤除对象,可将混有高频电流和低频电流的交流电中的高频成分旁路掉。

(2) 去耦。去耦电容也称退耦电容,它的作用是把输出信号中的高频干扰作为滤除对象,防止干扰信号返回电源。

高频旁路电容一般比较小,根据谐振频率一般取 $0.1\,\mu F$、$0.01\,\mu F$ 等,而去耦电容的容量一般较大,可能是 $10\,\mu F$ 或者更大。

(3) 滤波。滤波电容在电源整流电路中主要用来滤除交流成分,使输出的直流电更加平滑。

(4) 储能。电容器能够储存电能,是一种储能元件,用于必要时释放。如照相机闪光灯、加热设备等,如今某些电容器的储能水平已经接近锂离子电池的水准,一个电容器储存的电能可以供一部手机使用一天。

(5) 耦合。耦合电容的作用就是利用电容"通交流、隔直流"的特性,将交流信号从前一级传到下一级。

在电力系统中,电容器是提高功率因数的重要元器件;在工业上,使用的常常是电动机等电感性负载,通常采用并联电容器的办法使电网平衡。

 应知应会要点归纳

一、电容器的基本概念

1. 电容器结构与特性

任何两个相互靠近又彼此绝缘的导体,都可以看成一个电容器。电容器最基本的特性是能够储存电荷。如果在电容器的两极板间加一定的电压,则在两个极板上将分别出现数量相等的正、负电荷。

2. 电容器的电容量

电容器所带的电荷量与它的两极板间的电压的比值是一个常数,称为电容器的电容量,用字母 C 表示,用公式表示为

$$C = \frac{q}{U}$$

3. 平行板电容器的电容量

平行板电容器的电容量与电介质的介电常数及极板间的正对面积成正比,与两极板间的距离成反比,用公式表示为

$$C = \frac{\varepsilon A}{d}$$

二、电容器的参数和种类

1. 参数

电容器的主要参数有额定工作电压、标称容量和允许误差等,这些参数有其特定的标注方法和含义。

(1)额定工作电压。一般称为耐压,是指在规定的温度范围内,可以连续加在电容器上而不损坏电容器的最大电压值。

(2)标称容量和允许误差。电容器上所标明的容量称为标称容量。电容器的允许误差一般也标在电容器的外壳上。

电容器参数的标注方法通常有直标法、文字符号法、数码法以及色标法。

2. 种类

电容器按其电容是否可变,可分为固定电容器、可变电容器和微调电容器。

三、电容器的充、放电过程

电容器具有充、放电的功能。电容器在充、放电过程中,电流、电压的变化特点见表4-1。

表4-1   电容器充、放电过程中电流与电压的变化特点

比较项目	充电过程	放电过程
电路中的电流 I	I 从最大 $\to 0$,充电结束	I 从最大 $\to 0$,放电结束
电容器两端的电压 U_C	U_C 从 $0 \to E$,充电结束	U_C 从 $E \to 0$,放电结束

四、电容器的简易检测

电容器的常见故障有:击穿短路、断路、漏电或电容变化等。通常利用指针式万用表的电阻挡($R \times 100$ 或 $R \times 1 \text{k}$)简易检测电容器,根据指针摆动的情况来判别较大容量的电容器质量,这是利用了电容器的充、放电特性。

五、电容器的串联和并联

电容器串联、并联电路特点见表4-2。

表4-2   电容器的串联、并联特点

比较项目	串联	并联
电荷量 q	$q = q_1 = q_2 = q_3$	$q = q_1 + q_2 + q_3$
电压 U	$U = U_1 + U_2 + U_3$ 电压分配与电容成反比 $\dfrac{U_1}{U_2} = \dfrac{C_2}{C_1}$	$U = U_1 = U_2 = U_3$
电容 C	$\dfrac{1}{C} = \dfrac{1}{C_1} + \dfrac{1}{C_2} + \dfrac{1}{C_3}$ 当 n 个电容为 C 的电容器串联时 $C_总 = \dfrac{C}{n}$	$C = C_1 + C_2 + C_3$ 当 n 个电容为 C 的电容器并联时 $C_总 = nC$

❓ 复习与考工模拟

一、是非题

1. 从公式 $C = \dfrac{q}{U}$ 可知,电容器的电容会随其两端所加电压的增大而增大。   (   )

2. 几个电容器串联后的总电容一定大于其中任何一个电容器的容量。   (   )

3. 若干只不同容量的电容器并联,各电容器所带电荷量均相等。   (   )

4. 耐压是指电容器正常工作时允许加的最大电压值。   (   )

5. 某陶瓷电容器标有"103"字样,则其标称容量为 103 μF。 (　　)

6. 两个 10 μF 的电容器,耐压分别为 10 V 和 20 V,则串联后总的耐压为 30 V。 (　　)

7. 在电容器的充电过程中,电路中的充电电流变化为从 0 到最大。 (　　)

8. 电解电容器的两个极有正、负极性之分,使用时要特别注意。 (　　)

9. 利用指针式万用表的电阻挡对较大容量的电容器进行简易检测时,通常使用 $R \times 10 \text{ k}$ 挡。 (　　)

10. 在进行电路或电器维修时,如果碰到大容量的电容器,应先通过短接把其电荷放掉后再进行维修,以防被电击。 (　　)

二、选择题

1. 有一电容为 30 μF 的电容器,接到直流电源上对它充电,这时它的电容为 30 μF;当它不带电时,它的电容是( )。

　　A. 0　　　　　　　　B. 15 μF　　　　　　　C. 30 μF　　　　　　D. 10 μF

2. 有两个电容器 C_1 和 C_2 并联,且 $C_1=2C_2$,则 C_1、C_2 所带的电荷量 q_1、q_2 间的关系是( )。

　　A. $q_1=q_2$　　　　B. $q_1=2q_2$　　　　C. $2q_1=q_2$　　　　D. 以上答案都不对

3. 有两个电容器 C_1 和 C_2 串联,且 $C_1=2C_2$,则 C_1、C_2 两极板间的电压 U_1、U_2 之间的关系是( )。

　　A. $U_1=U_2$　　　　B. $U_1=2U_2$　　　　C. $2U_1=U_2$　　　　D. 以上答案都不对

4. 1 μF 和 2 μF 的电容器串联后接在 30 V 的电源上,则 1 μF 电容器两端电压为( )。

　　A. 10 V　　　　　　B. 15 V　　　　　　　C. 20 V　　　　　　D. 30 V

5. 两个相同的电容器并联之后的等效电容,与它们串联之后的等效电容之比为( )。

　　A. 1:4　　　　　　 B. 4:1　　　　　　　C. 1:2　　　　　　 D. 2:1

6. 电容器并联使用将使总电容( )。

　　A. 增大　　　　　　B. 减小　　　　　　　C. 不变　　　　　　D. 无法判断

7. 电路如题图 4-1 所示,已知 $U=10$ V,$R_1=2\ \Omega$,$R_1=8\ \Omega$,$C=100$ μF,则电容器两端的电压 U_C 为( )。

　　A. 10 V　　　　　　B. 8 V　　　　　　　C. 2 V　　　　　　 D. 0 V

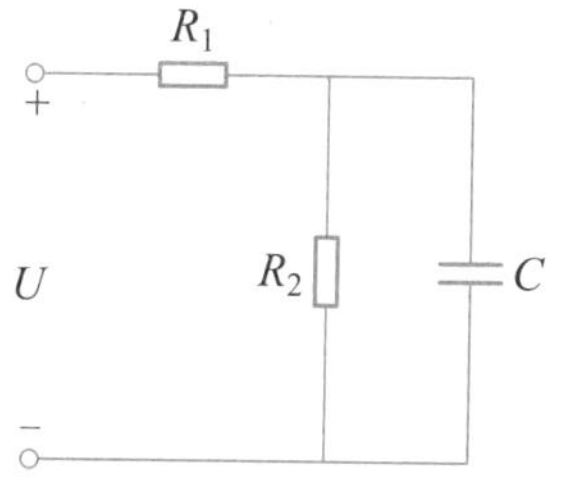

8. 电容器在放电过程中,其两端电压 U_C 和放电电流 $I_放$ 的变化是( )。

　　A. U_C 增大,$I_放$ 减小　　　　　　　　B. U_C 减小,$I_放$ 增大

　　C. U_C 减小,$I_放$ 减小　　　　　　　　D. U_C 增大,$I_放$ 增大

题图 4-1

9. 一个电容器外壳上标有"224"的字样,则该电容器的标称容量为( )。

　　A. 224 pF　　　　　B. 224 μF　　　　　C. 0.22 pF　　　　　D. 0.22 μF

10. 用指针式万用表的电阻挡($R \times 1$ k)对 10 μF 的电解电容器进行质量检测时,如果指针

根本不偏转,则说明电容器内部可能(   )。

    A. 短路   B. 断路   C. 断路或短路   D. 无法确定

11. 如题图 4-2 所示,电容器的额定参数是(   )。

    A. 10 μF, ±5%, 250 V   B. 1 μF, ±5%, 250 V

    C. 10 μF, ±1%, 250 V   D. 1 μF, ±1%, 250 V

12. 有三只"30 μF,12 V"的电容器接成题图 4-3 所示电路,为保证电路安全,加在该电路两端的电压最大不能超过(   )。

    A. 24 V   B. 36 V   C. 18 V   D. 25.45 V

题图 4-2

题图 4-3

三、分析与计算题

1. 现有一个电容器,它的电容为 10 μF,加在电容器两端的电压为 300 V,该电容器极板上存储的电荷量为多少?

2. 在某电子电路中需用一只耐压为 500 V、电容为 4 μF 的电容器,但现在只有耐压为 250 V、电容为 4 μF 的电容器若干,通过怎样的连接方法才能满足要求?

3. 现有容量为 0.25 μF、耐压为 300 V 和容量为 0.5 μF、耐压为 250 V 的两个电容器。(1) 将两个电容器并联后的总电容是多少? 耐压又是多少? (2) 将两个电容器串联后,如果在它两端加 500 V 的电压,则电容器是否会被击穿?

四、实践与应用题

1. 题图 4-4 所示为某个云母电容器外形图,试解释其所标注的各项参数的含义。

2. 题图 4-5 所示为某电解电容器外形图,请写出 3 种判断电解电容器极性的方法及其操作过程。

题图 4-4

题图 4-5

5

磁与电磁感应

磁与电密不可分,几乎所有的电气设备都应用到磁与电磁感应的基本原理,如发电机、电动机、变压器。

本单元将学习磁场、电流的磁效应、磁场的基本物理量、铁磁性物质的磁化、磁路的基本概念、电磁感应、电感器、互感及其在工程技术中的应用等相关知识。

职业岗位群应知应会目标

—— 理解磁场的基本概念,掌握右手螺旋定则。

—— 了解磁通的物理概念及其在工程技术中的应用。

—— 了解磁场强度、磁感应强度和磁导率的基本概念及其相互关系。

—— 理解磁场对通电导体的作用,会用左手定则判断电磁力的方向。

—— 理解电磁感应现象,会用右手定则判断感应电流方向。

—— 了解电感的概念及影响电感器电感的因素,了解电感器的外形、参数,会判断其好坏。

*__ 了解磁路和磁动势的概念、主磁通和漏磁通的概念及磁阻的概念。

*__ 了解磁化现象,能识读起始磁化曲线、磁滞回线、基本磁化曲线,了解常用磁性材料。

*__ 了解消磁与充磁的原理和方法,了解磁滞、涡流损耗产生的原因及降低损耗的方法。

*__ 了解磁屏蔽的概念及其在工程技术中的应用。

*__ 理解互感的概念,了解互感在工程技术中的应用,能解释影响互感的因素。

*__ 理解同名端的概念,了解同名端在工程技术中的应用,能解释影响同名端的因素。

5.1 磁的基本概念

观察与思考

我国人民很早就发现了天然磁石的磁性作用,在春秋战国时期,人们将天然磁铁矿石雕琢成勺形,放在一个中间光滑的盘上,就可以指示方向,这就是司南,如图 5-1-1 所示。随着人们不断地深入研究,最终发明了指南针,指南针的发明对于航海、大地测量、旅行及军事等方面有着重要意义,极大地促进了人类文明的发展和交流。那么磁性都有什么体现并且有哪些应用呢?本节将学习磁场、电流的磁效应及其相关知识。

图 5-1-1　司南

5.1.1　磁体、磁极与磁场

1. 磁体

某些物体具有吸引铁、钴、镍等物质的性质,称为磁性。具有磁性的物体称为磁体。磁体分为天然磁体和人造磁体两大类。常见的人造磁铁有条形磁铁、蹄形磁铁和针形磁铁等,如图 5-1-2 所示。

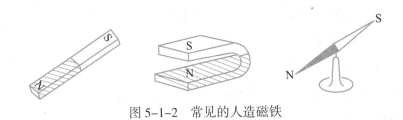

图 5-1-2　常见的人造磁铁

2. 磁极

磁铁两端磁性最强的区域称为磁极。实验证明,任何磁铁都有两个磁极,一个称为南极,用 S 表示;另一个称为北极,用 N 表示。南极和北极总是成对出现并且强度相等,不存在独立的 S 极或 N 极。两个磁铁的磁极之间存在着相互作用力,同名磁极互相排斥,异名磁极互相吸引。

3. 磁场

磁极之间的相互作用力是通过磁极周围的磁场传递的。磁场是磁体周围存在的特殊物质。磁场是有方向的,在磁场中的某点放一个能自由转动的小磁针,小磁针静止时 N 极所指的方向,就是该点的磁场方向。

4. 磁感线

利用磁感线可以形象地描绘磁场,即在磁场中画出一系列曲线,曲线上任意一点的切线方向就是该点的磁场方向(小磁针在该点时,N 极所指的方向)。条形磁铁的磁感线如图 5-1-3 所示。

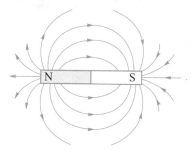

图 5-1-3　条形磁铁的磁感线

5.1.2　电流的磁效应

1820 年,丹麦的奥斯特在静止的磁针上方拉一根与磁针平行的导线,给导线通电时,磁针立刻偏转一个角度,如图 5-1-4 所示。这说明通电导体周围存在磁场。通电导体的周围存在着磁场的现象称为电流的磁效应。

通电导体周围的磁场方向与电流的关系可以用右手螺旋定则来判断。

教学动画
直线电流磁场

1. 通电直导体的磁场方向

通电直导体的磁场方向判断:右手握住导线并把大拇指伸开,用大拇指指向电流方向,那么其他四指环绕的方向就是磁场方向,如图 5-1-5 所示。

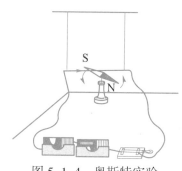

图 5-1-4　奥斯特实验

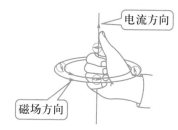

图 5-1-5　通电直导体的磁场方向

想一想　做一做

图 5-1-6 所示的通电直导体周围是否存在着磁场?若存在磁场,磁场的方向又该如何判断?请画出磁场方向。

图 5-1-6　通电直导体

2. 通电螺线管的磁场方向

如果将通电直导线绕成螺线管,那么通电螺线管的周围也存在着磁场,通电螺线管相当于一根条形磁铁,磁场方向仍可以用右手螺旋定则来判断。判断方法是:用右手握住螺线管,让弯曲的四指所指的方向与电流的方向一致,那么大拇指所指的方向就是通电螺线管内部磁感线的方向,也就是说,大拇指指向通电螺线管的 N 极,如图 5-1-7 所示。

教学动画
螺线管电流磁场

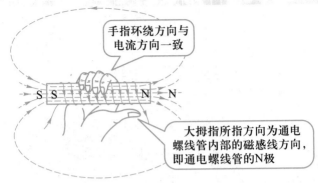

图 5-1-7   通电螺线管的磁场方向

想一想   做一做

图 5-1-8 所示的通电螺线管周围是否存在着磁场？若存在磁场，磁场的方向又该如何判断？请画出磁场方向，并标出通电螺线管的 N 极与 S 极。

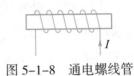

图 5-1-8   通电螺线管

实践活动

制作简易电磁铁。准备一个大的铁钉或一根铁棒、一段漆包线、一节电池。然后把漆包线一圈一圈地绕在铁钉上，给漆包线通电后，铁钉或铁棒就能吸起一些小的铁钉，一个简易的电磁铁就制作完成了。

思考与练习

1. 电流周围存在着磁场，这种现象称为_____。

2. 通电导体周围的磁场方向与电流的关系可以用_____来判断。

3. 如图 5-1-9 所示，根据已标明的通电线圈的 N 极和 S 极，判断线圈中的电流方向。

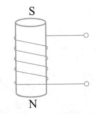

图 5-1-9   通电线圈

5.2   磁场的基本物理量

观察与思考

巨大的电磁铁能够吸起成吨的钢铁，而小的电磁铁只能吸起曲别针（如图 5-2-1 所示）。你知道这是为什么吗？

磁场不仅有方向，而且有强弱。磁感线的疏密只能定性地描述磁场在空间的分布情况，怎样才能定量地表示磁场的强弱呢？本节将学习能够定量描述磁场强弱的物理量，即磁通、磁感应强度、磁场强度与磁导率等及其相关知识。

(a) 巨大的电磁铁能够吸起成吨的钢铁　　(b) 小的电磁铁只能吸起曲别针

图 5-2-1　大小电磁铁吸引力的比较

1. 磁通

磁通是定量地描述磁场在一定截面分布情况的物理量。通过与磁场方向垂直的某一截面上的磁感线的总数,称为通过该截面的磁通量,简称磁通,用字母 $\varPhi$ 表示。磁通的单位是 Wb(单位名称为韦[伯],简称韦)。

当截面一定时,通过该截面的磁通越大,则磁场越强。在工程上,选用电磁铁、变压器等铁心材料时,为了减小损耗,要尽可能多地让全部磁感线通过铁心截面。

2. 磁感应强度

磁感应强度是定量描述磁场中各点磁场的强弱和方向的物理量。与磁场方向垂直截面的单位面积上的磁通,称为磁感应强度,也称磁通密度,用字母 B 表示。磁感应强度的单位是 T(单位名称为特[斯拉],简称特)。

 教学动画
磁感应强度

在匀强磁场中,磁感应强度与磁通的关系可以用公式表示为

$$B = \frac{\varPhi}{A}$$

式中:B——匀强磁场的磁感应强度,单位是 T;

A——与磁感应强度 B 垂直的截面面积,单位是 m^2;

$\varPhi$——穿过截面的磁通,单位是 Wb。

磁感应强度既能反映某点磁场的强弱,又能反映该点磁场的方向,磁感应强度是矢量。磁场中某点的磁感线的切线方向就是该点磁感应强度的方向。对于某一确定磁场中的不同点,磁感应强度的大小和方向未必完全相同。

3. 磁导率

可以做这样一个实验:用一个通电的线圈去吸引铁屑,然后在通电线圈中放置一根铁棒后再去吸引铁屑,可以发现在两种情况下吸力大小不同,后者比前者大得多。

这个实验说明:不同的介质对磁场的影响不同,影响的程度与介质的导磁性能有关。前者通电线圈中的介质是空气,而后者的介质是铁棒。

磁导率就是一个用来表示介质导磁性能的物理量,用字母 μ 表示,单位是 H/m(亨[利]/米),不同的物质有不同的磁导率 μ。实验测定,真空中的磁导率是一个常数,用 μ_0 表示,即

$$\mu_0 = 4\pi \times 10^{-7}\ \text{H/m}$$

为了便于比较各种物质的导磁性能,把任一物质的磁导率 μ 与真空磁导率 μ_0 的比值称为相对磁导率,用 μ_r 表示,即

$$\mu_r = \frac{\mu}{\mu_0}$$

相对磁导率只是一个比值,它表明在其他条件相同的情况下,介质的磁感应强度是真空中的多少倍。

几种常见铁磁性物质的相对磁导率见表 5-2-1。

表 5-2-1   几种常见铁磁性物质的相对磁导率

物质名称	μ_r	物质名称	μ_r
钴	174	镍铁合金	60 000
镍	1 120	真空中熔化电解铁	12 950
软铁	2 180	坡莫合金	115 000

职业相关知识

根据磁导率的大小,可将物质分成三类:μ_r 略大于 1 的物质称为顺磁物质,如空气、氧、锡、铝、铅;μ_r 略小于 1 的物质称为反磁物质,如氢、铜、石墨、银、锌;顺磁物质和反磁物质统称非铁磁性物质。μ_r 远远大于 1 的物质称为铁磁性物质,如铁、钴、镍、铸铁、硅钢片。

4. 磁场强度

磁场中各点的磁感应强度 B 与物质的磁导率 μ 有关,计算比较复杂。为了使计算简便,引入一个新的辅助计算量——磁场强度,用字母 H 表示。磁场中某点的磁场强度等于该点的磁感应强度与介质的磁导率 μ 的比值,即

$$H = \frac{B}{\mu}$$

磁场强度的单位是 A/m(安/米)。

磁场强度是一个矢量,在均匀的介质中,它的方向和磁感应强度的方向一致。

思考与练习

1. 磁感应强度也称_____,用字母_____表示。磁感应强度的单位是_____。

2. 磁场中某点的磁场强度等于该点的_____与_____的比值,即_____。

*5.3 铁磁性物质的磁化

观察与思考

做如下实验：① 把一根软铁棒竖直放置，下端靠近铁钉，铁钉不被吸引。② 将条形磁铁靠在软铁棒的上端，则软铁棒的下端就能将若干铁钉吸起，如图 5-3-1 所示。③ 将条形磁铁从软铁棒的上端取走，则软铁棒下端吸起的铁钉又纷纷掉落。你能解释这种现象吗？

软铁棒本身没有磁性，不能吸引铁钉。将条形磁铁靠在软铁棒的上端后，软铁棒被磁化，软铁棒获得了磁性，则软铁棒的下端就能将若干铁钉吸起。将条形磁铁从软铁棒的上端取走后，软铁棒又失去了磁性，则软铁棒下端吸起的铁钉又纷纷掉落。软铁棒是一种铁磁性物质，容易被磁化，也容易去磁。本节将学习铁磁性物质的磁化及其相关知识。

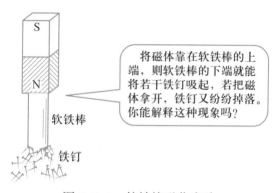

将磁体靠在软铁棒的上端，则软铁棒的下端就能将若干铁钉吸起，若把磁体拿开，铁钉又纷纷掉落。你能解释这种现象吗？

图 5-3-1 软铁棒磁化实验

1. 铁磁性物质的磁化

铁磁性物质放在磁场中，很容易被磁化。本来不具有磁性的物质，在外磁场的作用下产生磁性的现象称为该物质被磁化。只有铁磁性物质才能被磁化，而非铁磁性物质是不能被磁化的。

为什么铁磁性物质具有被磁化的特性呢？因为铁磁性物质是由许多被称为磁畴的磁性小区域所组成的，每一个磁畴相当于一个小磁铁，在没有外磁场作用时，各磁畴排列混乱无序，磁畴间的磁性互相抵消，对外不显磁性，如图 5-3-2（a）所示。但在外磁场的作用下，磁畴受到磁力的作用，会转到与外磁场一致的方向上，变成整齐有序的排列，如图 5-3-2（b）所示。这样便产生了一个很强的与外磁场同方向的磁化磁场，从而使铁磁性物质内的磁感应强度大幅增加。这就是说，铁磁性物质被强烈地磁化了。

非铁磁性物质没有磁畴的结构，所以不具有磁化的特性。

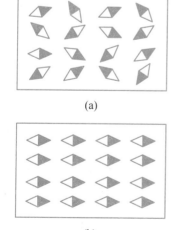

(a)

(b)

图 5-3-2 铁磁性物质的磁化

2. 磁化曲线

教学动画
磁化曲线

铁磁性物质都可以被磁化,但不同铁磁性物质的磁化特性不同。铁磁性物质的磁感应强度 B 随外界磁场强度 H 而变化的规律称为磁化曲线,又称 B–H 曲线。磁化曲线可以反映物质的磁化特性。

通过实验可测得铁磁性物质的磁化曲线,如图 5-3-3 所示。由图可见,B 与 H 的关系是非线性的,即 $\mu = \dfrac{B}{H}$ 不是常数。一般磁化曲线可大致分成四段,各段反映了铁磁材料磁化过程中的性质。

不同的铁磁性物质,B 的饱和值是不同的,但对每一种材料,B 的饱和值却是一定的。对于电机和变压器,通常都是工作在曲线的 2—3 段(即接近饱和的位置)。

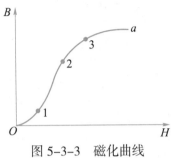

图 5-3-3　磁化曲线

图 5-3-4 所示为几种不同铁磁性物质的磁化曲线。从曲线上可以看出,在相同的磁场强度 H 下,硅钢片的 B 值最大,铸铁的 B 值最小,说明硅钢片比铸铁的导磁性能好得多。

3. 磁滞回线

教学动画
磁滞回线

上面讨论的磁化曲线只是反映了铁磁性物质在外磁场由零逐渐增强时的磁化过程。但在很多实际应用中,铁磁性物质是工作在交变磁场中的,所以有必要研究铁磁性物质反复交变磁化的问题。

当 B 随 H 沿起始磁化曲线达到饱和值 a 点以后,逐渐减小 H 的数值,实验表明,这时 B 并不是沿起始磁化曲线减小,而是沿另一条在它上面的曲线 ab 下降,如图 5-3-5 所示。当 H 减至零时,B 值不等于零,而是到达 b 点,说明铁磁材料中仍然保留一定的磁性,称为剩磁,用 B_r 表示,永久磁铁就是利用剩磁很大的铁磁性物质制成的。

若要消除剩磁,必须外加反方向的磁场。随着反方向磁场的增强,铁磁性物质逐渐退磁,当反方向磁场增大到一定的值时,B 值变为零,剩磁完全消失,bc 这段曲线称为退磁曲线。这时的 H 值是为克服剩磁所加的磁场强度,称为矫顽力,用 H_c 表示。矫顽力的大小反映了铁磁性物质保存剩磁的能力。从整个过程看,B 的变化总是落后于 H 的变化,这种现象称为磁滞现象。经过多次循环,可以得到一个封闭的对称于原点的闭合曲线,称为磁滞回线。

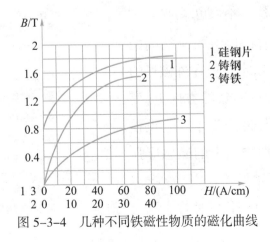

图 5-3-4　几种不同铁磁性物质的磁化曲线

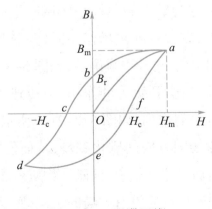

图 5-3-5　磁滞回线

4. 基本磁化曲线

如果在线圈中改变交变电流幅值的大小,那么交变磁场强度 H 的幅值也将随之改变。在反复交变磁场中,可相应得到一系列大小不一的磁滞回线,连接各点对称的磁滞回线的顶点,得到的一条曲线称为基本磁化曲线,如图 5-3-6 所示。由于大多数铁磁性物质是工作在交变磁场的情况下,所以基本磁化曲线很重要。一般资料中的磁化曲线是指基本磁化曲线。

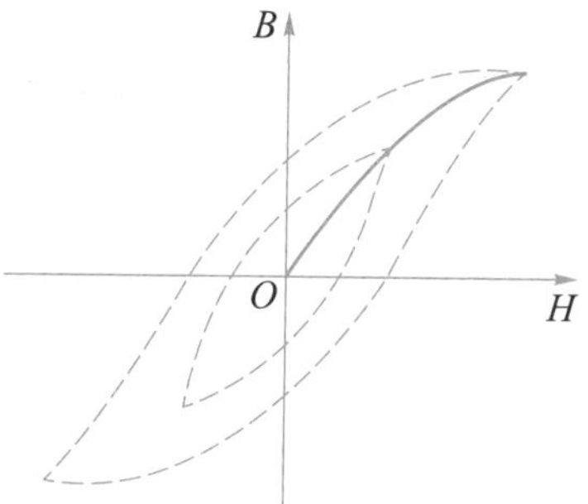

图 5-3-6 基本磁化曲线

5. 磁滞损耗

铁磁性物质的反复交变磁化会损耗一定的能量,这是由于在交变磁化时,磁畴要来回翻转,在这个过程中,产生了能量损耗,这种损耗称为磁滞损耗。磁滞回线包围的面积越大,磁滞损耗就越大。

6. 铁磁材料

不同的铁磁材料具有不同的磁滞回线,剩磁和矫顽力也不相同。因此,它们的用途不同,一般将磁性材料分为三类。

(1) **硬磁材料**。硬磁材料的特点是需要较强的外磁场的作用,才能使其磁化,而且不易退磁,剩磁较强。磁滞回线较宽,所需矫顽力很大,如图 5-3-7(a) 所示,其典型材料有钴钢、碳钢等。因其剩磁强,不易退磁,常用来制造各种形状的永久磁铁。

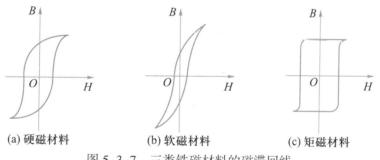

(a) 硬磁材料   (b) 软磁材料   (c) 矩磁材料

图 5-3-7 三类铁磁材料的磁滞回线

(2) **软磁材料**。软磁材料的特点是磁导率 μ 很大,而剩磁和矫顽力都很小,易被磁化也易去磁,磁滞回线窄而长,如图 5-3-7(b) 所示。典型的软磁材料有硅钢片、铸铁、坡莫合金等。硅钢片主要用来制作电动机和变压器的铁心;坡莫合金用来制造小型变压器、高精度交流仪表(灵敏继电器、磁放大器等)。

(3) **矩磁材料**。矩磁材料的特点是在很弱的外磁场作用下,就能被磁化,并达到磁饱和。当撤掉外磁场后,磁性仍然保持与磁饱和状态相同。矩磁材料的磁滞回线呈矩形,如图 5-3-7(c) 所示。矩磁材料主要用于制造计算机中存储元件的环形磁心。

*5.4　磁路的基本概念

观察与思考

　　如图 5-4-1 所示,变压器的铁心硅钢片上绕着线圈,当线圈中通以电流后,线圈周围会产生磁场。你能说出大部分的磁感线会从哪儿经过吗? 有无规律可找?

　　当线圈中通以电流后,大部分的磁感线会沿铁心、衔铁和工作气隙构成回路,主要是因为这条回路的磁阻最小。本节将学习磁路、主磁通与漏磁通、磁动势、磁阻等及其相关知识。

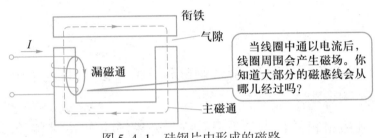

图 5-4-1　硅钢片中形成的磁路

1. 磁路

　　磁通经过的闭合路径称为磁路。为了使磁通集中在一定的路径上来获得较强的磁场,通常把铁磁材料制成一定形状的铁心,构成各种电气设备所需的磁路。如图 5-4-1 所示磁路中,大部分磁感线(磁通)沿铁心、衔铁和工作气隙构成回路,这部分磁通称为主磁通。还有一小部分磁通,它们没有经过工作气隙和衔铁,而是经过空气自成回路,这部分磁通称为漏磁通。一般情况下,为了计算方便,在漏磁不严重的情况下可将它略去,只考虑主磁通。

2. 磁动势

　　通电线圈会产生磁场。一方面,电流越大,磁场越强,磁通越多;另一方面,通电线圈的匝数越多,磁通也就越多。因此,线圈所产生磁通的数目,随着线圈匝数和所通过的电流的增大而增加。即通电线圈产生的磁通与线圈匝数和所通过的电流的乘积成正比。

　　把通过线圈的电流和线圈匝数的乘积,称为磁动势(也称磁通势),用符号 F_m 表示,单位是A。如用 N 表示线圈的匝数,I 表示通过线圈的电流,则磁动势可写成

$$F_m = IN$$

3. 磁阻

　　电路中的电阻表示电流在电路中所受到的阻碍作用。与此类似,磁路中的磁阻表示磁通通过磁路时所受到的阻碍作用,用符号 R_m 表示。

　　与导体的电阻相似,磁路中磁阻的大小与磁路的长度 l 成正比,与磁路的横截面积 A 成反

比,并与组成磁路的材料的性质有关,写成公式为

$$R_{\mathrm{m}} = \frac{l}{\mu A}$$

式中,若磁导率 μ 以 H/m 为单位,长度 l 和横截面积 A 分别以 m 和 $\mathrm{m^2}$ 为单位,这样磁阻 R_{m} 的单位就是 1/H。

技术与应用 充磁与消磁

1. 充磁

在日常生活和工作中,常需要将硬磁性物质磁化使其带有磁性,变为永久磁铁,或将失去磁性的永久磁铁恢复磁性,采用一定方法完成这项工作的过程就称为充磁。

稀土永久磁铁采用了稀土材料,目前应用比较广泛的是钕铁硼永久磁铁。稀土永久磁铁具有磁性强、体积小、性能稳定、成本低等特点,广泛应用在电子、机械、交通等行业。

采用稀土永久磁铁材料制造的永磁电动机具有省电、噪声小、易维护、使用寿命长等特点。2014 年,采用永磁电动机的同步牵引系统的下线,标志着我国成为世界上少数几个掌握高铁永磁牵引系统技术的国家。2019 年,我国发布速度达到 400 km/h 动车组用永磁电动机,如图 5-4-2 所示,填补了国内技术空白,为我国轨道交通牵引传动技术升级换代奠定了坚实基础。

图 5-4-2 动车组用永磁电动机

2. 消磁

当磁化后的材料受到外来能量的影响,比如加热、冲击,其中各磁畴的磁矩方向会变得不一致,磁性就会减弱或消失,此过程称为消磁。

消磁的方法有很多,例如将带磁性物质加热或剧烈振动可以消磁,但通常采用的是交变消磁法。

5.5 磁场对通电直导体的作用

观察与思考

做图 5-5-1 所示的实验,把一根直导体 AB 垂直放入蹄形磁铁的磁场中。当导体未通电流时,导体不会运动。如果接通电源,当电流从 B 流向 A 时,导体立即向磁场外侧运动。若改变导体电流的方向,则导体会向相反方向运动。你知道这是为什么吗?

将通电导体放在磁场中会受到电磁力的作用。那么,什么是电磁力?电磁力的方向与哪
些因素有关?如何判断?其大小又如何计算呢?本节将学习电磁力及其相关知识。

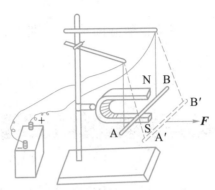

图 5-5-1   通电导体在磁场中运动

把通电直导体在磁场中所受的作用力称为电磁力,也称安培力。从本质上讲,电磁力是磁
场和通电导体周围形成的磁场相互作用的结果。

1. 电磁力方向的判断

通电导体在磁场中受到的电磁力的方向可以用左手定则来判断,如
图 5-5-2 所示。

伸出左手,让大拇指与四指在同一平面内,大拇指与四指垂直,让磁
感线垂直穿过手心,四指指向电流方向,则大拇指所指的方向就是磁场对
通电导体的作用力方向。

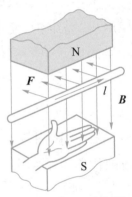

图 5-5-2   左手定则

想一想　做一做

如图 5-5-3 所示,通电直导体在磁场中会受到电磁力的作用吗?电
磁力的方向如何判断?请在图中画出电磁力的方向。

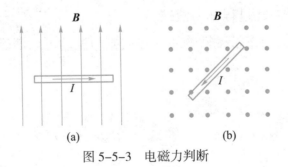

(a)   (b)

图 5-5-3   电磁力判断

2. 电磁力大小的计算

实验证明:在匀强磁场中,当通电导体与磁场方向垂直时,电磁力的大小与导体中电流的
大小成正比,与导体在磁场中的有效长度及载流导体所在的磁感应强度成正比,用公式表示为

$$F = BIl$$

式中:F——导体受到的电磁力,单位是 N(牛[顿]);

　　B——匀强磁场的磁感应强度,单位是 T;

　　I——导体中的电流强度,单位是 A;

　　l——导体在磁场中的有效长度,单位是 m。

　　实验还证明:当导体与磁感线成 α 角时,如图 5-5-4 所示,电磁力的大小为

$$F = BIl\sin\alpha$$

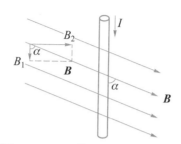

图 5-5-4　导体与磁感线成 α 角

小提示

　　当导体与磁感线方向平行放置时,导体受到的电磁力为零;当导体与磁感线方向垂直放置时,导体受到的电磁力最大。

实践活动

　　制作简易直流电动机。器材包括一长段漆包线、一块磁铁、一节干电池、两个用导线做成的支架。用漆包线绕成 10~20 匝线圈,用胶水粘住,线圈两端去掉绝缘漆后放在用导线做成的活动支架上,在线圈的下面放一块磁铁,然后给线圈通以直流电,则线圈就会绕一定的方向转动起来,改变直流电方向,就能改变线圈的转动方向。

思考与练习

　　试判断图 5-5-5 所示各载流导体的受力方向。

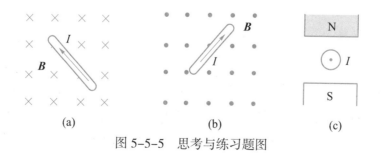

图 5-5-5　思考与练习题图

5.6　电磁感应

观察与思考

教学动画
电磁感应 1

做图 5-6-1 所示实验。在匀强磁场中放置一根导体 AB，导体 AB 的两端分别与灵敏检流计的两个接线柱相连，形成闭合回路。当导体 AB 在磁场中进行切割磁感线运动时，检流计指针发生偏转；当导体 AB 沿着平行磁感线方向运动时，检流计指针不偏转。你知道为什么会出现这样的现象吗？

当闭合回路中的一部分导体在磁场中进行切割磁感线运动时，电路发生了电磁感应现象，回路中有感应电流。本节将学习电磁感应现象及其相关知识。

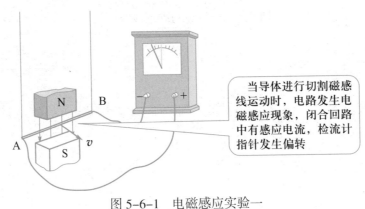

当导体进行切割磁感线运动时，电路发生电磁感应现象，闭合回路中有感应电流，检流计指针发生偏转

图 5-6-1　电磁感应实验一

1. 电磁感应现象

教学动画
电磁感应 2

在发现电流的磁效应以后，人们自然想到：既然电流能够产生磁场，反过来磁场是不是也能产生电流？

如图 5-6-1 所示，如果让导体 AB 在磁场中向前或向后运动，电流表指针就发生偏转，表明电路中有了电流。导体 AB 静止或上下运动时，电流表指针不偏转，电路中没有电流。导体 AB 向前或向后运动时要切割磁感线，导体 AB 静止或上下运动时不切割磁感线。可见，闭合电路中的一部分导体进行切割磁感线的运动时，电路中就有电流产生。

在这个实验中，导体 AB 运动。如果导体不动，让磁场运动，会不会在电路中产生电流呢？可以做下面的实验。

如图 5-6-2 所示，把磁铁插入线圈，或磁铁从线圈中抽出时，电流表指针发生偏转，这说明闭合电路中产生了电流。如果磁铁插入线圈后静止不动，或磁铁和线圈以同一速度运动，即保持相对静止，电流表指针不偏转，闭合电路中没有电流。在这个实验中，磁铁相对于线圈运动时，线圈的导线切割磁感线。

可见，不论是导体运动，还是磁场运动，只要闭合电路的一部分导体切割磁感线，电路中就有电流产生。

　　闭合电路的一部分导体切割磁感线时,穿过闭合电路的磁感线条数发生变化,即穿过闭合电路的磁通发生变化。由此提示我们:如果导体和磁场不发生相对运动,而让穿过闭合电路的磁场发生变化,会不会在电路中产生电流呢?

　　如图 5-6-3 所示,把线圈 B 套在线圈 A 的外面,合上开关给线圈 A 通电时,电流表的指针发生偏转,说明线圈 B 中有了电流。当线圈 A 中的电流达到稳定时,线圈 B 中的电流消失。打开开关使线圈 A 断电时,线圈 B 中也有电流产生。如果用变阻器来改变电路中的电阻,使线圈 A 中的电流发生变化,线圈 B 中也有电流产生。在这个实验中,线圈 B 处在线圈 A 的磁场中,当线圈 A 有电和断电,或者使线圈 A 中的电流发生变化时,线圈 A 的磁场随着发生变化,穿过线圈 B 的磁通也随着发生变化。因此,这个实验表明:在导体和磁场不发生相对运动的情况下,只要穿过闭合电路的磁通发生变化,闭合电路中就有电流产生。

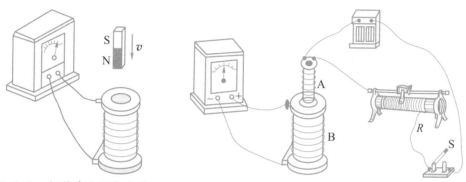

图 5-6-2　电磁感应现象实验二　　　　图 5-6-3　电磁感应现象实验三

　　总之,不论用什么方法,只要穿过闭合电路的磁通发生变化,闭合电路中就有电流产生。这种利用磁场产生电流的现象称为电磁感应现象,产生的电流称为感应电流。

　　2. 感应电流的方向

　　(1) 右手定则。当闭合电路中的一部分导体进行切割磁感线运动时,感应电流的方向可用右手定则来判定。右手定则:伸出右手,让大拇指与四指在同一平面,大拇指和四指垂直,让磁感线垂直穿过手心,大拇指指向导体运动方向,则四指所指的方向就是感应电流的方向,如图 5-6-4 所示。

教学动画
右手定则

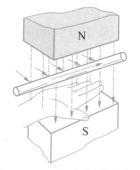

图 5-6-4　右手定则示意图

想一想　做一做

如图 5-6-5 所示,在匀强磁场中,闭合回路中的导体 AB 以速度 v 向右进行切割磁感线运动。试问回路中有感应电流吗？若有,请在图中标出感应电流的方向。

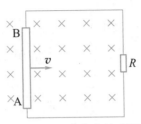

图 5-6-5 　感应电流判断

(2) 楞次定律。在图 5-6-6 所示实验中,当磁铁插入或抽出线圈时,线圈由于产生感应电流而具有磁性,磁铁和线圈之间必然发生相互作用。从能量守恒定律可以

教学动画
楞次定律

断定,这个相互作用总是要阻碍磁铁的运动。也就是说,当磁铁插入线圈的时候要受到排斥,这时在线圈靠近磁铁的一端出现同极磁极,如图 5-6-6(a)

(c)所示；当磁铁抽出线圈的时候要受到吸引,这时在线圈靠近磁铁的一端出现异性磁极,如图 5-6-6(b)(d)所示。

感应电流的方向总是要使感应电流的磁场阻碍引起感应电流的磁通的变化,这就是楞次定律,它是判断感应电流方向的普遍规律。

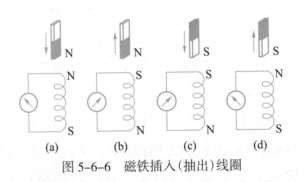

(a) 　　　(b) 　　　(c) 　　　(d)

图 5-6-6 　磁铁插入(抽出)线圈

教学动画
*感应电流的
方向*

应用楞次定律判定感应电流方向的具体步骤是：首先要明确原来磁场的方向,以及穿过闭合电路的磁通是增加还是减少。然后根据楞次定律确定感应电流的磁场方向,即穿过线圈的磁通增加时,感应电流的磁场方向跟原来磁场的方向相反,阻碍磁通的增加；穿过线圈的磁通减少时,感应电流的磁场方向跟原来的方向相同,阻碍磁通的减少。最后利用安培定则来确定感应电流的方向。

3. 电磁感应定律

教学动画
感应电动势

在电磁感应现象中产生的电动势称为感应电动势。产生感应电动势的那段导体,如切割磁感线的导体和磁通变化的线圈,就相当于电源,感应电动势的方向和感应电流的方向相同。

(1)切割磁感线时的感应电动势。在磁感应强度为 B 的匀强磁场中,如果长度为 l 的导体以速度 v 运动,运动方向与磁感线方向成 θ 角,切割磁感线的导体中会产生感应电动势 E,由实验与理论推导可知

$$E = Blv\sin\theta$$

(2)电磁感应定律。如果用 $\Delta\Phi = \Phi_2 - \Phi_1$ 表示线圈在 $\Delta t = t_2 - t_1$ 时间内磁通的改变量,那么感应电动势为

$$E = \frac{\Delta\Phi}{\Delta t}$$

上式表明线圈中感应电动势的大小与穿过线圈的磁通的变化率成正比,这个规律称为法拉第电磁感应定律。法拉第电磁感应定律对所有的电磁感应现象都成立,因此,它表示了确定感应电动势大小的最普遍的规律。

如果线圈有 N 匝,由于每匝线圈内的磁通变化都相同,而整个线圈又是由 N 匝线圈串联组成的,那么线圈中的感应电动势就是单匝时的 N 倍,即

$$E = N\frac{\Delta\Phi}{\Delta t} = \frac{\Delta\Psi}{\Delta t}$$

式中,$N\Phi$ 表示磁通与线圈匝数的乘积,通常称为磁链,用 Ψ 表示。

思考与练习

试判断图 5-6-7 所示各闭合回路中运动导体的感应电流方向。

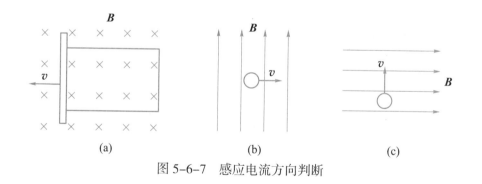

(a)   (b)   (c)

图 5-6-7　感应电流方向判断

5.7 　电感与电感器

观察与思考

做图 5-7-1 所示的实验。HL_1 和 HL_2 是两个完全相同的指示灯,L 是一个电感较大的线圈,调节 R_p,使它的阻值等于线圈的电阻。将开关 S 闭合的瞬间,发现与变

仿真实训
自感现象仿
真实验

阻器串联的指示灯 HL_2 立刻正常发光,而与电感线圈 L 串联的指示灯 HL_1 却是逐渐变亮起来的。你知道为什么会出现这种现象吗？出现这种现象与电感线圈 L 有关系吗？

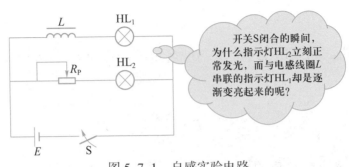

图 5-7-1　自感实验电路

在接通电路的瞬间,电路中的电流增大,通过线圈本身的电流也增大,即通过线圈本身的电流发生了变化,线圈发生了自感现象,在线圈中产生了感应电动势(称为自感电动势),这个感应电动势阻碍线圈中电流的增大,所以,通过 HL_1 的电流只能逐渐增大,HL_1 也只能逐渐亮起来。本节将学习自感现象,电感线圈与自感现象的关系,常见电感器的外形、参数等及其相关知识。

1. 自感现象

教学动画
自感现象

从以上实验可以看出,当线圈中的电流发生变化时,线圈本身就产生感应电动势,这个电动势总是阻碍线圈中电流的变化。这种由于线圈本身的电流变化而产生的电磁感应现象,称为自感现象。在自感现象中产生的电动势,称为自感电动势;产生的电流,称为自感电流。

2. 自感系数与电感

当电流通过线圈时,线圈中有自感磁通穿过。设穿过每一匝线圈的自感磁通为 Φ_L,则当电流通过匝数为 N 的线圈时,穿过 N 匝线圈的总磁通(也称磁链)

$$\Psi_L = N\Phi_L$$

当同一电流 I 通过结构不同的线圈时,所产生的自感磁链 Ψ_L 各不相同。为了表明各个线圈产生自感磁链的能力,将线圈的自感磁链 Ψ_L 与电流 I 的比值称为线圈的自感系数(或称自感量),简称电感,用字母 L 表示,即

$$L = \frac{\Psi_L}{I}$$

L 表示一个线圈通过单位电流所产生的磁链。

电感的单位是 H(单位名称为亨[利])。常用单位还有 mH(毫亨)、μH(微亨)。

$$1\,H = 10^3\,mH = 10^6\,\mu H$$

3. 常见电感器

电感器是用绝缘导线绕成一匝或多匝线圈以产生一定自感量的电子元件,常称为电感线圈,简称线圈。电感器是电子电路中常用的元器件之一,主要作用是对交流信号进行隔离、滤

波或与电容器、电阻器等组成谐振电路,实现振荡、调谐、耦合、滤波、延迟、偏转等功能。

(1) 电感器外形。在电子技术和电力工程中,常遇到由导线绕制而成的线圈,如收音机中的高频扼流圈、荧光灯电路的镇流器,这些线圈统称电感线圈,也称电感器。常见电感器外形如图 5-7-2 所示。

图 5-7-2　常见电感器外形

电感线圈可以分为空心电感线圈和铁心电感线圈两大类。

① 空心电感线圈。绕在非铁磁材料做成的骨架上的线圈,称为空心电感线圈,常见的空心电感线圈如图 5-7-3 所示。

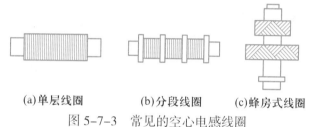

(a)单层线圈　　　(b)分段线圈　　　(c)蜂房式线圈

图 5-7-3　常见的空心电感线圈

空心线圈的附近只要不存在铁磁材料,其电感是一个常量,该常量与电流的大小无关,只由线圈本身的性质决定,即只决定于线圈截面积的大小、几何形状与匝数的多少。线圈截面积越大,长度越短,匝数越多,则其电感越大;反之,电感越小,这种电感为线性电感。

② 铁心电感线圈。在空心电感线圈内放置铁磁材料制成的铁心,称为铁心电感线圈。常见的铁心电感线圈如图 5-7-4 所示。

(a)扼流线圈　　　(b)铁氧体电感线圈　　　(c)电感镇流器

图 5-7-4　常见的铁心电感线圈

铁心电感线圈的电感不是一个常数,其电感的大小会随电流的变化而变化,这种电感称为非线性电感。有时为了增大电感,常在线圈中放置铁心或磁心,例如,收音机中的中周(中频变压器)就是通过在线圈中放置磁心来获得较大的电感的。

小提示

在电路图中,常见电感线圈的表示方法如图 5-7-5 所示。

(a) 空心电感线圈   (b) 铁心电感线圈   (c) 实际电感线圈

图 5-7-5 常见电感线圈的表示方法

(2) 电感器参数。电感器有两个重要参数,一个是电感量,另一个是额定电流。

① 电感量。电感量一般标注在电感器的外壳上,简称为电感,通常采用直标法或色标法,单位为 μH(微亨)。实际的电感线圈常用导线绕制而成,因此,除具有电感外还具有电阻。由于电感线圈的电阻很小,常可忽略不计,它就成为一种只有电感而没有电阻的理想线圈,即纯电感线圈,简称电感。这样,"电感"具有双重的意思,它既是电路中的一个元件,又是电路中的一个参数。

② 额定电流。额定电流是电感器的另一个重要参数。额定电流是指电感器在正常工作时所允许通过的最大电流,常以字母 A、B、C、D、E 来代表,标称电流分别为 50 mA、150 mA、300 mA、700 mA、1 600 mA。使用中,电感器的实际工作电流必须小于额定电流,否则电感线圈将会严重发热甚至烧毁。

仿真实训
电感量识读
仿真练习

小提示

电感器的数码表示法如图 5-7-6 所示,图 5-7-6(a) 所示电感器外壳上标有"472 D"字样,表示其电感量为 47×10^2 μH=4 700 μH(4.7 mH),最大工作电流为 D 挡(700 mA)。图 5-7-6(b) 所示电感器外壳上标有"223 D"字样,表示其电感量为 22×10^3 μH=22 000 μH(22 mH),最大工作电流为 D 挡(700 mA)。

(a)   (b)

图 5-7-6 电感器的数码表示法

4. 电感器的检测

可以用数字式万用表的电阻挡测量电感线圈两端的阻值,如图 5-7-7 所示。一般高频电感器的阻值在零点几欧到几欧之间;低频电感器的阻值在几百欧至几千欧之间;中频电感器的阻值在几欧到几十欧之间。测量值与其技术标准所规定的数值相比较:若阻值比规定的阻值小得多,则说明线圈存在局部短路或严重短路情况;若阻值很大,则表示线圈存在断路情况。

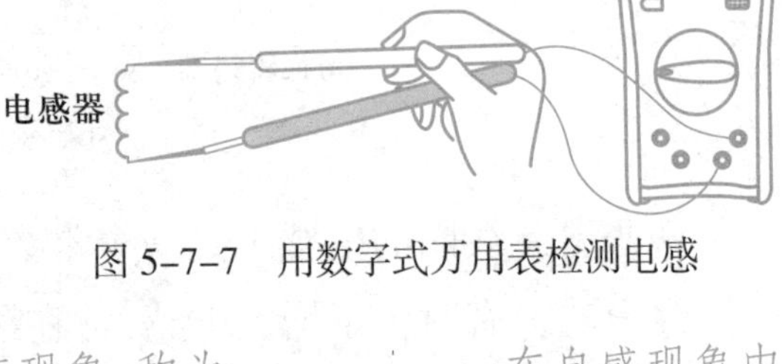

电感器

思考与练习

图 5-7-7 用数字式万用表检测电感

1. 由于线圈本身的_____而产生的电磁感应现象,称为_____。在自感现象中产生的电动势,称为_____。

2. 为了增大电感,常在线圈中放置_____或_____来获得较大的电感。

*5.8 互感及其应用

观察与思考

教学动画
互感现象

做图 5-8-1 所示的实验。线圈 A 和滑动变阻器 R_P、开关 S 串联起来以后接到电源 E 的两端。线圈 B 的两端分别和检流计的两个接线柱连接。当开关 S 闭合或断开的瞬间,检流计的指针发生偏转,并且指针偏转的方向相反。这说明当开关 S 闭合或断开的瞬间,线圈 B 回路中有电流,并且电流方向相反。但观察发现,线圈 B 回路中根本没有接电源,那为什么会有电流呢?你能解释这种现象吗?

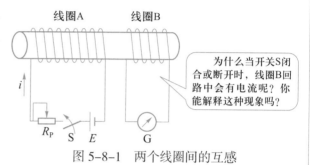

为什么当开关S闭合或断开时,线圈B回路中会有电流呢?你能解释这种现象吗?

图 5-8-1 两个线圈间的互感

当开关 S 闭合或断开瞬间,线圈 A 中的电流发生变化,电流产生的磁场也要发生变化,通过线圈的磁通也要随之变化,其中必然有一部分磁通通过线圈 B,这部分磁通称为互感磁通。互感磁通同样随着线圈 A 中电流的变化而变化,因此,线圈 B 中产生了感应电动势(称为互感电动势)。由于线圈 B 与检流计之间组成了一个闭合回路,线圈 B 中就有感应电流通过,所以检流计指针发生偏转。本节将学习互感及其在工程技术中的应用等相关知识。

1. 互感现象

从上面的实验可知,当线圈 A 中的电流发生变化时,线圈 B 中产生了感应电动势。由于一个线圈的电流变化,导致另一个线圈产生感应电动势的现象,称为互感现象。在互感现象中产生的感应电动势,称为互感电动势,用 e_M 表示。

假设两个靠得很近的线圈中,第一个线圈的电流发生了变化,将在第二个线圈中产生互感电动势。理论和实验证明:第二个线圈中产生的互感电动势的大小不仅与第一个线圈中电流的变化率大小有关,而且还与两个线圈的互感系数 M 有关,用公式表示为

$$e_M = M \frac{\Delta i}{\Delta t}$$

式中:M——两个线圈的互感系数,单位是 H(亨);

$\dfrac{\Delta i}{\Delta t}$——第一个线圈中电流的变化率,单位是 A/s。

2. 互感系数

互感系数 M 由两个线圈的几何形状、尺寸、匝数、它们之间的相对位置以及介质的磁导率

决定,与线圈中电流的大小无关。只有当介质为铁磁材料时,互感系数才与电流有关。

3. 互感的应用

互感现象在电力工程和电子技术中有着广泛的应用。应用互感可以很方便地把能量或信号由一个线圈传递到另一个线圈。人们使用的电源变压器、电流互感器、电压互感器、中周变压器、钳形电流表等都是根据互感原理工作的。

互感有时也会带来危害。例如,有线电话常会由于两路电话间的互感而引起串音。在无线电技术中,若线圈位置安放不当,线圈间会因互感而相互干扰,影响设备的正常工作。为此,常把相邻的两个线圈互相垂直放置或将几个线圈加大距离。在高频电路中,常用软磁材料制成屏蔽罩。

*5.9　互感线圈的同名端及实验判定

观察与思考

如图 5-9-1 所示,线圈 1 与线圈 2 是两个互感线圈,线圈 1 与线圈 2 绕向一致,当线圈 1 中的电流变化时,线圈 1 中会产生自感电动势,线圈 2 中会产生互感电动势。若已知线圈 1 中自感电动势的极性,就可以根据两个线圈的绕向判断出线圈 2 中互感电动势的极性。你知道这是为什么吗? 你会判断吗?

线圈 1 的 A 端与线圈 2 的 C 端是同名端,线圈 1 的 B 端与线圈 2 的 D 端也是同名端。如果是同名端,互感线圈由电流变化所产生的自感电动势与互感电动势的极性始终保持一致,因此,线圈 1 中的 A 端与线圈 2 中的 C 端、线圈 1 中的 B 端与线圈 2 中的 D 端极性始终保持一致。本节将学习同名端及其相关知识。

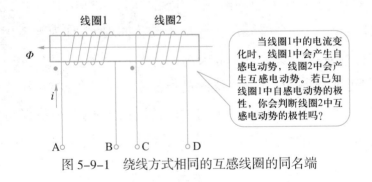

图 5-9-1　绕线方式相同的互感线圈的同名端

1. 互感线圈的同名端

(1) 分析一:如图 5-9-1 所示。

① 当线圈 1 中的电流 i 增加时,线圈 1 中产生自感电动势,线圈 2 中产生互感电动势,自感、互感电动势总是阻碍原电流的变化,因此,自感、互感电动势产生的磁通与原磁通 Φ 方向

相反,应用右手螺旋定则可知,线圈 1 中自感电动势的极性 A 端为正、B 端为负,线圈 2 中互感电动势的极性 C 端为正、D 端为负,即 A 与 C、B 与 D 的极性相同。

② 当线圈 1 中的电流 i 减小时,同样,线圈 1 中产生自感电动势,线圈 2 中产生互感电动势,自感、互感电动势总是阻碍原电流的变化,因此,自感、互感电动势产生的磁通与原磁通 Φ 方向相同,应用右手螺旋定则可知,线圈 1 中自感电动势的极性 B 端为正,A 端为负,线圈 2 中互感电动势的极性 D 端为正,C 端为负,即 A 与 C、B 与 D 的极性仍相同。

(2) 分析二:如图 5-9-2 所示。

① 当线圈 1 中的电流 i 增大时,自感、互感电动势产生的磁通与原磁通 Φ 方向相反,应用右手螺旋定则可知,线圈 1 中自感电动势的极性 A 端为正、B 端为负,线圈 2 中互感电动势的极性 D 端为正、C 端为负,即 A 与 D、B 与 C 的极性相同。

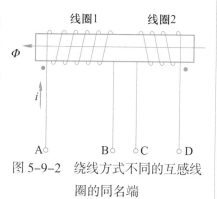

图 5-9-2　绕线方式不同的互感线圈的同名端

② 当线圈 1 中的电流 i 减小时,自感、互感电动势产生的磁通与原磁通 Φ 方向相同,应用右手螺旋定则可知,线圈 1 中自感电动势的极性 B 端为正、A 端为负,线圈 2 中互感电动势的极性 C 端为正、D 端为负,即 A 与 D、B 与 C 的极性相同。

把互感线圈由电流变化所产生的自感电动势与互感电动势的极性始终保持一致的端点,称为同名端,反之称为异名端。图 5-9-1 中所示的 A 与 C、B 与 D 是同名端,A 与 D、B 与 C 是异名端;图 5-9-2 中所示的 A 与 D、B 与 C 是同名端,A 与 C、B 与 D 是异名端。

2. 同名端的标注

为了工作方便,电路图中常用小圆点或小星号标出互感线圈的同名端,它反映出互感线圈的极性,也反映了互感线圈的绕向。

在电路图中,一般不画线圈的实际绕向,而是用规定的符号表示线圈,再标明它们的同名端,如图 5-9-3(b) 所示。

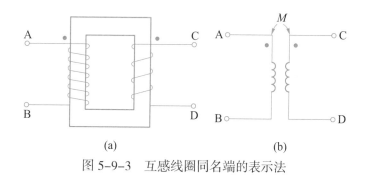

图 5-9-3　互感线圈同名端的表示法

3. 同名端的工程应用

两个或两个以上线圈彼此耦合时,常需要知道互感电动势的极性,往往需要标出其同名端。例如,电力变压器用规定好的字母标出一次、二次绕组间的极性关系。在电工电子技术中,互感线圈应用十分广泛,但是必须考虑线圈的极性,不能接错。例如,收音机的本机振荡电路,如果把互感线圈的极性接错,电路将不能起振,因此,需要标出其互感线圈间的同名端。

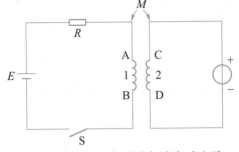

4. 互感线圈同名端的实验判定

当线圈的绕向无法确定时,可以应用实验的方法来判别两线圈的同名端。如图 5-9-4 所示,线圈 1 与电阻 R、开关 S 串联起来以后,接到直流电源 E 上。把线圈 2 的两端与直流电压表(或电流表)的两个接线柱连接,形成闭合回路。迅速

图 5-9-4　测定线圈同名端实验电路

闭合开关 S,电流从线圈 1 的 A 端流入,并且电流随时间的增加而增大。如果此时电压表的指针向正刻度方向偏转,则线圈 1 的 A 端与线圈 2 的 C 端是同名端。反之,A 与 C 为异名端。

*5.10　涡流和磁屏蔽

观察与思考

图 5-10-1 所示为三相变压器的内部结构,主要由三相绕组和铁心组成。仔细观察就可以看到,其铁心不是整块金属,而是由许多薄的硅钢片叠压而成。你知道这是为什么吗?

变压器铁心采用许多薄的硅钢片叠压而成,主要目的是减小涡流损耗。那么,什么是涡流? 涡流有哪些有利和不利的方

图 5-10-1　三相变压器的内部结构

面? 怎样减小涡流损耗? 本节将学习涡流、磁屏蔽及其相关知识。

1. 涡流

将导线绕在金属块上,当变化的电流(交流电)通过导线时,穿过金属块的磁通发生变化,金属块中会产生闭合旋涡状感应电流,这种感应电流称为涡流,如图 5-10-2 所示。

由于整块金属的电阻很小,所以涡流很大,这就不可避免地使铁心发热,温度升高,引起材料绝缘性能下降,甚至破坏绝缘造成事故。铁心发热,还使一部分电能转换成热能造成浪费,这种电能损失称为涡流损失。

在电机、变压器的铁心中,要想完全消除涡流是不可能的,但可以采取有效措施尽可能地减小涡流。为了减小涡流损失,电机和变压器的铁心通常由涂有绝缘漆的薄硅钢片叠压而成。这样涡流就被限制在狭窄的薄片之内,回路的电阻很大,涡流大为减弱,从而使涡流损失大幅

降低,如图 5-10-3 所示。

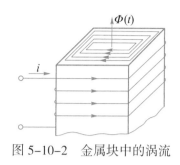

图 5-10-2 金属块中的涡流

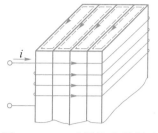

图 5-10-3 硅钢片中的涡流

职业相关知识

铁心采用硅钢片,是因为这种钢比普通钢的电阻率大,可以进一步减小涡流损失。硅钢片的涡流损失只是普通钢片的 1/5~1/4。

涡流在很多情况下是有害的,但在一些特殊的场合,它也可以被利用。在冶金工业上,利用涡流的热效应制成高频感应炉来冶炼金属。高频感应炉是在坩埚的外缘绕有线圈,并把线圈接到高频交变电压上,如图 5-10-4 所示。

2. 磁屏蔽

在电工电子技术中,如中周变压器等许多地方要利用互感。但是有些地方必须避免发生互感,防止出现干扰和自激。例如,仪器中的变压器或其他线圈产生的漏磁通,可能影响某些器件的正常工作,如破坏示波管或显像管中电子的聚焦。为此,必须将这些器件屏蔽起来,使其免受外磁场的影响,这种措施称为磁屏蔽。

图 5-10-4 高频感应炉

最常用的屏蔽措施就是利用铁磁材料制成屏蔽罩,将需要屏蔽的器件放在罩内。由于铁磁材料的磁导率比空气的磁导率大几千倍,因此屏蔽罩的磁阻比空气磁阻小很多,外磁场的磁通沿磁阻小的屏蔽罩通过,而进入屏蔽罩内的磁通很少,从而起到磁屏蔽的作用,如图 5-10-5 所示。为了更好地达到磁屏蔽的目的,常采用多层屏蔽罩屏蔽的办法,把漏进罩内的磁通一次一次地屏蔽掉。

对高频变化的磁场,常采用铜或铝等导电性能良好的金属制成屏蔽罩,交变的磁场在金属屏蔽罩上产生很大的涡流,利用涡流的去磁作用来达到磁屏蔽的目的。

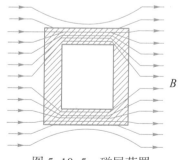

图 5-10-5 磁屏蔽罩

此外,在装配器件时,应将相邻两线圈相互垂直放置,这时线圈 1 所产生的磁通不穿过线圈 2,如图 5-10-6(a)所示;而线圈 2 所产生的磁通通过线圈 1 时,线圈 1 的上部和下部磁通方向相反,如图 5-10-6(b)所示,由此产生的互感电动势则刚好相互抵消,从而起到了消除互感的作用。

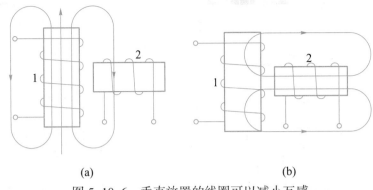

(a)   (b)

图 5-10-6   垂直放置的线圈可以减小互感

应知应会要点归纳

一、磁的基本概念

(1) 磁体。某些物体具有吸引铁、钴、镍等物质的性质称为磁性。具有磁性的物体称为磁体。

(2) 磁极。磁铁两端磁性最强的区域称为磁极。任何磁铁都有两个磁极。一个称为南极，用 S 表示；另一个称为北极，用 N 表示。

(3) 磁场与磁感线。利用磁感线可以形象地描绘磁场，即在磁场中画出一系列曲线，曲线上任意一点的切线方向就是该点的磁场方向。

二、电流的磁效应

(1) 载流导体周围存在着磁场。磁场方向可用右手螺旋定则判断：右手握住导线并把拇指伸开，用拇指指向电流方向，那么四指环绕的方向就是磁场方向。

(2) 通电螺线管周围也存在磁场。磁场方向也可用右手螺旋定则判断：用右手握住螺线管，让弯曲的四指所指方向与电流的方向一致，那么大拇指所指的方向就是通电螺线管内部磁感线的方向。

三、磁场的基本物理量

(1) 磁通。通过与磁场方向垂直的某一截面上的磁感线的总数，称为通过该截面的磁通量，简称磁通，用字母 Φ 表示。

(2) 磁感应强度。与磁场方向垂直截面的单位面积上的磁通，称为磁感应强度，也称磁通密度，用字母 B 表示。

磁感应强度与磁通的关系：$B = \dfrac{\Phi}{A}$。

(3) 磁导率。磁导率是一个用来表示介质导磁性能的物理量，用字母 μ 表示。任一物质

的磁导率 μ 与真空磁导率 μ_0 的比值称为相对磁导率,用 μ_r 表示。铁磁性物质的 μ_r 远远大于 1。

(4) 磁场强度。磁场中某点的磁场强度等于该点的磁感应强度与媒介质的磁导率 μ 的比值,用字母 H 表示。即 $H = \dfrac{B}{\mu}$。

四、磁场对通电直导体的作用

把通电直导体在磁场中所受的作用力称为电磁力,也称安培力。

(1) 电磁力方向。可用左手定则判断:伸出左手,让大拇指与四指在同一平面内,大拇指与四指垂直,让磁感线垂直穿过手心,四指指向电流方向,那么,大拇指所指的方向,就是磁场对通电导体的作用力方向。

(2) 电磁力大小。当导体和磁感线方向成 α 角度时,电磁力的大小为

$$F = BIl\sin\alpha$$

五、电磁感应

1. 电磁感应现象

当闭合电路中的一部分导体在磁场中进行切割磁感线运动时,电路中就有电流产生。另外,只要穿过闭合电路的磁通发生变化,闭合电路中就有电流产生。

以上这种利用磁场产生电流的现象称为电磁感应现象,产生的电流称为感应电流。

2. 感应电流的方向

(1) 右手定则。当闭合电路中的一部分导体进行切割磁感线运动时,感应电流的方向,可用右手定则来判定。右手定则:伸出右手,让大拇指与四指在同一平面,大拇指和四指垂直,让磁感线垂直穿过手心,大拇指指向导体运动方向,则四指所指的方向就是感应电流的方向。

(2) 楞次定律。只要穿过闭合电路的磁通发生变化,闭合电路中就有电流产生。感应电流的方向,总是要使感应电流的磁场阻碍引起感应电流的磁通的变化,这就是楞次定律,它是判断感应电流方向的普遍规律。

3. 电磁感应定律

在电磁感应现象中产生的电动势称为感应电动势。产生感应电动势的那段导体,如切割磁感线的导体和磁通变化的线圈,就相当于电源,感应电动势的方向和感应电流的方向相同。

六、电感与电感器

(1) 自感现象。由于线圈本身的电流变化而产生的电磁感应现象,称为自感现象。在自感现象中产生的电动势,称为自感电动势。

(2) 自感系数与电感。空心线圈的电感是一个常数,电感的大小决定于线圈的尺寸、几何形状、匝数和介质的磁导率等,与通电电流的大小无关。铁心线圈的电感是非线性的。

(3) 电感器有两个主要参数:电感与额定电流。

(4) 电感器的直流电阻可通过万用表的电阻挡进行检测。

七、互感

(1) 互感现象。由于一个线圈的电流变化,导致另一个线圈产生感应电动势的现象,称为互感现象。在互感现象中产生的感应电动势,称为互感电动势。

(2) 互感系数 M 由两个线圈的几何形状、尺寸、匝数、它们之间的相对位置以及介质的磁导率决定,与线圈中电流的大小无关。

八、同名端

两个磁耦合线圈中当电流变化所产生的自感电动势与互感电动势的极性始终保持一致的端点,称为同名端,反之称为异名端。如果不知道线圈绕向,则可应用实验的方法测定出同名端。

复习与考工模拟

一、是非题

1. 磁感线总是始于磁体的 N 极,终止于磁体的 S 极。   (   )
2. 当通过线圈的电流发生变化时,线圈中就会产生自感电动势。   (   )
3. 有电流必有磁场,有磁场必有电流。   (   )
4. 通电直导体周围存在着磁场,磁场方向可用右手螺旋定则来判断。   (   )
5. 磁导率大的物质,其导磁性能好。   (   )
6. 为减小磁滞和涡流损耗,变压器的铁心通常由涂有绝缘漆的薄硅钢片叠压而成。(   )
7. 硬磁材料的特点是磁导率很大,很容易被磁化,磁化后不易退磁。   (   )
8. 通电直导体放在磁场中会受到电磁力的作用,电磁力的方向可用右手定则来判定。
                                                                        (   )
9. 闭合回路中的部分导体在磁场中进行切割磁感线运动时,回路中会产生感应电流,感应电流的方向可用右手定则判定。   (   )
10. 通常用万用表的电阻挡测量电感器的直流电阻。   (   )

二、选择题

1. 磁感线上任一点的(   )方向与该点的磁场方向一致。

    A. 曲线   B. 切线   C. 直线   D. S 极

2. 题图 5-1 所示电路中,小磁针的 N 极将(   )。

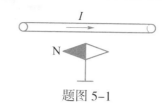

题图 5-1

    A. 向外偏转   B. 向里偏转   C. 不偏转   D. 偏转方向不定

3. 制造防磁手表的表壳应采用( )。

    A. 顺磁材料   B. 反磁材料   C. 铁磁材料   D. 以上都可以

4. 通电线圈插入铁心后,它的磁场将( )。

    A. 增强   B. 减弱   C. 不变   D. 不确定

5. 通电导体在磁场中所受电磁力的方向可用( )判定。

    A. 右手定则   B. 右手螺旋定则   C. 左手定则   D. 楞次定律

6. 载流导体在磁场中所受电磁力最大时,它和磁感线的夹角是( )。

    A. 0°   B. 45°   C. 90°   D. 120°

7. 当一段导体进行切割磁感线运动时,下面说法正确的是( )。

    A. 一定有感应电流   B. 有感应磁场

    C. 会产生感应电动势   D. 有感应磁场阻碍导线运动

8. 铁、钴、镍及其合金的相对磁导率( )。

    A. 略小于 1   B. 略大于 1   C. 等于 1   D. 远大于 1

9. 空心线圈中的自感系数与( )无关。

    A. 线圈的尺寸   B. 线圈的几何形状

    C. 线圈的匝数   D. 流过线圈的电流

10. 下面说法正确的是( )。

    A. 两个互感线圈的同名端与线圈中的电流大小有关

    B. 两个互感线圈的同名端与线圈中的电流方向有关

    C. 两个互感线圈的同名端与线圈中的电流绕向有关

    D. 两个互感线圈的同名端与线圈中的电流绕向无关

三、分析与计算题

1. 试判断题图 5-2 所示通电导体或螺线管周围的磁场。

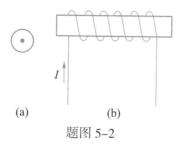

(a)   (b)

题图 5-2

2. 已知匀强磁场的磁感应强度 $B = 0.8$ T,磁感线垂直穿过铁心,铁心的横截面积为 20 cm^2,求通过铁心横截面的磁通。

3. 在匀强磁场中,把长度为 20 cm 的导体与磁场方向成垂直放置,流过导体的电流为 5 A,导体受到的电磁力为 0.01 N,求这一匀强磁场的磁感应强度。

*4. 有一个无标记的变压器,请你用实验的方法判断出变压器的同名端,画出原理图并说明理由。

四、实践与应用题

1. 小明有一把带磁性的螺丝刀,使用一段时间后,发现磁性明显减弱。(1) 请分析螺丝刀磁性减弱的原因;(2) 怎样能使螺丝刀恢复先前的磁性。

2. 在进行电子产品设计时,通常会将两个相邻的线圈相互垂直放置,你知道这是为什么吗?

3. 举例说明磁场在生活中的应用。

6

正弦交流电

在现代工农业生产和日常生活中,除必须用直流电的少数情况外,广泛使用交流电,如工厂中的动力设备电路、家庭中的照明电路等都使用正弦交流电路。与直流电相比,交流电有许多优点:交流电可以用变压器改变电压,便于输送、分配和使用;因为交流电动机结构简单、成本低、使用维护方便,所以大多数设备使用交流电动机提供动力。那么,交流电与直流电相比有哪些特点?交流电的表示方法与直流电有什么不同?如何观察和测量交流电?

本单元将学习交流电的基本概念、表示方法和基本的测量、观察方法。

 职业岗位群应知应会目标

—— 熟悉电工实验实训室工频电源的配置,并会用万用表测量其大小。

—— 了解函数信号发生器、钳形电流表、毫伏表、试电笔等仪器仪表,并会正确使用。

—— 掌握用示波器观测正弦交流电压的幅值与周期的方法,并能正确读数。

—— 理解正弦量解析式、波形图的表现形式及其对应关系,掌握正弦交流电的三要素。

—— 理解有效值和最大值的概念,掌握它们之间的关系;理解频率、角频率和周期的概念,掌握它们之间的关系;理解相位、初相和相位差的概念,掌握它们之间的关系。

—— 理解正弦量的旋转矢量表示法,了解正弦量解析式、波形图、矢量图的相互转换。

6.1　正弦交流电的基本概念

实训项目七　正弦交流电的识别、测量与测试

实训目的

● 熟悉电工实验实训室工频电源的配置。

● 会用万用表测量交流电压。

● 了解试电笔的构造,学会使用试电笔。

● 了解函数信号发生器、钳形电流表等仪器仪表。

任务一   正弦交流电的识别

1. 正弦交流电符号与大小的识别

正弦交流电一般用字母"AC"或符号"~"表示,其大小通常用有效值表示。图6-1-1所示为电工实验实训台部分交流电输出,其中,"AC 220 V 输出"表示该插座中能输出有效值为220 V 的正弦交流电压;"AC 3~24 V"表示能输出有效值为3 V、6 V、9 V、12 V、15 V、18 V、24 V 低压多挡正弦交流电压。

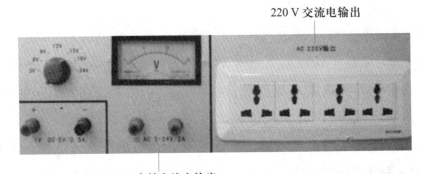

图 6-1-1   电工实验实训台部分交流电输出

2. 了解电工实验实训室工频电源的配置

① 电工实验实训室中有三相交流电输出吗?   "AC"或"~",380 V,50 Hz。

② 电工实验实训室中有单相交流电输出吗?   "AC"或"~",220 V,50 Hz。

③ 电工实验实训室中有可调的交流电输出吗?   "AC"或"~",3 V、6 V、9 V、12 V、15 V、18 V、24 V 等,50 Hz。

请把自己所在学校电工实验实训室中的工频电源配置情况填入表6-1-1中。

表 6-1-1   电工实验实训室中的工频电源配置情况

序号	输出电压性质(单相、三相或可调)	输出电压大小 /V	备注
1			
2			
3			
4			

小提示

正弦交流电的波形可通过示波器进行观察。示波器是一种能观察各种电信号波形并可测量其电压、频率等的电子测量仪器,用示波器观察到的正弦交流电波形如图6-1-2所示。

图 6-1-2　用示波器观察到的正弦交流电波形

任务二　正弦交流电的测量

1. 正弦交流电压的测量

（1）测量方法。测量交流电压一般用交流电压表,工程上,通常用万用表的交流电压挡进行测量。测量之前应先选择合适的挡位与量程,建议先把挡位与量程选择开关置于交流 500 V 处,然后根据被测值的大小逐渐减小,直到合适为止。图 6-1-3 所示为用万用表测量 220 V 交流电压时的操作示意图。

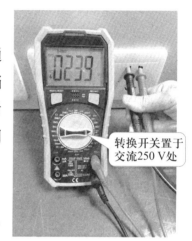

转换开关置于交流250 V处

图 6-1-3　用万用表测量 220 V 交流电压时的操作示意图

（2）测量内容。

① 测量三相交流电源中的线电压,即两根相线之间的电压,一般为 380 V 左右。

② 测量单相交流电源中的相电压,即相线与中性线之间的电压,一般为 220 V 左右。

③ 测量可调交流电源中的部分输出电压值。

把测量结果填入表 6-1-2 中。

表 6-1-2　测量交流电压技训表

序号	交流输出电压	测量结果
1	线电压:380 V	
2	相电压:220 V	
3	交流可调电压:3 V、6 V、9 V、12 V、15 V、18 V、24 V	

小提示

使用万用表测交流输出电压时,在测量过程中,红、黑表笔不需要考虑正、负极性。

2. 交流电流的测量

（1）测量方法。测量交流电流一般用交流电流表。实际使用中,通常用万用表的交流电流挡进行测量。测量方法同直流电流的测量,只是不需考虑红、黑表笔的正、负极性。

职业相关知识

工程上通常使用**钳形电流表**来测量线路中的交流电流。钳形电流表是一种测量交流电流的专用仪表,其最大特点是,可在不断开线路的情况下测量线路中的交流电流,其外形如图6-1-4所示,测量交流电流方法如图6-1-5所示。

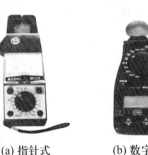

(a) 指针式   (b) 数字式

图6-1-4　钳形电流表外形

图6-1-5　钳形电流表
测量交流电流方法

(2) 测量内容

可根据学校实验实训室的实际情况,在教师的指导下有选择地使用万用表或钳形电流表测一测相应的交流电流。

任务三　交流电的测试

测试交流电通常用试电笔。

1. 试电笔的作用与构造

试电笔又称电笔、验电笔,是一种测试导线、开关、插座等电器是否带电的工具。试电笔由氖泡、电阻、弹簧、笔身和笔尖等组成,其外形与结构如图6-1-6所示。

2. 试电笔的操作

(1) 操作方法。使用试电笔时,必须按照图6-1-7所示方法操作,用手指触及笔尾的金属体,使氖管小窗背光向自己。使用时不能用手接触前面的金属部分。

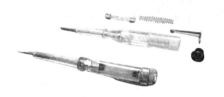

图6-1-6　试电笔外形与结构

图6-1-7　试电笔使用方法

当用试电笔测带电体时,电流经带电体、试电笔、人体、地形成回路,只要带电体与大地之间的电压超过60 V,试电笔中的氖管就发光。低压试电笔测试范围为60~500 V。

(2) 测量内容。用试电笔测试220 V交流电插座的相线与中性线,并把测试过程与现象填入表6-1-3中。

表 6-1-3 用试电笔测试 220 V 交流电插座相线与中性线的过程与现象

测试过程	
测试现象	

任务四　实训小结

（1）将"正弦交流电的识别、测量与测试"的操作方法与步骤、收获与体会及实训评价填入"实训小结表"（见附录 2）。

（2）将实训过程评价填入"实训过程评价表"（见附录 1）中的相应位置。

观察与思考

图 6-1-8（a）所示为用示波器观察到的直流电波形，图 6-1-8（b）所示为用示波器观察到的正弦交流电波形，你能说说什么是正弦交流电吗？ 正弦交流电与直流电相比有什么特点？

教学视频
认识正弦交流电

由图 6-1-8 可知，直流电的大小和方向均不随时间变化，用示波器观察到的波形是一条直线。而正弦交流电的大小和方向都在随时间进行周期性变化，并且是按正弦规律变化的。

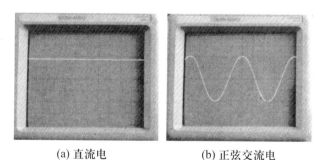

(a) 直流电　　　　　(b) 正弦交流电
图 6-1-8　用示波器观察到的直流电与正弦交流电波形

1. 正弦交流电

在交流电路中，电压、电流的大小和方向随时间进行周期性变化，这样的电压、电流分别称为交变电压、交变电流，统称交流电。大小和方向都随时间按正弦规律进行周期性变化的交流电称为正弦交流电，如图 6-1-9（c）所示。大小和方向随时间不按正弦规律变化的，称为非正弦交流电，常见的有矩形波、三角波等，如图 6-1-9（a）（b）所示。

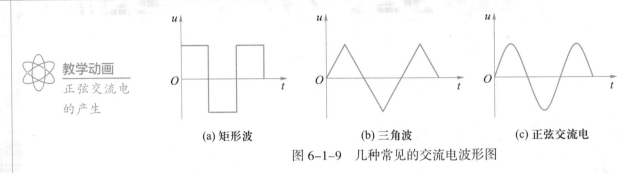

(a) 矩形波　　　　　(b) 三角波　　　　　(c) 正弦交流电

图 6-1-9　几种常见的交流电波形图

教学动画
正弦交流电
的产生

2. 瞬时值与波形图

交流电的电压或电流在变化过程的任一瞬间,都有确定的大小和方向,称为**交流电的瞬时值**,分别用小写字母 u、i 来表示。在直角坐标系中,用横坐标表示时间 t,纵坐标表示交流电的瞬时值,把某一时刻 t 和与之对应的 u 或 i 作为平面直角坐标系中的点,用光滑的曲线把这些点连接起来,就得到交流电 u 或 i 随时间变化的曲线,即**波形图**。通过波形图可以直观地了解电压或电流随时间变化的规律。

另外,在交流电路中,随时间变化的量用小写字母表示,如随时间变化的电压、电流、电动势和功率的瞬时值,分别用 u、i、e、p 表示;不随时间变化的量用大写字母表示,如电压、电流、电动势的有效值和有功功率,分别用大写字母 U、I、E、P 表示。

思考与练习

1. _____ 和 _____ 都随时间按 _____ 进行周期性变化的交流电称为正弦交流电。

2. 交流电在变化过程的任一瞬间,都有确定的大小和方向,称为交流电的 _____ 值,通常用 _____ 表示。

6.2　正弦交流电的基本物理量与测量

观察与思考

图 6-2-1 所示为正弦交流电压波形图,从图中可知,正弦交流电压的大小和方向随时间按正弦规律变化,特别是其电压大小每时每刻都在变,可见,交流电要比直流电复杂得多。要完整地描述交流电,需要从交流电的变化范围、变化快慢和变化的起点三方面来进行。本节将学习表征交流电的基本物理量及其相关知识与测量方法。

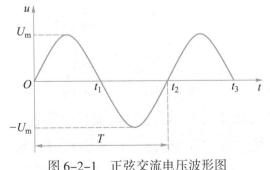

图 6-2-1　正弦交流电压波形图

6.2.1 最大值和有效值

教学视频

*正弦交流电
的最大值和
有效值*

1. 最大值

正弦交流电在一个周期内所能达到的最大数值,称为交流电的最大值,又称振幅、幅值或峰值,通常用带下标 m 的大写字母表示。如用 I_m、U_m、E_m 分别表示电流、电压、电动势的最大值。最大值可以用来表示正弦交流电变化的范围。

最大值在实际应用中有重要意义。例如,在讨论电容器的耐压时,若电容器是应用在正弦交流电路中,其耐压就一定要高于交流电压的最大值,否则电容器可能被击穿。但在研究交流电的功率时,用最大值表示不够方便,它不适于表示交流电产生的效果。因此,在实际工作中通常用有效值来表示交流电的大小。

2. 有效值

交流电的有效值是根据电流的热效应来规定的。将交流电和直流电分别通过同样阻值的电阻,如果它们在同一时间内产生的热量相等,就把这一直流电的数值称为这一交流电的有效值,分别用 I、U、E 来表示电流、电压、电动势的有效值。例如,在同一时间内,某一交流电通过一段电阻产生的热量,与 2 A 的直流电通过阻值相同的另一电阻产生的热量相等,那么,这一交流电流的有效值就是 2 A,如图 6-2-2 所示。

理论和实验均证明,正弦交流电最大值与有效值之间的关系为

$$有效值 = \frac{1}{\sqrt{2}}最大值$$

图 6-2-2　交流电的有效值

即

$$I = \frac{1}{\sqrt{2}}I_m \approx 0.707I_m$$

$$U = \frac{1}{\sqrt{2}}U_m \approx 0.707U_m$$

$$E = \frac{1}{\sqrt{2}}E_m \approx 0.707E_m$$

最大值和有效值从不同角度反映交流电的强弱。通常所说的交流电流、电压、电动势的值,如果不特殊说明,都是指有效值。

职业相关知识

各种使用交流电的电气设备上所标的额定电压和额定电流的数值指的都是有效值;一般的交流电流表和交流电压表测量的数值,也都是指有效值。例如,通常说照明电路的电压是 220 V,便指的是有效值。

使用钳形电流表测量交流电流的操作过程

【例 6-2-1】

我国动力用电和照明用电的电压分别为 380 V、220 V,它们的最大值分别是多少?

解:动力用电的最大值为:$\sqrt{2} \times 380$ V $\approx 1.414 \times 380$ V ≈ 537 V

照明用电的最大值为:$\sqrt{2} \times 220$ V $\approx 1.414 \times 220$ V ≈ 311 V

3. 交流电大小的测量

(1) 交流电压大小的测量。对于数值相对较大的交流电,其电压有效值的大小可以通过交流电压表或万用表的交流电压挡进行测量;对于数值相对较小的交流信号,其信号电压有效值的大小可通过交流毫伏表进行测量。另外,也可通过示波器观察交流电或交流信号的波形图,从波形图中计算其峰–峰值、最大值,然后再计算出有效值。

(2) 交流电流大小的测量。对于数值相对较大的交流电,其电流有效值的大小可以通过钳形电流表进行测量,钳形电流表测量的好处是可在不断开线路的情况下进行。一般的测量也可通过交流电流表或万用表的交流电流挡进行。

教学视频
正弦交流电
的周期、频率
和角频率

6.2.2 周期、频率和角频率

1. 周期

正弦交流电完成一次周期性变化所需要的时间,称为正弦交流电的**周期**,通常用字母 T 表示,单位是 s(秒)。如图 6-2-1 所示,从 0 时刻起到 t_2 时刻止,正弦交流电完整地变化了一周。

2. 频率

正弦交流电在 1 s 内完成周期性变化的次数,称为正弦交流电的**频率**,通常用 f 表示,单位是 Hz(单位名称为赫[兹])。频率的常用单位还有 kHz(千赫)和 MHz(兆赫)。

$$1 \text{ kHz} = 10^3 \text{ Hz}, 1 \text{ MHz} = 10^6 \text{ Hz}$$

根据定义,周期与频率的关系是

$$T = \frac{1}{f} \text{ 或 } f = \frac{1}{T}$$

周期和频率都是用来表示正弦交流电变化快慢的物理量。

3. 角频率

正弦交流电变化的快慢,除了用周期和频率表示外,还可以用角频率表示。通常正弦交流电变化一周可用 2π 弧度或 $360°$ 来计量。把正弦交流电 1 s 内所变化的角度(电角度)称为正弦交流电的角频率,用 ω 表示,单位是 rad/s(弧度 / 秒)。

因为交流电变化一周所需的时间是 T,所以角频率与周期、频率的关系是

$$\omega = \frac{2\pi}{T} = 2\pi f$$

职业相关知识

我国供电系统中,交流电的频率是 50 Hz,习惯上称为"工频",周期为 0.02 s。世界上多数国家的交流电频率都是 50 Hz,如欧盟各国;但也有不少国家,如美国、加拿大、日本,交流电的频率为 60 Hz。

【例 6-2-2】

已知一正弦交流电信号的频率 f 为 100 Hz,请问此信号的周期为多少? 角频率又为多少?

解:$T = \dfrac{1}{f} = \dfrac{1}{100}$ s $= 0.01$ s

$\omega = \dfrac{2\pi}{T} = 2\pi f \approx 2 \times 3.14 \times 100$ rad / s $= 628$ rad / s

4. 频率的测量

测量交流电的频率一般用频率计。也可通过示波器观察交流电的波形图,从波形图中读出周期,然后再计算出频率。

说明:正弦交流电随时间变化越快,频率越高,周期越短,角频率越大,在相同时间内观察到的波形就越窄。

6.2.3 相位、初相和相位差

教学视频

正弦交流电
的相位、初相
和相位差

1. 相位

以电压为例,正弦交流电的瞬时值表达式可写为

$$u = U_m \sin(\omega t + \varphi_0)$$

从交流电瞬时值表达式可以看出,交流电瞬时值何时为零,何时最大,不是简单地由时间 t 来确定,而是由 $\omega t + \varphi_0$ 来确定。这个相当于角度的量 $\omega t + \varphi_0$ 对于确定交流电的大小和方向起着重要作用,称为正弦交流电的相位。相位的单位同电角度的单位一样,为"rad(弧度)"或"°(度)",但在计算时需将 ωt 和 φ_0 换成相同的单位。

2. 初相

$t=0$ 时的相位, 称为初相位, 简称初相, 用字母 φ_0 表示。初相反映的是正弦交流电起始时刻的状态, 如图 6-2-3 所示, 正弦交流电 u_1 的初相为 0, 正弦交流电 u_2 的初相为 φ_0。规定初相 φ_0 的变化范围一般为 $-\pi < \varphi_0 \leqslant \pi$, 即 $-180° < \varphi_0 \leqslant 180°$。初相的单位与相位的单位一样, 为 "rad(弧度)" 或 "°（度)"。

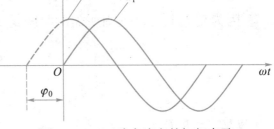

图 6-2-3　正弦交流电的初相表示

3. 相位差

两个同频率的正弦交流电的相位之差称为正弦交流电的相位差, 用 $\Delta\varphi$ 表示。即

$$\Delta\varphi = (\omega t + \varphi_{01}) - (\omega t + \varphi_{02}) = \varphi_{01} - \varphi_{02}$$

可见, 两个同频率的交流电的相位差等于它们的初相之差。这个相位差是恒定的, 与时间无关, 表明了两个交流电在时间上超前或滞后的关系, 即相位关系。在实际应用中, 规定相位差的范围一般为 $-\pi < \Delta\varphi \leqslant \pi$。

如图 6-2-3 所示, 交流电 u_1 的初相为 0, u_2 的初相为 φ_0, 则交流电 u_1 与 u_2 之间的相位差 $\Delta\varphi = \varphi_{01} - \varphi_{02} = 0 - \varphi_0 = -\varphi_0$。

如果 $\Delta\varphi = \varphi_{01} - \varphi_{02} > 0$, 称为 u_1 超前 u_2, 或者说 u_2 滞后 u_1; 如果 $\Delta\varphi = \varphi_{01} - \varphi_{02} < 0$, 称为 u_2 超前 u_1, 或者说 u_1 滞后 u_2。图 6-2-3 所示为 u_1 滞后 u_2, 或者说 u_2 超前 u_1。

① 当 $\Delta\varphi = 0$ 时, 称为两个交流电同相, 即两个同频率交流电的相位相同, 如图 6-2-4(a) 所示。

② 当 $\Delta\varphi = \pi$ 时, 称为两个交流电反相, 即两个同频率交流电的相位相反, 如图 6-2-4(b) 所示。

③ 当 $\Delta\varphi = \pi/2$ 时, 称为两个交流电正交, 即两个同频率交流电的相位相差 $\pi/2$, 如图 6-2-4(c) 所示。

教学视频
正弦交流电的基本物理量的测量

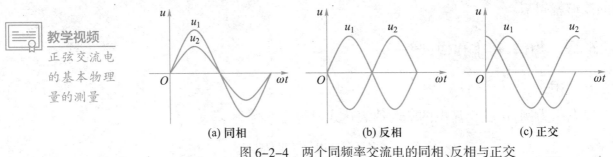

　　(a) 同相　　　　　　　　(b) 反相　　　　　　　(c) 正交

图 6-2-4　两个同频率交流电的同相、反相与正交

【例 6-2-3】

两个同频率的正弦交流电压 u_1 和 u_2, 已知 u_1 的初相为 $-30°$, u_2 的初相为 $60°$, 试比较交流电压 u_1 和 u_2 的相位关系。

解:u_1 与 u_2 的相位差

$$\Delta \varphi = \varphi_{01} - \varphi_{02} = -30° - 60° = -90° < 0$$

因此,交流电压 u_1 滞后 u_2 90°。

小提示

正弦交流电的**有效值**(或最大值)、**频率**(或周期、角频率)和**初相**称为正弦交流电的**三要素**。它们是表征正弦交流电的三个重要物理量。知道了这三个量,就可以写出交流电的解析式(即瞬时值表达式),从而知道正弦交流电的变化规律。

【例 6-2-4】

已知某正弦交流电的有效值为 220 V,频率为 50 Hz,初相为 30°。试写出该正弦交流电的瞬时值表达式。

解:正弦交流电压的瞬时值表达式为

$$u = U_m \sin(\omega t + \varphi_0) = \sqrt{2}\, U \sin(\omega t + \varphi_0)$$

则由已知条件可知,只要求出角频率 ω 即可。

$$\omega = 2\pi f \approx 2 \times 3.14 \times 50 \text{ rad/s} = 314 \text{ rad/s}$$

则瞬时值表达式为

$$u = \sqrt{2}\, U \sin(\omega t + \varphi_0) = 220\sqrt{2} \sin(314t + 30°)\text{ V}$$

思考与练习

1. 已知一正弦交流电流 $i = 10\sin(314t + 60°)$ A,则其最大值为_____,有效值为_____,角频率为_____,频率为_____,周期为_____,初相为_____。

2. 已知两个正弦交流电的瞬时值表达式分别为 $u_1 = 10\sqrt{2}\sin(314t - 90°)$ V,$u_2 = 10\sin(314t + 60°)$ V,则它们之间的相位关系是_____。

6.3 正弦交流电的表示法

观察与思考

测得某正弦交流电流的三要素分别是:有效值 2A,频率 50 Hz,初相 45°,由前一节的学习可知,根据正弦交流电的三要素就能写出其瞬时值表达式,为

$$i = 2\sqrt{2}\sin(100\pi t + 45°)\text{ A}$$

$$\approx 2.8\sin(314t + 45°)\text{ A}$$

同时,可画出其波形,如图 6-3-1 所示。

教学视频
正弦交流电
的表示法

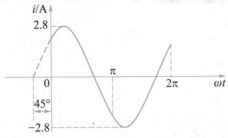

图 6-3-1 交流电 $i = 2.8\sin(314t + 45°)$
A 的波形图

解析式和波形图是正弦交流电的两种基本表示方法,它们都能完整地反映正弦交流电的三要素,但为了方便对同频率的正弦交流电进行加、减运算,本节还将学习矢量图表示法。

1. 解析式表示法

用正弦函数式表示正弦交流电随时间变化的关系的方法称为解析式表示法。正弦交流电的瞬时值表达式就是交流电的解析式,其表达方式为

$$瞬时值 = 最大值 \sin(\omega t + \varphi_0)$$

式中,ω 表示角频率,φ_0 表示初相。

则电流、电压、电动势的解析式分别为

$$i = I_m\sin(\omega t + \varphi_{i0})$$
$$u = U_m\sin(\omega t + \varphi_{u0})$$
$$e = E_m\sin(\omega t + \varphi_{e0})$$

【例 6-3-1】

已知某正弦交流电压的解析式为 $u = 311\sin(314t + 60°)\,\text{V}$,求这个正弦交流电压的最大值、有效值、频率、周期、角频率和初相。

解:最大值 $U_m = 311\,\text{V}$

有效值 $U = U_m/\sqrt{2} = 311/\sqrt{2}\,\text{V} \approx 220\,\text{V}$

角频率 $\omega = 314\,\text{rad/s}$

频率 $f = \dfrac{\omega}{2\pi} \approx \dfrac{314}{2 \times 3.14}\,\text{Hz} = 50\,\text{Hz}$

周期 $T = \dfrac{1}{f} = \dfrac{1}{50}\,\text{s} = 0.02\,\text{s}$

初相 $\varphi_0 = 60°$

想一想 做一做

已知某正弦交流电流的有效值为 10 A,频率为 50 Hz,初相为 −45°,你能写出这个正弦交流电流的解析式吗?

2. 波形图表示法

用正弦曲线表示正弦交流电随时间变化的关系的方法称为**波形图表示法**,简称**波形图**。如图 6-3-2 所示,图中的横坐标表示电角度 ωt 或时间 t,纵坐标表示随时间变化的电流、电压和电动势的瞬时值,波形图可以完整地反映正弦交流电的三要素。

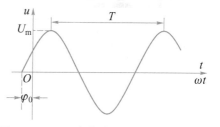

图 6-3-2　正弦交流电的波形图表示法

常见正弦交流电的波形图如图 6-3-3 所示。

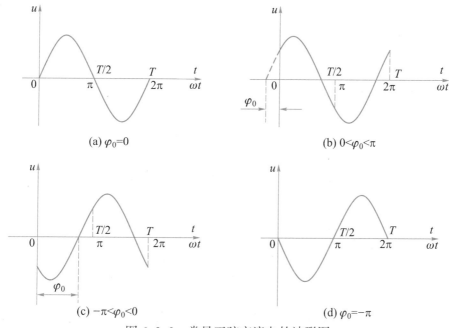

图 6-3-3　常见正弦交流电的波形图

小提示

通过波形图可以解读初相的正、负,如果波形图的起点在纵坐标的正方向,即起点为正值,则初相为正;如果波形图的起点在纵坐标的负方向,即起点为负值,则初相为负。

【例 6-3-2】

请写出图 6-3-4 所示正弦交流电的解析式。

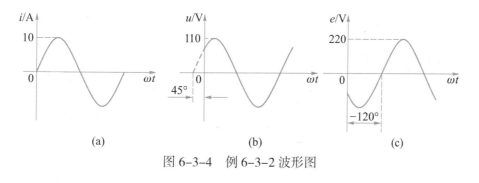

图 6-3-4　例 6-3-2 波形图

解：写正弦交流电的解析式，只要知道其三要素即可。

对于图6-3-4(a)，$I_m = 10\,A$，$\varphi_0 = 0$，则其解析式为$i = 10\sin \omega t\,A$；

对于图6-3-4(b)，$U_m = 110\,V$，$\varphi_0 = 45°$，则其解析式为$u = 110\sin(\omega t + 45°)\,V$；

对于图6-3-4(c)，$E_m = 220\,V$，$\varphi_0 = -120°$，则其解析式为$e = 220\sin(\omega t - 120°)\,V$。

3. 矢量图表示法

教学动画
正弦量的旋转
矢量表示法

(1) 旋转矢量。旋转矢量是一个在直角坐标系中绕原点旋转的矢量，它是相位随时间变化的矢量。如图6-3-5所示，以坐标原点 O 为端点绘制一条有向线段，线段的长度为正弦量的最大值 U_m，旋转矢量的起始位置与 x 轴正方向的夹角为正弦量的初相 φ_0，它以正弦量的角频率 ω 为角速度，绕原点 O 逆时针匀速旋转。这样，在任何瞬间，旋转矢量在纵轴上的投影就等于该时刻正弦量的瞬时值。旋转矢量既可以反映正弦交流电的三要素，又可以通过它在纵轴上的投影求出正弦量的瞬时值，因此，旋转矢量能完整地表示出正弦量。

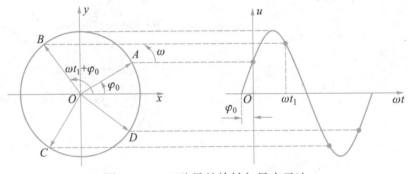

图6-3-5　正弦量的旋转矢量表示法

(2) 旋转矢量的起始位置。用旋转矢量表示正弦量时，不可能把每一时刻的位置都画出来。由于分析的都是同频率的正弦量，矢量的旋转速度相同，它们的相对位置不变。因此，只需画出旋转矢量的起始位置，即旋转矢量的长度为正弦量的最大值，旋转矢量的起始位置与 x 轴正方向的夹角为正弦量的初相 φ_0，而角速度不必标明。由此可见，对一个正弦量，只要它的最大值和初相确定后，表示它的矢量就可确定。旋转矢量通常用大写字母上加黑点的符号来表示，如用 $\dot{I}_m$、$\dot{U}_m$ 和 $\dot{E}_m$ 分别表示电流矢量、电压矢量和电动势矢量，图6-3-6(a)所示为电压最大值矢量。

(3) 有效值矢量表示法。在实际应用中常采用有效值矢量图。这样，矢量图中的长度就变为正弦量的有效值。有效值矢量用 $\dot{I}$、$\dot{U}$、$\dot{E}$ 表示，图6-3-6(b)所示为电压有效值矢量。

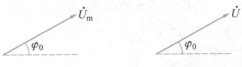

(a) 最大值矢量　　　(b) 有效值矢量
图6-3-6　电压矢量

【例 6-3-3】

已知正弦交流电压 $u = 110\sqrt{2}\sin(\omega t + 45°)$ V，正弦交流电流 $i = 50\sqrt{2}\sin$ $(\omega t - 30°)$ A，试画出它们的矢量图。

解：同频率的几个正弦量的矢量可以画在同一个图上，则画出的电压与电流的矢量图如图 6-3-7 所示。

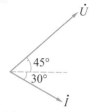

图 6-3-7 电压与电流的矢量图

由以上分析可知，正弦交流电可以用解析式、波形图和矢量图表示。解析式是正弦交流电常见的表示方法，波形图比较直观，它们都能完整地表示正弦交流电，但进行正弦量加、减运算时比较麻烦。矢量图是分析同频率正弦交流电路的常用工具。

思考与练习

1. 正弦交流电的表示方法有_____、_____和_____。

2. 已知交流电压、电流的解析式分别为：$u = 100\sqrt{2}\sin(\omega t - 30°)$ V，$i = \sqrt{2}\sin(\omega t + 60°)$ A，试画出它们的矢量图。

技术与应用　电能的产生

当今社会，人们的生产、生活已经离不开电能了，那么电能是如何产生的呢？目前使用最广泛的交流电是由交流发电机发送的，推动发电机运转需要其他形式的能量，按照能量供给的不同，发电方式可分为火力发电、风力发电、水力发电、太阳能发电、核能发电等。虽然火力发电仍是当前的主要发电方式，但是燃烧化石燃料的传统火力发电存在环境污染等问题，而以风能、水能、太阳能等清洁能源为基础，特别是按照循环利用理念运行的垃圾焚烧发电等新型发电方式正在蓬勃发展，为达到碳达峰、碳中和的目标做出了巨大贡献。

1. 交流发电机

(1) 工作原理。交流发电机是根据电磁感应原理制成的。图 6-3-8 所示为简单交流发电机工作原理示意图，将一个可以绕固定转轴转动的单匝线圈 abcd 放置在匀强磁场中，通过两个铜环和电刷引出导线，与外电路的检流计连接。

当线圈 abcd 在外力作用下，以角速度 ω 匀速运动时，线圈的 ab 边和 cd 边进行切割磁感线运动，线圈中产生感应电动势。ad 和 bc 边的运动不切割磁感线，故不产生感应电动势。由于外电路是闭合的，闭合回路中将产生感应电流，可观察到检流计指针左右摆动。产生的感应电流变化情况如图 6-3-8 所示，它遵循正弦规律变化，故称为正弦交流电。

(2) 外形与结构。交流发电机的外形如图 6-3-9 所示，通常由定子、转子、端盖及轴承等部件构成。定子与转子是交流发电机的核心部件，如图 6-3-10 所示。

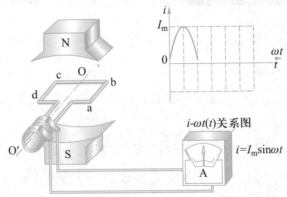

图 6-3-8 简单交流发电机工作原理示意图

图 6-3-9 交流发电机的外形

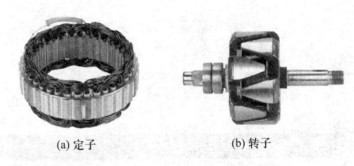

(a) 定子   (b) 转子

图 6-3-10 交流发电机的定子与转子

定子由定子铁心、定子绕组、机座以及固定这些部分的其他结构件组成。转子由转子铁心（或磁极、磁轭）、转子绕组、护环、中心环、滑环、风扇及转轴等部件组成。

由轴承及端盖将发电机的定子、转子组装起来，使转子能在定子中旋转，进行切割磁感线的运动，从而产生感应电动势，通过接线端子引出，接在回路中，便产生了电流。

2. 清洁能源发电

清洁能源发电是通过水能、风能、太阳能、核能等推动发电机运转实现发电，或者通过半导体器件将太阳光能直接转换为电能来发电。我国已建成了世界最大的清洁能源发电体系，清洁能源发电技术已经处于世界领先地位。

白鹤滩水电站是我国实施西电东送的国家重大工程，总装机容量达 16GW，世界排名第二，仅次于三峡水电站，单机容量世界第一，实现了我国高端装备制造的重大突破，对绿色环保、节能减排具有十分重要的意义。2021 年 6 月，白鹤滩水电站首批机组正式投产发电，如图 6-3-11 所示。

2021 年，我国风电累计装机容量达到 328.5 GW，排名世界第一，增速快于世界风电增速。我国陆地、海洋中风力资源丰富的地区正在不断出现大型风力发电场，正在为千家万户提供清洁能源，如图 6-3-12 所示。

图 6-3-11 白鹤滩水电站

(a)

(b)

图 6-3-12 我国的风力发电

太阳能电站包括光伏电站和光热电站,青海中控德令哈 50 MW 光热电站(如图 6-3-13 所示)于 2018 年并网发电,2022 年成为我国首个年实际发电量完全达到并超越设计水平的光热电站,创下世界同类型电站最高运行纪录。

虽然产生核废料,但是由于发电过程基本不排放污染物,单位燃料发电效率高,因此核能发电仍然是清洁能源发电领域不可或缺的发电方式。2022年,福清核电站"华龙一号"示范工程全面建成投运,如图 6-3-14 所示。"华龙一号"每台机组年发电能力接近 10^6 kW·h,相当于每年减少二氧化碳排放 8.16×10^6 t。作为我国核电走向世界的"国家名片","华龙一号"是当前核电市场接受度最高的三代核电机型之一,其全面建成是新时代我国核电发展取得的重大成就,标志着我国核电技术水平和综合实力跻身世界第一方阵,有力支撑我国由核电大国向核电强国跨越。

图 6-3-13 青海中控德令哈 50 MW
光热电站

3. 循环能源发电

垃圾焚烧发电已成为生活垃圾减量化、无害化、资源化的重要手段,在现代社会中充分体现资源循环利用、变废为宝、消除污染、美化环境等优点。2022 年,我国近 30 个城市的 100 座垃圾焚烧炉已安装上人工智能控制系统,通过人工智能技术使垃圾焚烧的环保指标更稳定,提升单位发电量,全年可多发 $3.6 \times 10^8 kW \cdot h$ 绿色电能,相当于一座中型水电站的发电量,如图 6-3-15 所示。

图 6-3-14   福清核电站"华龙一号"
示范工程

图 6-3-15   安装上人工智能控制系统的垃圾焚烧发电厂

实训项目八   函数信号发生器、示波器和毫伏表的使用

实训目的

● 学会使用函数信号发生器、示波器和毫伏表。

● 掌握用示波器观测正弦交流电压的幅值与周期的方法,并能正确读数。

任务一   认识函数信号发生器、示波器与毫伏表的操作面板

教学动画
信号发生器
使用方法

1. 函数信号发生器

函数信号发生器按需要输出正弦波、方波、三角波三种信号波形。输出电压峰 – 峰值可达 20 V。函数信号发生器的输出信号频率可通过频率分挡开关进行调节,输出电压可通过输出衰减开关和输出幅度调节旋钮进行调节。函数信号发生器作为信号源,它的输出端不允许短路。

VC2002 型函数信号发生器的外形如图 6-3-16 所示,主要由频段选择开关、波形选择开关、信号幅度调节旋钮、频率调节旋钮、频率显示器、峰值显示器等组成。

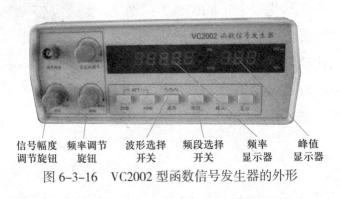

信号幅度   频率调节   波形选择   频段选择   频率   峰值
调节旋钮   旋钮   开关   开关   显示器   显示器

图 6-3-16   VC2002 型函数信号发生器的外形

(1) 频段选择开关:用来选择信号频率的范围。

(2) 频率调节旋钮:在所选择的频段范围内调节信号频率的大小。

(3) 波形选择开关:用来选择输出信号的种类。

（4）信号幅度调节旋钮：用来调节输出信号的大小。

（5）频率显示器：用来显示输出信号的频率。

（6）峰值显示器：用来显示输出信号的峰值。

2. 示波器

示波器是一种用途很广的电子测量仪器，它既能直接显示电信号的波形，又能对电信号进行各种参数的测量。GOS-620型双踪示波器外形如图6-3-17所示，主要由显示屏和操作面板两部分组成，其左侧为显示屏，右侧为操作面板。

教学动画
示波器使用
方法

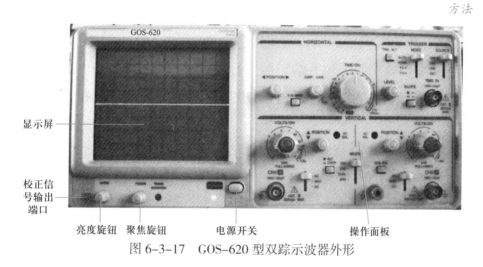

图6-3-17　GOS-620型双踪示波器外形

显示屏下方主要有电源开关、亮度旋钮、聚焦旋钮、校正信号输出端口等。

GOS-620型双踪示波器操作面板上主要控制件位置如图6-3-18所示。

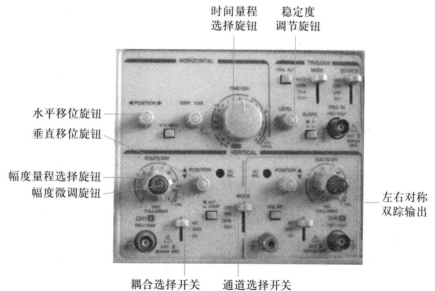

图6-3-18　GOS-620型双踪示波器操作面板上主要控制件位置

（1）稳定度调节旋钮：用于调节信号波形的稳定度。

（2）水平、垂直移位旋钮：用于调整被测信号波形在显示屏上的左右位置和上下位置。

(3) 通道选择：

① 通道 1 选择(CH1)：显示屏上仅显示 CH1 的信号。

② 通道 2 选择(CH2)：显示屏上仅显示 CH2 的信号。

③ 双踪选择(DVAL)：同时按下 CH1 和 CH2 按钮，显示屏上会出现双踪并自动以断续或交替方式同时显示 CH1 和 CH2 的信号。

④ 叠加(ADD)：显示 CH1 和 CH2 输入电压的代数和。

(4) 耦合选择：选择垂直放大器的耦合方式。

① 交流(AC)：垂直放大器的输入端由电容器来耦合。

② 接地(GND)：垂直放大器的输入端接地。

③ 直流(DC)：垂直放大器的输入端与信号直接耦合。

(5) 幅度量程选择旋钮：用于垂直偏转灵敏度的调节。调节该旋钮可改变显示屏中纵向每格所占的值。

(6) 幅度微调旋钮：幅度微调旋钮用于连续改变电压偏转灵敏度。此旋钮在正常情况下，应位于顺时针方向旋到底的位置。

小提示

如图 6-3-19 所示，若幅度量程选择旋钮置于：$U \rightarrow 0.1$ V/div，被测波形峰 – 峰值纵向占 6 格，则波形的峰 – 峰值：$U_{P-P} = 0.1 \times 6$ V $= 0.6$ V。

数字示波器的
使用方法

注意：如果使用的是 10 : 1 探头。幅度计算时还需 ×10。

(7) 时间量程选择旋钮：在 0.1 μs/div~0.2 s/div 范围选择扫描速率。

小提示

如图 6-3-19 所示，若时间量程选择旋钮置于：$T \rightarrow 0.2$ μs/div，被测波形一个周期横向占 4 格，则波形的周期：$T = 0.2 \times 4$ μs $= 0.8$ μs。

目前，数字示波器已得到广泛应用，读者可以参考二维码所示内容，进行相关操作，体会模拟示波器与数字示波器操作方法的异同。

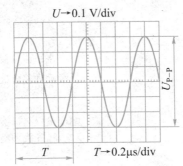

图 6-3-19　被测交流电波形

3. 交流毫伏表

交流毫伏表只能在其工作频率范围之内测量正弦交流电压的有效值。一般使用交流毫伏表来测量纹波电压，因为交流毫伏表只对交流电压响应，并且灵敏度比较高，可测量很小的交流电压。DF1931A 型交流毫伏表外形如图 6-3-20 所示，该数字式交流毫伏表的显著特点是测量范围宽，可测电压范围为 500 V 以下，最大分辨率为 0.01 mV，且可以实现量程自动转换,操作简单,使用方便。

图 6-3-20　DF1931A 型交流
毫伏表外形

　　任务二　用示波器观测正弦交流电波形并正确读数

　　1. 观测"3 V、1 kHz"正弦交流电压的波形、幅度与周期

　　操作步骤如下:

　　(1) 接通低频信号发生器电源,选择正弦波输出,调节输出正弦交流信号的频率和幅值分别为 1 kHz、3 V。

　　(2) 接通示波器电源,调整示波器扫描光迹。将耦合选择开关置于"⊥"位置,调整扫描光迹,使其显示屏中心处出现一条稳定的亮线。

　　(3) 校正。将峰 – 峰值为 0.5 V、频率为 1 kHz 的方波信号通过 CH1 通道输入,并进行校正。

　　(4) 输入被测信号。将函数信号发生器输出的正弦交流信号通过 CH1 通道输入,通过调节幅度量程选择旋钮与时间量程选择旋钮等,使被测信号波形在显示屏上显示 1~2 个周期、满屏 2/3 的稳定波形,如图 6-3-21 所示。

　　(5) 正确读数。将所测正弦交流电的峰 – 峰值、最大值、有效值、周期和频率填入表 6-3-1 中。

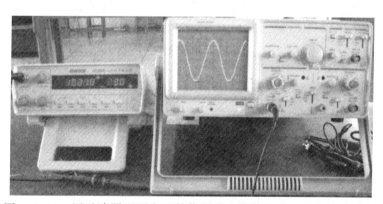

图 6-3-21　用示波器观测由函数信号发生器输出的正弦交流电波形

表 6-3-1　示波器测试技训表

测量项目 (函数信号发生器输出)	V/div	峰 – 峰值格数	峰 – 峰值(U_{P-P})	最大值(U_m)	有效值(U)	μs/div	波形 1 个周期格数	周期(T)	频率(f)
频率为 1 kHz、最大值为 3 V 的正弦交流信号									
频率为 50 Hz、最大值为 6 V 的正弦交流信号									

2. 观测"6 V、50 Hz"正弦交流电压的波形、幅度与周期

操作步骤如下：

（1）调节函数信号发生器，使输出的正弦交流信号的频率和幅值分别为 50 Hz、6 V。

（2）重复以上 1 中的（4）（5）步骤，并把测量和计算结果填入表 6-3-1 中。

任务三　使用毫伏表测量交流信号有效值

操作步骤如下：

（1）调节函数信号发生器，使输出的正弦交流信号的频率和幅值分别为 1 kHz、3 V。

（2）接通交流毫伏表电源，使其处于测试状态。

（3）将函数信号发生器输出的交流信号输入交流毫伏表的输入端，如图 6-3-22 所示。

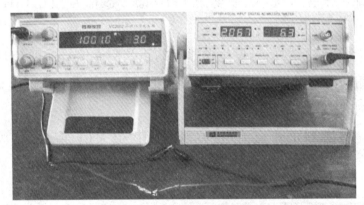

图 6-3-22　使用交流毫伏表测量函数信号发生器输出的交流信号

（4）正确读数，并将被测值填入表 6-3-2 中。

（5）将函数信号发生器输出的正弦交流信号的频率和幅值分别调节为 1 kHz、5 V，重复上述测试过程，并将被测值填入表 6-3-2 中。

表 6-3-2　交流毫伏表测试技训表

函数信号发生器输出信号	交流毫伏表读数	有效值
1 kHz、3 V（最大值）		
1 kHz、5 V（最大值）		

任务四　实训小结

（1）将正弦交流电的波形观察和参数测量的操作方法与步骤、收获与体会及实训评价填入"实训小结表"（见附录 2）。

（2）将实训过程评价填入"实训过程评价表"（见附录 1）中的相应位置。

应知应会要点归纳

一、正弦交流电

1. 基本概念

大小和方向都随时间按正弦规律进行周期性变化的交流电称为正弦交流电,它是一种最简单而又最基本的交流电。通常用字母"AC"或符号"~"表示。

2. 表示方法

正弦交流电的表示方法有三种:解析式、波形图和旋转矢量法。

电流、电压、电动势的解析式分别为

$$i = I_m \sin(\omega t + \varphi_{i0})$$
$$u = U_m \sin(\omega t + \varphi_{u0})$$
$$e = E_m \sin(\omega t + \varphi_{e0})$$

二、正弦交流电的三要素

描述正弦交流电的物理量有瞬时值、最大值、有效值、周期、频率、角频率、相位和初相等。其中,有效值(或最大值)、频率(或周期、角频率)、初相称为正弦交流电的三要素。

有效值与最大值之间的关系为

$$有效值 = \frac{1}{\sqrt{2}}最大值$$

角频率、频率与周期之间的关系为

$$\omega = \frac{2\pi}{T} = 2\pi f$$

两个交流电的相位之差称为相位差。如果它们的频率相同,相位差就等于初相之差,即

$$\varphi = \varphi_{01} - \varphi_{02}$$

相位差确立了两个正弦量之间的相位关系(超前或滞后);特殊的相位关系有同相、反相和正交。

三、基本物理量的测量

1. 交流电压的测量

测量交流电压一般用交流电压表,工程上通常用万用表的交流电压挡进行测量。对于交流小信号,可通过交流毫伏表进行测量。也可通过示波器观测交流电的幅值,然后再计算其有效值。

2. 交流电流的测量

测量交流电流一般用交流电流表,工程上通常用万用表的交流电流挡进行测量。对于不能断开线路、相对较大的交流电,可用钳形电流表进行测量。

3. 频率的测量

测量频率一般用频率计。也可通过示波器观测交流电的周期,再计算出频率。

？复习与考工模拟

一、是非题

1. 正弦交流电的大小随时间按正弦规律进行周期性变化,方向不变。   (   )

2. 通常,照明用交流电压的有效值为 220 V,最大值为 380 V。   (   )

3. 如果两同频率正弦电压在某一瞬间的值相等,那么两者一定同相。   (   )

4. 若一正弦交流电的频率为 100 Hz,那么它的周期为 0.02 s。   (   )

5. 测量交流电所用的电压表和电流表的读数均表示其有效值。   (   )

6. 一个耐压为 300 V 的电容器可以接到 220 V 的交流电源上安全使用。   (   )

7. 任意两个同频率的正弦交流电的相位差即为它们的初相之差。   (   )

8. 可以通过示波器观察正弦交流电的波形图,并求出其有效值。   (   )

9. 只要知道正弦交流电的三要素,就能写出它的解析式(瞬时值表达式)。   (   )

10. 钳形电流表的最大特点是可以在不断开线路的情况下测量线路的交流电流。(   )

二、选择题

1. 正弦交流电的三要素是(   )。

    A. 瞬时值 频率 初相   B. 最大值 周期 角频率

    C. 频率 相位 周期   D. 有效值 频率 初相

2. 两同频率的正弦交流电反相时,其相位差为(   )。

    A. 90°   B. 0°   C. 180°   D. 60°

3. 关于正弦交流电的有效值,下列说法正确的是(   )。

    A. 有效值是最大值的 $\sqrt{2}$ 倍

    B. 最大值是有效值的 $\sqrt{3}$ 倍

    C. 最大值为 311V 的正弦交流电压就其热效应而言,相当于一个 220 V 的直流电压

    D. 最大值为 311V 的交流电可以用 220 V 的直流电代替

4. 某正弦交流电的初相为 −90°,则在 $t = 0$ 时,其瞬时值(   )。

    A. 等于零   B. 小于零   C. 大于零   D. 不能确定

5. 已知 $u = 220\sqrt{2}\sin(314t - 30°)$ V,则它的频率、有效值、初相分别为(   )。

    A. 314 Hz、220 V、−30°   B. 314 Hz、220 V、30°

    C. 50 Hz、220 V、−30°   D. 50 Hz、220 V、30°

6. 已知两个正弦量的解析式分别为 $u = 100\sin(100\pi t + 30°)$ V,$i = 5\sin(200\pi t - 15°)$ A,则它们之间的相位差是(   )。

  A. 45°　　　　　　B. –45°　　　　　　C. 0°　　　　　D. 不能确定

  7. 某正弦交流电压的有效值为 220 V,频率为 50 Hz,在 $t = 0$ 时的值为 220 V,则该正弦电压的解析式为(　　　)。

   A. $u = 220\sin(314t + 90°)$ V　　　　　　B. $u = 220\sin 314t$ V

   C. $u = 220\sqrt{2}\sin(314t + 45°)$ V　　　　　D. $u = 220\sqrt{2}\sin(314t - 45°)$ V

  8. 下列仪器仪表中,可以测量交流电频率的仪表是(　　　)。

   A. 万用表　　　　　B. 钳形电流表　　　　C. 毫伏表　　　D. 频率计

  9. 示波器可以用于观察正弦交流电的波形,从波形中可以直接读出的物理量是(　　　)。

   A. 有效值　　　　　B. 最大值　　　　　C. 初相　　　D. 频率

  10. 频率为 50 Hz 的正弦交流电压,其有效值矢量图如题图 6-1 所示,则该电压瞬时值表达式正确的是(　　　)。

   A. $u = 200\sqrt{2}\sin(100\pi t + 30°)$ V

   B. $u = 200\sin(100\pi t + 30°)$ V

   C. $u = 200\sqrt{2}\sin(100\pi t - 30°)$ V

   D. $u = 200\sin(100\pi t - 30°)$ V

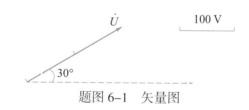

题图 6-1　矢量图

三、分析与计算题

  1. 一个正弦交流电的频率是 50 Hz,有效值为 50 V,初相为 45°,请写出它的解析式,并画出它的波形图。

  2. 已知交流电流 $i = 10\sin(100\pi t + 30°)$ A,试求它的有效值、初相和频率,并求出 $t = 0.1$ s 时的瞬时值。

  3. 已知两个同频率的正弦交流电,它们的频率是 50 Hz,电压的有效值分别为 $U_1 = 100$ V 和 $U_2 = 150$ V,且前者超前后者 30°,试写出它们的瞬时值解析式,并在同一坐标系中绘制出它们的矢量图。

  4. 函数信号发生器有什么作用? 毫伏表主要用来测什么? 钳形电流表的最大特点是什么? 应如何操作?

  5. 题图 6-2 所示为被测交流电压波形,若时间量程选择旋钮和幅度量程选择旋钮分别置于: $T \to 0.2$ ms/div, $U \to 1$ V/div。试求:(1) 被测交流电的周期和频率;(2) 被测交流电的峰–峰值、最大值和有效值。

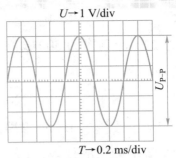

题图 6-2　被测交流电压波形

四、实践与应用题

1. 小明在使用台灯时发现台灯不亮,他首先想检测一下电源插孔中是否有电。请代小明做两件事:(1) 说出使用万用表检测电源插孔中是否有电的操作过程;(2) 说出用试电笔测试插孔中是否有电的操作方法。

2. 小明在调试电子产品时,需要用到"1 kHz、30 mV"的正弦交流信号。请问:(1) 可通过哪些方法得到此信号？ (2) 可采用什么方法检测信号的频率与大小?

7

单相正弦交流电路

　　由正弦交流电源供电的电路称为正弦交流电路。正弦交流电路的分析与直流电路相比要复杂,主要是因为它不仅要研究电路中物理量之间的大小关系,而且还要研究它们之间的相位关系。通过前一单元的学习,对正弦交流电已有了一定的认识。本单元就在前一单元的基础上,来进一步学习正弦交流电路的分析方法及其相关知识与技能。

　　本单元将学习单一元件(纯电阻、纯电感、纯电容)正弦交流电路的分析,RL、RC 及 RLC 串联电路的分析,串并联谐振电路的分析,提高功率因数的意义和方法,观察电阻、电感、电容元件上电压与电流之间的相位关系,导线的剥削、连接与绝缘的恢复,荧光灯电路和配电板的安装与简单排故等。

职业岗位群应知应会目标

—— 理解电感、电容对交流电的阻碍作用,掌握感抗和容抗的计算。

—— 理解电阻元件、电感元件、电容元件电压与电流的大小和相位关系。

—— 理解 RL、RC 及 RLC 串联电路的阻抗概念,掌握电压三角形、阻抗三角形的应用。

—— 理解电路中瞬时功率、有功功率、无功功率和视在功率的物理概念,理解功率三角形和电路的功率因数,了解提高电路功率因数的意义及方法。学会导线的剥削、连接与绝缘的恢复。

—— 会用万用表测交流电压与电流,掌握函数信号发生器、毫伏表和示波器的正确使用。

—— 能绘制荧光灯电路图,会按图纸要求安装荧光灯电路,能排除荧光灯电路的简单故障。

—— 了解照明电路配电板的组成,了解电能表、开关、保护装置等器件的外部结构、性能和用途,会安装照明电路配电板。

*—— 了解串联谐振电路的特点,掌握谐振条件、谐振频率的计算,了解影响谐振曲线、通频带、品质因数的因素,了解谐振的典型工程应用和防护措施。

*—— 了解并联谐振电路的特点,掌握谐振条件、谐振频率的计算。

7.1 电感、电容对交流电的阻碍作用

观察与思考

教学动画
电感对交流电
的阻碍作用
电容对交流电
的阻碍作用

做图 7-1-1 所示的实验。在 A、B 两端之间接入 220 V、50 Hz 的正弦交流电,将 220 V/10 W 的灯接入电路,然后在 C、D 两端之间分别接入导线、电阻(1 kΩ)、电感线圈(1 H)、电容(2 μF/400 V),闭合开关 S,观察灯的亮度变化。

在 C、D 间接入导线,灯正常发光;分别接入电阻、电感线圈和电容后,灯亮度均明显变暗。这表明:电阻、电感和电容对交流电都有阻碍作用,结果使通过灯的电流减小,灯亮度变暗。本节将学习电感、电容对交流电的阻碍作用及其相关知识。

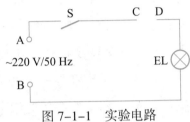

图 7-1-1   实验电路

1. 电感的感抗

当交流电通过电感线圈时,电流时刻都在改变,电感线圈中必然产生自感电动势,阻碍电流的变化,这样就形成了对电流的阻碍作用。把电感线圈对交流电的阻碍作用称为**电感感抗**,简称**感抗**,用符号 X_L 表示,单位是 Ω。

教学动画
感抗

理论和实验证明,感抗的大小 X_L 与电源频率成正比,与线圈的电感成正比。用公式表示为

$$X_L = \omega L = 2\pi f L$$

式中:X_L——线圈的感抗,单位是 Ω;

f ——电源的频率,单位是 Hz;

ω ——电源的角频率,单位是 rad/s;

L ——线圈的电感,单位是 H。

【例 7-1-1】

已知一个自感系数为 10 mH 的电感线圈,接在频率为 50 Hz 的交流电路中,其感抗为多少? 接在频率为 1 MHz 的交流电路中,其感抗又为多少? 接在直流电路中的感抗呢?

解:交流电频率为 50 Hz 时,电感的感抗

$$X_L = 2\pi f L \approx 2 \times 3.14 \times 50 \times 10 \times 10^{-3} \ \Omega = 3.14 \ \Omega$$

交流电频率为 1 MHz 时,电感的感抗

$$X'_L = 2\pi f' L \approx 2 \times 3.14 \times 1 \times 10^6 \times 10 \times 10^{-3} \ \Omega = 6.28 \times 10^4 \ \Omega = 62.8 \ \text{k}\Omega$$

接在直流电路中,其频率为 0,故电感的感抗

$$X''_L = 2\pi f'' L \approx 2 \times 3.14 \times 0 \times 10 \times 10^{-3} \ \Omega = 0$$

职业相关知识

教学动画
容抗

对于直流电,电感元件相当于短路;对于交流电,电感线圈有"**通直流阻交流,通低频阻高频**"的特性。

2. 电容的容抗

当电容器两端加上交流电后,电源电压升高时,电容器充电,形成充电电流;电源电压降低时,电容器放电,形成放电电流,这样电源与电容器之间不断地进行着电能与电场能之间的转换,在交流电路中表现为电容对交流电有阻碍作用。把这种电容对交流电的阻碍作用称为**电容容抗**,简称**容抗**,用符号 X_C 表示,单位是 Ω。

理论和实验证明,容抗的大小 X_C 与电源频率成反比,与电容器的电容成反比。用公式表示为

$$X_C = \frac{1}{\omega C} = \frac{1}{2\pi f C}$$

式中:X_C——电容的容抗,单位是 Ω;

$\quad$ f——电源的频率,单位是 Hz;

$\quad$ ω——电源的角频率,单位是 rad/s;

$\quad$ C——电容器的电容,单位是 F。

【例 7-1-2】

已知一个 10 μF 的电容器接在 220 V/50 Hz 的交流电路中,其容抗为多少? 接在频率为 100 kHz 的交流电路中,其容抗又为多少? 接在直流电路中的容抗呢?

解:交流电频率为 50 Hz 时,电容的容抗

$$X_C = \frac{1}{2\pi f C} \approx \frac{1}{2 \times 3.14 \times 50 \times 10 \times 10^{-6}} \Omega \approx 318.5\,\Omega$$

交流电频率为 100 kHz 时,电容的容抗

$$X'_C = \frac{1}{2\pi f' C} \approx \frac{1}{2 \times 3.14 \times 100 \times 10^3 \times 10 \times 10^{-6}} \Omega \approx 0.159\,\Omega$$

对于直流电,$f = 0$,则 $X''_C = \infty$,即容抗为无穷大,故相当于开(或断)路。

职业相关知识

对于直流电,电容元件相当于开(或断)路;对于交流电,电容器有"**隔直流通交流,阻低频通高频**"的特性。

3. 储能元件

电阻、电感和电容是组成电路的三大基本元件。电阻是一种**耗能元件**,当交流电通过电阻

时,电阻对交流电的阻碍作用表现为,电能转换为热能消耗掉。但电感和电容与电阻不一样。当交流电通过电感时,电感线圈能够把电能转换为磁场能储存起来,也能够把磁场能释放出来转换成电能。电感对交流电的阻碍作用表现为,电感与电源之间不断地进行着磁场能与电能之间的转换;当交流电通过电容时,电容能够把电能转换为电场能储存起来,也能够把电场能释放出来转换成电能。电容对交流电的阻碍作用表现为,电容与电源之间不断地进行着电场能与电能之间的转换,它们并没有真正消耗电能。因此,把电感和电容称为**储能元件**。

小提示

电感、电容对交流电的阻碍作用与电阻对交流电的阻碍作用性质是不一样的。

思考与练习

1. 一个 100 μF 的电容器接在 50 Hz 的交流电路中,其容抗为_____;接在 100 kHz 的交流电路中,其容抗为_____。一个 100 mH 的电感线圈接在 50 Hz 的交流电路中,其感抗为_____。接在 20 kHz 的交流电路中,其感抗为_____。

2. 电阻是一种_____元件,电感与电容是_____元件。

7.2 单一元件的交流电路

观察与思考

当某一电阻两端接上正弦交流电后,你知道加在电阻两端的电压与通过电阻的电流大小之间是否仍然符合欧姆定律?做图 7-2-1 所示实验,电阻 R 的阻值为 100 Ω,A、B 两端分别加入 3 V、6 V、9 V 和 12 V 的正弦交流电,用交流电压表和电流表分别测出加在电阻两端的电压和通过电阻的电流大小,并将测量结果填入表 7-2-1 中。

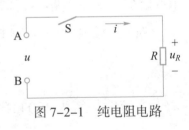

图 7-2-1 纯电阻电路

表 7-2-1 纯电阻电路中电压和电流的测量值

实验次数	电阻 R/Ω	电阻两端电压 U_R/V	通过电阻的电流 I/A
1	100	3	0.03
2	100	6	0.06
3	100	9	0.09
4	100	12	0.12

分析表 7-2-1 中的数据可以看出,在纯电阻电路中,加在电阻两端的电压的有效值与通过

电阻电流的有效值仍符合欧姆定律,即 $I = \dfrac{U_R}{R}$。那么电压与电流之间的相位关系又怎样呢?电路中的功率又该如何计算? 如果电路中的元件是电感或电容,情况又如何? 本节将学习电路中电压与电流之间的关系以及电路中的功率。

7.2.1 纯电阻电路

在纯电阻电路中,只有电阻负载,如图 7-2-2 所示。常见的电热毯、电炉、电烙铁等与交流电源组成的电路都是纯电阻电路。

1. 电流与电压的关系

教学视频
纯电阻电路

如图 7-2-2 所示的纯电阻电路中,设加在电阻两端的交流电压

$$u_R = U_{Rm} \sin \omega t$$

(1) 电流与电压的数量关系。实验证明,纯电阻电路的电流与电压的数量关系为

$$I = \frac{U_R}{R} \text{ 或 } I_m = \frac{U_{Rm}}{R}$$

教学动画
电感电压电
流相位差

即纯电阻电路的电流与电压的有效值(或最大值)符合欧姆定律。

(2) 电流与电压的相位关系。实验证明,纯电阻电路中,电流与电压同相。由于电压的初相 $\varphi_u = 0$,则电流的初相 $\varphi_i = 0$,因此电流的瞬时值表达式为

$$i = I_{Rm} \sin \omega t$$

纯电阻电路中,电流与电压的矢量图如图 7-2-3(a)所示,波形图如图 7-2-3(b)所示。

因此,纯电阻电路中电流与电压的瞬时值关系为

$$i = \frac{u_R}{R}$$

即纯电阻电路的电流与电压的瞬时值也符合欧姆定律。

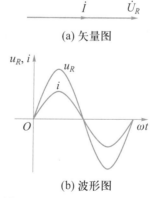

(a) 矢量图

(b) 波形图

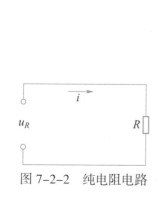

图 7-2-2　纯电阻电路

图 7-2-3　纯电阻电路电流
与电压的矢量图和波形图

2. 电路的功率

在纯电阻电路中,电流和电压都是随时间不断变化的。把电压瞬时值 u_R 与电流瞬时值 i

的乘积称为**瞬时功率**,用 p 表示。即

$$p = u_R i = U_{Rm} \sin \omega t I_m \sin \omega t$$

$$= U_{Rm} I_m \sin^2 \omega t = \frac{1}{2} U_{Rm} I_m (1 - \cos 2\omega t)$$

$$= U_R I (1 - \cos 2\omega t)$$

画出 p、u_R、i 三者的波形,如图 7-2-4 所示。从函数表达式和波形图均可看出:由于电压与电流同相,瞬时功率总是正值。这表明,在任一瞬间电阻总是消耗功率,把电能转换成热能。

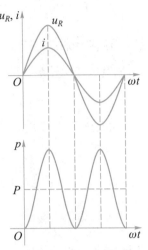

图 7-2-4 纯电阻电路功率

由于瞬时功率时刻变化,不便用于表示电路的功率,在实际应用中通常采用**有功功率**来表示。有功功率也称**平均功率**,是瞬时功率在一个周期内的平均值,用 P 表示,单位是 W(瓦[特])。

理论和实验证明,纯电阻电路的有功功率

$$P = U_R I$$

式中:P——纯电阻电路的有功功率,单位是 W;

U_R——电阻 R 两端交流电压的有效值,单位是 V;

I ——通过电阻 R 的交流电流的有效值,单位是 A。

根据欧姆定律,有功功率还可以表示为

$$P = I^2 R, \quad P = \frac{U_R^2}{R}$$

职业相关知识

通常所说的用电器消耗的功率,如 75 W 的电烙铁等都是指有功功率。

【例 7-2-1】

将一个阻值为 484 Ω 的电阻器,接到 $u = 220\sqrt{2} \sin(314t - 60°)$ V 的交流电源上。试求:(1)通过电阻器的电流为多少? 写出电流的解析式;(2)电阻器消耗的功率是多少?

解:(1) 电压的有效值

$$U = \frac{U_m}{\sqrt{2}} = \frac{220\sqrt{2}}{\sqrt{2}} \text{ V} = 220 \text{ V}$$

电流的有效值

$$I = \frac{U}{R} = \frac{220}{484} \text{ A} \approx 0.45 \text{ A}$$

电流的解析式

$$i = 0.45\sqrt{2} \sin(314t - 60°) \text{ A}$$

（2）电阻器消耗的功率

$$P = UI = 220 \times \frac{220}{484} \text{ W} = 100 \text{ W}$$

7.2.2　纯电感电路

在纯电感电路中，只有空心线圈的负载且线圈的电阻和分布电容均忽略不计，如图 7-2-5 所示。纯电感电路是理想电路，实际的电感线圈都有一定的电阻，当电阻很小可以忽略不计时，电感线圈可看成纯电感电路。

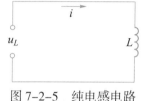

图 7-2-5　纯电感电路

1. 电流与电压的关系

图 7-2-5 所示的纯电感电路中，设加在电感两端的交流电压

$$u_L = U_{Lm} \sin \omega t$$

（1）电流与电压的数量关系。实验证明，纯电感电路的电流与电压的数量关系为

$$I = \frac{U_L}{X_L} \text{ 或 } I_m = \frac{U_{Lm}}{X_L}$$

即纯电感电路的电流与电压的有效值（或最大值）符合欧姆定律。值得注意的是，式中，X_L 为感抗，不是电感 L，且 $X_L = \omega L = 2\pi f L$。

（2）电流与电压的相位关系。实验证明，纯电感电路中，电流与电压的相位关系为**电压超前电流** $\frac{\pi}{2}$，或者说，**电流滞后电压** $\frac{\pi}{2}$。

纯电感电路中，由于电压的初相 $\varphi_u = 0$，则电流的初相 $\varphi_i = -\frac{\pi}{2}$，因此电流的瞬时值表达式为

$$i = I_m \sin\left(\omega t - \frac{\pi}{2}\right)$$

纯电感电路中，电流与电压的矢量图如图 7-2-6（a）所示，波形图如图 7-2-6（b）所示。

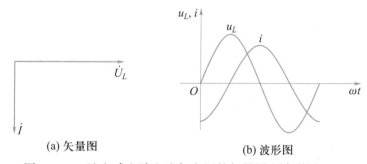

(a) 矢量图　　　(b) 波形图

图 7-2-6　纯电感电路电流与电压的矢量图和波形图

2. 电路的功率

纯电感电路的瞬时功率

$$p = u_L i = U_{Lm} \sin \omega t I_m \sin\left(\omega t - \frac{\pi}{2}\right)$$

$$= U_{Lm}I_m \sin \omega t \cos \omega t = \frac{1}{2}U_{Lm}I_m \sin 2\omega t$$

$$= U_L I \sin 2\omega t$$

画出 p、u_L、i 三者的波形,如图 7-2-7 所示。从函数表达式和波形图均可看出,纯电感电路的瞬时功率的大小随时间进行周期性变化,瞬时功率曲线一半为正,一半为负。因此,瞬时功率的平均值为零,即 $P = 0$,表示电感元件不消耗功率。

电感元件虽然不消耗功率,但与电源之间不断进行能量转换。瞬时功率为正时,电感线圈从电源吸收能量,并储存在电感线圈内部;瞬时功率为负时,电感线圈把储存能量返还给电源,即电感线圈与电源之间进行着可逆的能量转换。

瞬时功率的最大值 $U_L I$,表示电感与电源之间能量转换的最大值,称为**无功功率**,用符号 Q_L 表示,单位是 var(乏),即

$$Q_L = U_L I$$

式中:Q_L——纯电感电路的无功功率,单位是 var;

U_L——电感 L 两端交流电压的有效值,单位是 V;

I ——通过电感 L 的交流电流的有效值,单位是 A。

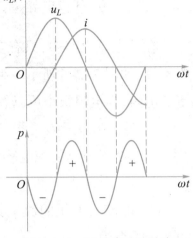

图 7-2-7   纯电感电路功率

职业相关知识

必须说明,无功功率不是无用功率。"无功"的含义是"交换"而不是"消耗",是相对于有功而言的。无功功率表示交流电路中能量转换的最大值。在工程上,具有电感性质的电动机、变压器等设备都是根据电磁能量转换进行工作的。

【例 7-2-2】

一个 10 mH 的电感器接在 $u = 220\sqrt{2}\sin\left(10^4 t + \frac{\pi}{6}\right)$ V 的交流电源上。(1) 通过线圈的电流为多少? 写出电流的解析式;(2) 电路的无功功率为多少?

解:由 $u = 220\sqrt{2}\sin\left(10^4 t + \frac{\pi}{6}\right)$ V 可知:

电源电压的有效值 $U = 220$ V,角频率 $\omega = 10^4$ rad/s,初相 $\varphi_u = \frac{\pi}{6}$

(1) 线圈的感抗

$$X_L = \omega L = 10^4 \times 10 \times 10^{-3}\ \Omega = 100\ \Omega$$

电流的有效值

$$I = \frac{U}{X_L} = \frac{220}{100}\ A = 2.2\ A$$

电流的初相

$$\varphi_i = \varphi_u - \frac{\pi}{2} = \frac{\pi}{6} - \frac{\pi}{2} = -\frac{\pi}{3}$$

电流的瞬时值表达式

$$i = 2.2\sqrt{2}\sin\left(10^4 t - \frac{\pi}{3}\right) \text{A}$$

(2) 电路的无功功率

$$Q_L = U_L I = 220 \times 2.2 \text{ var} = 484 \text{ var}$$

7.2.3 纯电容电路

在纯电容电路中,只有电容器负载且电容器的漏电电阻均忽略不计, 如图 7-2-8 所示。

教学视频
纯电容电路

1. 电流与电压的关系

如图 7-2-8 所示的纯电容电路中,设加在电容两端的交流电压

$$u_C = U_{Cm}\sin \omega t$$

图 7-2-8 纯电容电路

(1) 电流与电压的数量关系。实验证明,纯电容电路的电流与电压的数量关系为

$$I = \frac{U_C}{X_C} \text{ 或 } I_m = \frac{U_{Cm}}{X_C}$$

即纯电容电路的电流与电压的有效值(或最大值)符合欧姆定律。值得注意的是,式中 X_C 为容抗,不是电容 C,且 $X_C = \dfrac{1}{\omega C} = \dfrac{1}{2\pi f C}$。

(2) 电流与电压的相位关系。实验证明,纯电容电路中,电流与电压的相位关系为**电流超前电压 $\dfrac{\pi}{2}$**,或者说,**电压滞后电流 $\dfrac{\pi}{2}$**。

纯电容电路中,由于电压的初相 $\varphi_u = 0$,则电流的初相 $\varphi_i = \dfrac{\pi}{2}$,因此电流的瞬时值表达式为

$$i = I_m\sin\left(\omega t + \frac{\pi}{2}\right)$$

纯电容电路中,电流与电压的矢量图如图 7-2-9(a)所示,波形图如图 7-2-9(b)所示。

2. 电路的功率

纯电容电路的瞬时功率

$$p = u_C i = U_{Cm} \sin \omega t I_m \sin\left(\omega t + \frac{\pi}{2}\right)$$

$$= U_{Cm} I_m \sin \omega t \cos \omega t = \frac{1}{2} U_{Cm} I_m \sin 2\omega t$$

$$= U_C I \sin 2\omega t$$

画出 p、u_C、i 三者的波形,如图 7-2-10 所示。从函数表达式和波形图均可看出,纯电容电路的瞬时功率的大小随时间进行周期性变化,瞬时功率曲线一半为正,一半为负。因此,瞬时功率的平均值为零,即 $P = 0$,表示电容元件不消耗功率。

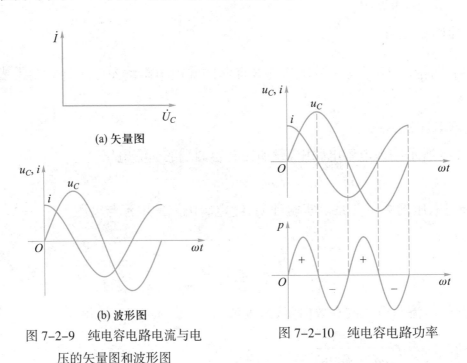

(a) 矢量图

(b) 波形图

图 7-2-9　纯电容电路电流与电
压的矢量图和波形图

图 7-2-10　纯电容电路功率

电容元件虽然不消耗功率,但与电源之间不断进行能量的转换,即电容器的充电和放电。纯电容电路的无功功率

$$Q_C = U_C I$$

式中:Q_C——纯电容电路的无功功率,单位是 var;

　　　U_C——电容 C 两端交流电压的有效值,单位是 V;

　　　I ——通过电容 C 交流电流的有效值,单位是 A。

【例 7-2-3】

一个 10 μF 的电容器接在 $u = \sqrt{2} \sin\left(10^4 t + \frac{\pi}{3}\right)$ V 的交流电源上。

(1) 通过电容器的电流为多少? 写出电流的解析式。

(2) 电路的无功功率为多少?

解:由 $u = \sqrt{2} \sin\left(10^4 t + \frac{\pi}{3}\right)$ V可知:

电源电压的有效值 $U = 1\text{ V}$,角频率 $\omega = 10^4\text{ rad/s}$,初相 $\varphi_u = \dfrac{\pi}{3}$

(1) 电容器的容抗

$$X_C = \frac{1}{\omega C} = \frac{1}{10^4 \times 10 \times 10^{-6}}\ \Omega = 10\ \Omega$$

通过电容器的电流

$$I = \frac{U}{X_C} = \frac{1}{10}\ \text{A} = 0.1\ \text{A}$$

电流的初相

$$\varphi_i = \varphi_u + \frac{\pi}{2} = \frac{\pi}{3} + \frac{\pi}{2} = \frac{5\pi}{6}$$

电流的瞬时值表达式为

$$i = 0.1\sqrt{2}\sin\left(10^4 t + \frac{5\pi}{6}\right)\ \text{A}$$

(2) 电路的无功功率

$$Q_C = U_C I = 1 \times 0.1\ \text{var} = 0.1\ \text{var}$$

思考与练习

1. 把阻值为 $100\ \Omega$ 的电阻器接到 $u=10\sqrt{2}\sin(10\pi t+30°)$ V 的交流电源上,则通过电阻器的电流大小为＿＿＿＿,电流的解析式为＿＿＿＿。

2. 把 L 为 100 mH 的电感线圈接到 $u=141\sin(100\pi t-60°)$ V 的电源上,则通过电感线圈的电流大小为＿＿＿＿,电流的解析式为＿＿＿＿。

3. 把电容为 $10\ \mu\text{F}$ 的电容器接到 $u=100\sqrt{2}\sin(100\pi t+60°)$ V 的电源上,则通过电容器的电流大小为＿＿＿＿,电流的解析式为＿＿＿＿。

4. 分别绘制出第 1、2、3 小题中电流与电压的矢量图。

7.3 *RL*、*RC* 与 *RLC* 串联电路

观察与思考

在照明电路中,荧光灯电路的应用非常广泛。实际上,荧光灯电路是最常见的 *RL* 串联电路,它是把镇流器(电感线圈)和灯管(电阻)串联起来,再接到交流电源上。荧光灯的电路图和原理图如图 7-3-1 所示。把荧光灯接到交流电源上后,用万用表测得电源电压 U 为 220 V,镇流器两端电压 U_L 为 190 V,灯管两端电压 U_R 为 110 V。

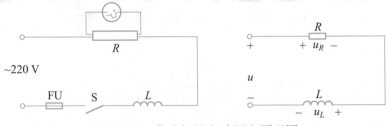

图 7-3-1 荧光灯的电路图和原理图

从测量结果看,交流串联电路中,总电压的有效值并不等于各分电压的有效值之和 $(220\text{ V} \neq 190\text{ V}+110\text{ V})$,即 $U \neq U_L+U_R$。那么,在 RL 串联电路中,总电压的有效值与各分电压的有效值之间到底满足怎样的关系呢? 如果是 RC 串联电路或是 RLC 串联电路呢? 本节将学习 RL、RC 及 RLC 串联电路的分析方法、总电压与各分电压之间的关系、电路中的阻抗、功率及功率因数等相关知识与技能。

7.3.1 *RL* 串联电路

教学视频
RL 串联电路

电阻与电感串联组成的电路称为 RL 串联电路,如图 7-3-2 所示。RL 串联电路包含了电阻、电感两个不同的电路参数,常见的线圈,如电动机、变压器的线圈是 RL 串联电路。

1. 总电压与各分电压之间的关系

交流电路的分析是以矢量图为工具,画矢量图时要先确定参考正弦量。因为串联电路中电流处处相等,所以分析 RL 串联电路通常以电流作为参考正弦量。

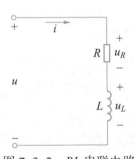

图 7-3-2 *RL* 串联电路

如图 7-3-2 所示,设通过 RL 串联电路的电流

$$i = I_m\sin \omega t$$

则电阻两端的电压

$$u_R = RI_m\sin \omega t$$

电感两端的电压

$$u_L = X_L I_m \sin\left(\omega t + \frac{\pi}{2}\right)$$

根据基尔霍夫电压定律,电路总电压的瞬时值等于各个电压瞬时值之和,即

$$u = u_R + u_L$$

画出 u、u_R、u_L 及 i 的矢量图,如图 7-3-3(a)所示。$\dot{U}$、$\dot{U}_R$、$\dot{U}_L$ 构成直角三角形,如图 7-3-3(b)所示,称为电压三角形。

由电压三角形可得到,总电压与各分电压之间的数量关系为

$$U = \sqrt{U_R^2 + U_L^2}$$

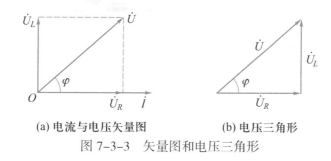

(a) 电流与电压矢量图　　　(b) 电压三角形

图 7-3-3　矢量图和电压三角形

2. 总电压与电流的相位差

从电压、电流矢量图中可以得到,在 *RL* 串联电路中,总电压超前电流

$$\varphi = \varphi_u - \varphi_i = \arctan \frac{U_L}{U_R}$$

职业相关知识

通常情况下,将总电压超前电流的电路称为电感性电路,简称感性电路。

3. 电路的阻抗

将 $U_R = RI$、$U_L = X_L I$ 代入总电压与各分电压之间的关系式中,则

教学视频
RL 串联电路
中的阻抗

$$U = \sqrt{(RI)^2 + (X_L I)^2} = I\sqrt{R^2 + X_L^2}$$

上式整理后得

$$I = \frac{U}{\sqrt{R^2 + X_L^2}} = \frac{U}{Z}$$

其中

$$Z = \sqrt{R^2 + X_L^2}$$

式中:U——电路总电压的有效值,单位是 V;

I——电路中电流的有效值,单位是 A;

Z——电路的阻抗,也可用 |Z| 表示,单位是 Ω。

Z 称为**电路的阻抗**,单位是 Ω。它表示电阻和电感串联电路对交流电呈现的阻碍作用,阻抗的大小决定于电路参数(R、L)和电源频率。

将电压三角形三边同除以电流 I,可以得到由阻抗 Z、电阻 R 和感抗 X_L 组成的直角三角形,称为**阻抗三角形**,如图 7-3-4 所示。

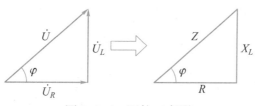

图 7-3-4　阻抗三角形

阻抗三角形和电压三角形是相似三角形,阻抗三角形中 Z 与 R 的夹角等于电压三角形中电压与电流的夹角 φ,φ 称为**阻抗角**,也是电压与电流的**相位差**,则

$$\varphi = \arctan \frac{X_L}{R}$$

可见,φ 的大小只与电路参数 R、L 和电源频率有关,与电压的大小无关。

小提示

从电压三角形中,还可以得到总电压与各分电压之间的关系:$U_R = U\cos\varphi$,$U_L = U\sin\varphi$;从阻抗三角形中还可以得到电阻、感抗和阻抗之间的关系:$R = Z\cos\varphi$,$X_L = Z\sin\varphi$。

4. 电路的功率

将电压三角形三边同时乘以 I,就可以得到由有功功率、无功功率和视在功率(总电压有效值与电流的乘积)组成的三角形——**功率三角形**,如图 7-3-5 所示。

教学视频
RL 串联电路
中的功率

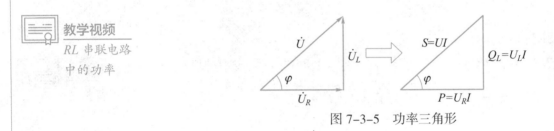

图 7-3-5 功率三角形

(1) 视在功率。把 S 称为交流电路的**视在功率**,视在功率表示电源提供的总功率(包括有功功率和无功功率),即交流电源的**容量**。视在功率用 S 表示,等于总电压有效值与总电流有效值的乘积,即

$$S = UI$$

视在功率的单位为 $V \cdot A$(伏安),常用单位还有 $kV \cdot A$ 和 $MV \cdot A$。

(2) 有功功率。电路中只有电阻消耗功率,即**有功功率**,它等于电阻两端的电压与电路中电流的乘积,即

$$P = U_R I = RI^2 = \frac{U_R^2}{R}$$

由于 $U_R = U\cos\varphi$,所以

$$P = UI\cos\varphi = S\cos\varphi$$

(3) 无功功率。电路中的电感不消耗能量,它与电源之间不停地进行能量转换,即**无功功率**,它等于电感两端的电压与电路中电流的乘积,即

$$Q_L = U_L I = X_L I^2 = \frac{U_L^2}{X_L}$$

由于 $U_L = U\sin\varphi$,所以

$$Q_L = UI\sin\varphi = S\sin\varphi$$

另外,从功率三角形还可得到有功功率 P、无功功率 Q_L 和视在功率 S 之间的关系,即

$$S = \sqrt{P^2 + Q^2}$$

其中,阻抗角 φ 的大小也可表示为

$$\varphi = \arctan\frac{Q_L}{P}$$

5. 功率因数

在 *RL* 串联电路中,既有耗能元件电阻,又有储能元件电感。因此,电源提供的总功率一部分被电阻消耗(有功功率),另一部分用于电感与电源交换(无功功率)。这样就存在电源功率利用率问题。为了反映功率的利用率,把有功功率与视在功率的比值称为**功率因数**,用 λ 表示,则

$$\lambda = \cos\varphi = \frac{P}{S}$$

上式表明,当视在功率一定时,功率因数越大,用电设备的有功功率也越大,电源输出功率的利用率就越高。功率因数的大小由电路参数(R、L)和电源频率决定。

【例 **7–3–1**】

将电感为 255 mH、电阻为 60 Ω 的线圈接到 $u = 220\sqrt{2}\sin314t$ V 的交流电源上。求:(1) 线圈的阻抗;(2)电路中的电流有效值和瞬时值表达式;(3)电路中的有功功率 P、无功功率 Q 和视在功率 S。

解:由电压解析式 $u = 220\sqrt{2}\sin314t$ V 可得

电压有效值 $U = 220$ V,角频率 $\omega = 314$ rad/s

(1) 线圈的感抗　$X_L = \omega L = 314 \times 255 \times 10^{-3}\,\Omega \approx 80\,\Omega$

线圈的阻抗

$$Z = \sqrt{R^2 + X_L^2} = \sqrt{60^2 + 80^2}\,\Omega = 100\,\Omega$$

(2) 电路中电流的有效值

$$I = \frac{U}{Z} = \frac{220}{100}\,A = 2.2\,A$$

端电压与电流之间的相位差

$$\varphi = \arctan\frac{X_L}{R} = \arctan\frac{80}{60} = \arctan\frac{4}{3} \approx 53.1°$$

则电流瞬时值表达式为

$$i = 2.2\sqrt{2}\sin(314t - 53.1°)\,A$$

(3) 电路中的有功功率

$$P = RI^2 = 60 \times 2.2^2\,W = 290.4\,W$$

电路中的无功功率

$$Q_L = X_L I^2 = 80 \times 2.2^2 \, \text{var} = 387.2 \, \text{var}$$

电路中的视在功率

$$S = UI = 220 \times 2.2 \, \text{V} \cdot \text{A} = 484 \, \text{V} \cdot \text{A}$$

7.3.2 RC 串联电路

教学视频
RC 串联电路

电阻与电容串联组成的电路称为 *RC* 串联电路,如图 7-3-6 所示。在电工电子技术中,经常遇到阻容耦合放大器、*RC* 振荡器、*RC* 移相电路等,这些电路都是 *RC* 串联电路。

1. 总电压与各分电压之间的关系

RC 串联电路的分析方法同 *RL* 串联电路。

如图 7-3-6 所示,设通过 *RC* 串联电路的电流

$$i = I_m \sin \omega t$$

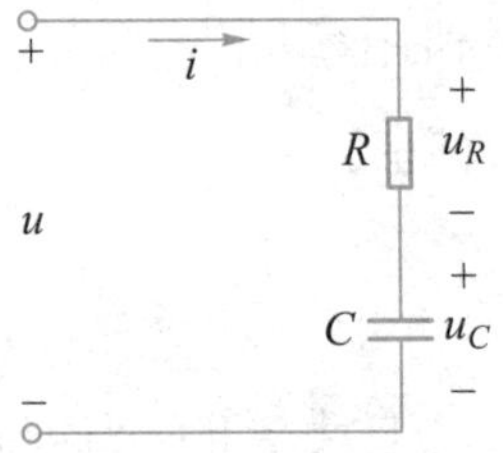

则电阻两端的电压

$$u_R = R I_m \sin \omega t$$

电容两端的电压

$$u_C = X_C I_m \sin \left(\omega t - \frac{\pi}{2} \right)$$

图 7-3-6 *RC* 串联电路

画出 u、u_R、u_C 及 i 的矢量图,如图 7-3-7 所示,其电压三角形、阻抗三角形和功率三角形分别如图 7-3-8(a)(b)(c)所示。

由电压三角形可得到,总电压与各分电压之间的数量关系为

$$U = \sqrt{U_R^2 + U_C^2}$$

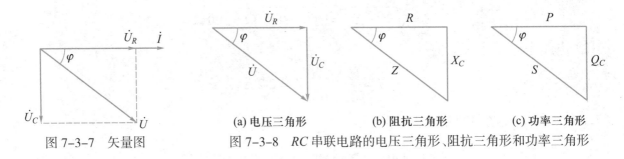

图 7-3-7 矢量图

(a) 电压三角形   (b) 阻抗三角形   (c) 功率三角形

图 7-3-8 *RC* 串联电路的电压三角形、阻抗三角形和功率三角形

2. 总电压与电流的相位差

从电压、电流矢量图中可以得到,在 *RC* 串联电路中,总电压滞后电流

$$\varphi = \arctan \frac{U_C}{U_R} = \arctan \frac{X_C}{R}$$

职业相关知识

通常情况下,将总电压滞后电流的电路称为电容性电路,简称容性电路。

教学视频
RC 串联电路
中的阻抗与
功率

3. 电路的阻抗

电路的阻抗

$$Z = \sqrt{R^2 + X_C^2}$$

4. 电路的功率

（1）视在功率。

视在功率

$$S = UI$$

（2）有功功率。

电路中的有功功率为电阻消耗的功率,即

$$P = U_R I = RI^2 = \frac{U_R^2}{R}$$

或

$$P = UI\cos\varphi = S\cos\varphi$$

（3）无功功率。

电路中的电容不消耗能量,它与电源之间不停地进行能量转换,即无功功率

$$Q_C = U_C I = X_C I^2 = \frac{U_C^2}{X_C}$$

或

$$Q_C = UI\sin\varphi = S\sin\varphi$$

则有功功率 P、无功功率 Q_C 和视在功率 S 之间的关系为

$$S = \sqrt{P^2 + Q_C^2}$$

【例 7-3-2】

把一个阻值为 30 Ω 的电阻和电容为 80 μF 的电容器串联后接到交流电源上,电源电压 $u = 220\sqrt{2}\sin314t$ V。求:(1)电容的容抗;(2)电路中的电流有效值;(3)电路中的有功功率 P、无功功率 Q 和视在功率 S;(4)端电压与电流之间的相位差。

解:由电压解析式 $u = 220\sqrt{2}\sin314t$ V 可得

电压有效值 $U = 220$ V,角频率 $\omega = 314$ rad/s

（1）电容的容抗

$$X_C = \frac{1}{\omega C} = \frac{1}{314 \times 80 \times 10^{-6}}\ \Omega \approx 40\ \Omega$$

（2）电路的阻抗

$$Z = \sqrt{R^2 + X_C^2} = \sqrt{30^2 + 40^2} \ \Omega = 50 \ \Omega$$

电路中的电流有效值

$$I = \frac{U}{Z} = \frac{220}{50} \ \mathrm{A} = 4.4 \ \mathrm{A}$$

（3）电路中的有功功率

$$P = RI^2 = 30 \times 4.4^2 \ \mathrm{W} = 580.8 \ \mathrm{W}$$

电路中的无功功率

$$Q_C = X_C I^2 = 40 \times 4.4^2 \ \mathrm{var} = 774.4 \ \mathrm{var}$$

电路中的视在功率

$$S = UI = 220 \times 4.4 \ \mathrm{V \cdot A} = 968 \ \mathrm{V \cdot A}$$

（4）端电压与电流之间的相位差

$$\varphi = \arctan \frac{X_C}{R} = \arctan \frac{40}{30} \approx 53.1°$$

教学视频
RLC 串联电路

7.3.3 *RLC* 串联电路

电阻、电感、电容串联组成的电路称为 *RLC* **串联电路**，如图 7-3-9 所示。*RLC* 串联电路包含了三个不同的电路参数，是在实际工作中常遇到的典型电路，如供电系统中的补偿电路和电工电子技术中常用的串联谐振电路都属于这种电路。

1. 总电压与各分电压之间的关系

RLC 串联电路如图 7-3-9 所示，设通过 *RLC* 串联电路中的电流

$$i = I_{\mathrm{m}} \sin \omega t$$

则电阻两端的电压

$$u_R = RI_{\mathrm{m}} \sin \omega t$$

电感两端的电压

$$u_L = X_L I_{\mathrm{m}} \sin \left(\omega t + \frac{\pi}{2} \right)$$

电容两端的电压

$$u_C = X_C I_{\mathrm{m}} \sin \left(\omega t - \frac{\pi}{2} \right)$$

根据基尔霍夫电压定律，电路总电压的瞬时值等于各个电压瞬时值之和，即

$$u = u_R + u_L + u_C$$

画出 i、u、u_R、u_L 及 u_C 的矢量图，如图 7-3-10 所示。

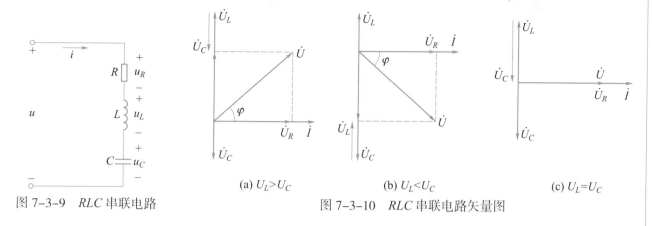

图 7-3-9　RLC 串联电路

(a) $U_L > U_C$　　(b) $U_L < U_C$　　(c) $U_L = U_C$

图 7-3-10　RLC 串联电路矢量图

从矢量图中可以看出,总电压有效值与各分电压有效值之间的关系为

$$U = \sqrt{U_R^2 + \left(U_L - U_C\right)^2}$$

2. 总电压与电流间的相位差

总电压与电流间的相位差

$$\varphi = \arctan \frac{U_L - U_C}{U_R}$$

当 $U_L > U_C$ 时,$\varphi > 0$,电压超前电流;当 $U_L < U_C$ 时,$\varphi < 0$,电压滞后电流;当 $U_L = U_C$ 时,$\varphi = 0$,电压与电流同相。

教学视频

RLC 串联电路中的阻抗与功率

3. 电路的阻抗

将 $U_R = RI$、$U_L = X_L I$、$U_C = X_C I$ 代入总电压与各分电压之间的关系式中,则

$$U = \sqrt{\left(RI\right)^2 + \left(X_L I - X_C I\right)^2} = I\sqrt{R^2 + \left(X_L - X_C\right)^2}$$

上式整理后得

$$I = \frac{U}{\sqrt{R^2 + \left(X_L - X_C\right)^2}} = \frac{U}{Z}$$

则

$$Z = \sqrt{R^2 + \left(X_L - X_C\right)^2} = \sqrt{R^2 + X^2}$$

把 $X = X_L - X_C$ 称为**电抗**,它是电感与电容共同作用的结果;把 Z 称为交流电路的**阻抗**,它是电阻与电抗共同作用的结果。电抗和阻抗的单位均为 Ω。

同理,将电压三角形三边同除以电流 I,可以得到由阻抗 Z、电阻 R 和电抗 X 组成的阻抗三角形,如图 7-3-11 所示。

由阻抗三角形可知,电路的阻抗角

$$\varphi = \arctan \frac{X}{R} = \arctan \frac{X_L - X_C}{R}$$

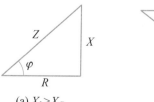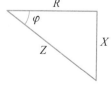

(a) $X_L > X_C$　　(b) $X_L < X_C$

图 7-3-11　RLC 串联电路的阻抗三角形

则阻抗角 φ 的大小取决于电路的参数 R、L、C 及电源频率 f,电抗 X 的值决定着电路的性质。

(1) 当 $X_L > X_C$,即 $X > 0$ 时,$\varphi = \arctan \dfrac{X}{R} > 0$,$U_L > U_C$,总电压超前总电流,电路呈电感性。

(2) 当 $X_L < X_C$,即 $X < 0$ 时,$\varphi = \arctan \dfrac{X}{R} < 0$,$U_L < U_C$,总电压滞后总电流,电路呈电容性。

(3) 当 $X_L = X_C$,即 $X = 0$ 时,$\varphi = \arctan \dfrac{X}{R} = 0$,$U_L = U_C$,总电压与总电流同相,电路呈电阻性,此时的电路状态称为谐振。

4. 电路的功率

在 RLC 串联电路中,存在着有功功率 P、无功功率 Q 和视在功率 S,它们分别为

$$\begin{cases} P = U_R I = R I^2 = UI\cos\varphi \\ Q = Q_L - Q_C = (U_L - U_C)I = (X_L - X_C)I^2 = UI\sin\varphi \\ S = UI \end{cases}$$

在电阻、电感和电容串联电路中,流过电感和电容的是同一个电流,而电感两端电压 u_L 和电容两端电压 u_C 相位相反,电感性无功功率 Q_L 与电容性无功功率 Q_C 是可以互相补偿的,因此,电路中的无功功率为两者之差,即 $Q = Q_L - Q_C$。

如果将电压三角形的三边同乘以电流有效值 I,就可以得到由视在功率 S、有功功率 P 和无功功率 Q 组成的功率三角形。则有

$$\begin{cases} S = \sqrt{P^2 + Q^2} \\ \varphi = \arctan \dfrac{Q}{P} \end{cases}$$

【例 7-3-3】

已知某 RLC 串联电路中,电阻为 $30\ \Omega$,电感为 $127\ \text{mH}$,电容为 $40\ \mu\text{F}$,电路两端交流电压 $u = 311\sin 314t\ \text{V}$。求:(1) 电路的阻抗值;(2) 电流的有效值;(3) 各元件两端电压的有效值;(4) 电路的有功功率、无功功率和视在功率;(5) 判断电路的性质。

解:由 $u = 311\sin 314t\ \text{V}$ 可知,电源电压的有效值 $U = 220\ \text{V}$,角频率 $\omega = 314\ \text{rad/s}$

(1) 线圈的感抗 $X_L = \omega L = 314 \times 127 \times 10^{-3}\ \Omega \approx 40\ \Omega$

电容的容抗 $X_C = \dfrac{1}{\omega C} = \dfrac{1}{314 \times 40 \times 10^{-6}}\ \Omega \approx 80\ \Omega$

电路的阻抗 $Z = \sqrt{R^2 + (X_L - X_C)^2} = \sqrt{30^2 + (40 - 80)^2}\ \Omega = 50\ \Omega$

(2) 电流的有效值 $I = \dfrac{U}{Z} = \dfrac{220}{50}\ \text{A} = 4.4\ \text{A}$

(3) 各元件两端电压的有效值

$$U_R = RI = 30 \times 4.4\ \text{V} = 132\ \text{V}$$

$$U_L = X_L I = 40 \times 4.4\ \text{V} = 176\ \text{V}$$

$$U_C = X_C I = 80 \times 4.4 \text{ V} = 352 \text{ V}$$

（4）电路的有功功率、无功功率和视在功率

$$P = I^2 R = 4.4^2 \times 30 \text{ W} = 580.8 \text{ W}$$

$$Q = Q_L - Q_C = I^2 (X_L - X_C) = 4.4^2 \times (40-80) \text{ var} = -774.4 \text{ var}$$

$$S = UI = 220 \times 4.4 \text{ V} \cdot \text{A} = 968 \text{ V} \cdot \text{A}$$

（5）电路的性质

因为 $X_L < X_C$，$Q_L < Q_C$，即 $Q < 0$，表明该电路呈电容性。

思考与练习

在 *RLC* 串联电路中，电源电压为 100 V，$R = 40 \ \Omega$，$X_L = 50 \ \Omega$，$X_C = 80 \ \Omega$，则电路的阻抗 $Z = $ _____，总电压与电流的相位差 $\varphi = $ _____，电流的有效值 $I = $ _____，电路的有功功率 $P = $ _____，无功功率 $Q = $ _____，视在功率 $S = $ _____，该电路为 _____ 性电路。

实训项目九　*RC* 串联电路中电压、电流的测量与波形观察

实训目的

- 学会使用万用表测量交流电压和电流。
- 学会使用示波器观察两个同频率正弦交流电压波形的相位关系。

任务一　认识并搭接电路

1. 电路组成

RC 串联电路原理图如图 7-3-12 所示，电路由交流电源、开关、电容器和电阻器串联组成。

2. 元器件识别与检测

本实训项目所需元器件并不多，实训前读者可对应表 7-3-1 逐一进行识别。

表 7-3-1　*RC* 串联电路实训元器件清单

序号	名称	规格	数量	实物图	备注
1	交流电源（*u*）	3~5 V 1 kHz	1	略	可由函数信号发生器产生
2	电容器（*C*）	0.1 μF	1		涤纶电容器
3	电阻器（*R*）	1.1 kΩ	1		五色环电阻器
4	开关（S）		1		可省略
5	面包板		1		

序号	名称	规格	数量	实物图	备注
6	连接导线		若干		
7	万用表	VC890D	1	略	
8	示波器	双踪	1	略	

3. 搭接电路

按图 7-3-12 所示 RC 串联电路原理图在面包板上搭接好电路, RC 串联电路实物图如图 7-3-13 所示（也可在电工实验、实训台上搭接）。

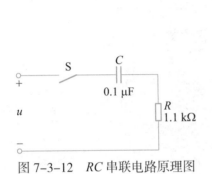

图 7-3-12　RC 串联电路原理图

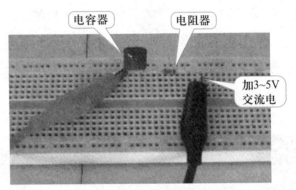

图 7-3-13　RC 串联电路实物图

任务二　使用万用表测量电路总电压和各分电压

1. 加"1 kHz、3 V"交流信号

操作步骤如下：

(1) 将"1 kHz、3 V"交流信号加到 RC 串联电路两端, 电路正常工作。

(2) 选择万用表的挡位与量程, 拨到交流 20 V 挡。

(3) 使用万用表分别测量电阻器两端电压 U_R、电容器两端电压 U_C 和电路两端总电压 U, 并把测量结果填入表 7-3-2 中。

(4) 使用万用表的交流电流挡测量电路中的电流, 并把测量结果填入表 7-3-2 中。

表 7-3-2　电路总电压和各分电压测量技训表

序号	信号电压 /V	电阻器两端电压 U_R/V	电容器两端电压 U_C/V	电路两端总电压 U/V	电路中的电流 I/mA
1	3				
2	5				
分析: U_R、U_C 和 U 之间满足什么关系？ $U^2=U_R^2+U_C^2$？					

2. 加"1 kHz、5 V"交流信号

操作步骤如下：

（1）将"1 kHz、5 V"交流信号加到 *RC* 串联电路两端，电路正常工作。

（2）（3）（4）的操作步骤同上，并把测量结果填入表 7-3-2 中。

任务三　使用双踪示波器观察 u_R 与 u 的波形

操作步骤如下：

（1）校正好示波器。

（2）在面包板上搭接好电路，加"1 kHz、3 V"交流信号。

（3）将示波器 CH1、CH2 通道的探头分别接电阻 *R* 两端电压 u_R 和电路两端的总电压 u，如图 7-3-14 所示。

小提示

两个探头的接地端应接在同一电位端，即电阻 *R* 与电源相连的一端。

（4）在同一坐标中（如图 7-3-15 所示）画出 u_R 与 u 的波形图，并分别计算其幅值和周期。

（5）试分析 u_R 与 u 的相位关系，并说明电路中电流 *i* 与电压 *u* 的相位关系。

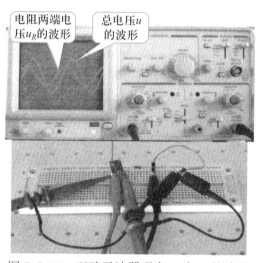

图 7-3-14　双踪示波器观察 u_R 与 u 的波形

图 7-3-15　绘出 u_R 与 u 的波形

任务四　实训小结

（1）将"*RC* 串联电路中电压、电流的测量与波形观察"的操作方法与步骤、收获与体会及实训评价填入"实训小结表"（见附录 2）。

（2）将实训过程评价填入"实训过程评价表"（见附录 1）中的相应位置。

*7.4   电路的谐振

观察与思考

做图 7-4-1 所示的实验,灯 EL(R)、电感 L 和电容 C 组成一个 RLC 串联电路,在串联电路的两端加频率可调的低频正弦交流信号。保持信号源电压值不变,改变信号源频率,使它由低逐渐变高,灯 EL 由暗逐渐变亮。当信号源频率增大到某一数值时,灯最亮。继续提高信号源频率,灯又由亮逐渐变暗。你知道这是为什么吗? 此时 RLC 串联电路发生了什么现象?

教学动画
串联谐振
电路

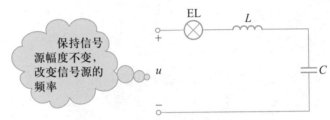

图 7-4-1   RLC 串联电路谐振实验

灯的亮度与 RLC 串联电路中的电流大小有关,电流大,灯就亮,电流小,灯就暗。灯最亮时,说明 RLC 串联电路中的电流最大,总阻抗最小($Z = R$),把这种现象称为谐振现象,也就是说电路发生了谐振。本节将学习谐振电路的相关知识与技能。

7.4.1   RLC 串联谐振电路

在 RLC 串联电路中,当电源电压和电流同相时,电路呈电阻性,电路的这种状态称为串联谐振。

1. 串联谐振的条件

在 RLC 串联电路中,当电路发生谐振时,总阻抗最小,电路的电抗为零。

$$X = X_L - X_C = 0$$

即

$$X_L = X_C$$

所以串联谐振条件是**电路的感抗**等于**容抗**。

2. 谐振频率

串联谐振时,$X_L = X_C$,即 $2\pi f L = \dfrac{1}{2\pi f C}$

所以谐振频率

$$f_0 = f = \frac{1}{2\pi\sqrt{LC}}$$

式中：f_0——谐振频率，单位是 Hz；

L——线圈的电感，单位是 H；

C——电容器的电容，单位是 F。

小提示

谐振频率 f_0 仅由电路参数 L 和 C 决定，与电阻 R 的大小无关，它反映电路本身的固有频率。因此，f_0 也称电路的固有频率。电路发生谐振时，外加电源的频率必须等于电路的固有频率。在实际应用中常通过改变电路参数 L 或 C 的办法来使电路在某一频率下发生谐振。

3. 特性阻抗

谐振时，电路的电抗为零，但感抗和容抗都不为零，此时的感抗或容抗称为电路的特性阻抗，用字母 ρ 表示，单位是 Ω。

$$\rho = \omega_0 L = \frac{1}{\omega_0 C} = \sqrt{\frac{L}{C}}$$

可见，特性阻抗其实就是电路谐振时的感抗或容抗。

4. 品质因数

在电子技术中，通常把谐振电路的特性阻抗与电路中电阻的比值称为品质因数，用字母 Q 表示。用品质因数能够说明谐振电路的性能。

$$Q = \frac{\rho}{R} = \frac{\omega_0 L}{R} = \frac{1}{\omega_0 CR} = \frac{1}{R}\sqrt{\frac{L}{C}}$$

式中：Q——品质因数；

ω_0——谐振时的角频率，单位是 rad/s；

R——电阻，单位是 Ω；

L——线圈的电感，单位是 H；

C——电容器的电容，单位是 F。

可见，Q 值的大小由电路参数 R、L 和 C 决定，与电源的频率 f 无关。

5. 串联谐振特点

（1）总阻抗最小。串联谐振时，$X_L = X_C$，电路的总阻抗 $Z = R$ 为最小，且电路为电阻性。

（2）总电流最大。串联谐振时，因总阻抗最小，在电压 U 一定时，电路中的谐振电流最大，即

$$I_0 = \frac{U}{Z} = \frac{U}{R}$$

（3）电阻两端的电压等于电源电压，电感和电容两端的电压等于电源电压的 Q 倍。因此，串联谐振又称电压谐振。

$$U_R = RI_0 = R\frac{U}{R} = U$$

$$U_L = X_L I_0 = \omega_0 L \frac{U}{R} = \frac{\omega_0 L}{R} U = QU$$

$$U_C = X_C I_0 = \frac{1}{\omega_0 C} \frac{U}{R} = \frac{1}{\omega_0 CR} U = QU$$

【例 7-4-1】

在电阻、电感、电容串联谐振电路中,已知 $L = 0.05$ mH,$C = 200$ pF,品质因数 $Q = 100$,交流电压的有效值 $U = 1$ mV。试求:(1) 电路的谐振频率;(2) 谐振时电路中的电流 I_0;(3) 电容上的电压 U_C。

解:(1) 电路的谐振频率

$$f_0 = \frac{1}{2\pi\sqrt{LC}} \approx \frac{1}{2 \times 3.14 \times \sqrt{0.05 \times 10^{-3} \times 200 \times 10^{-12}}} \text{Hz} \approx 1.59 \text{ MHz}$$

(2) 由于品质因数 $Q = \frac{1}{R}\sqrt{\dfrac{L}{C}}$

则

$$R = \frac{1}{Q}\sqrt{\frac{L}{C}} = \frac{1}{100}\sqrt{\frac{0.05 \times 10^{-3}}{200 \times 10^{-12}}} \ \Omega = 5 \ \Omega$$

谐振时,电流

$$I_0 = \frac{U}{R} = \frac{1 \times 10^{-3}}{5} \text{ A} = 0.2 \text{ mA}$$

(3) 电容两端的电压是电源电压的 Q 倍

$$U_C = QU = 100 \times 1 \times 10^{-3} \text{ V} = 0.1 \text{ V}$$

6. 串联谐振的应用

在收音机中,常利用串联谐振电路来选择电台信号,这个过程称为调谐。

收音机通过接收天线接收到各种频率的电磁波,每种频率的电磁波都要在天线回路中产生相应的感应电动势,收音机的调谐回路如图 7-4-2(a) 所示。天线接收到的信号经 L_1 耦合到 L_2、C 回路,在 L_2、C 回路中感应出与各种不同频率相对应的电动势 e_1、e_2、$\cdots$、e_n,如图 7-4-2(b) 所示,所有这些电动势都是和 L_2、C 串联的,调谐回路就是串联谐振。

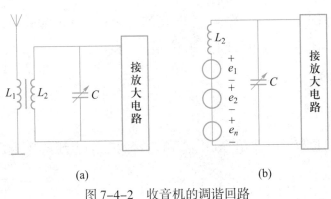

(a)   (b)

图 7-4-2   收音机的调谐回路

　　当 L_2、C 回路对某一信号频率(f_0)发生谐振时,回路中该信号的电流最大,则在电容器两端产生一个高于该信号电压 Q 倍的电压 U_C。而对于其他各种频率的信号,因为没有发生谐振,在回路中电流很小,从而被电路抑制掉。因此,可以通过改变电容器的电容 C 来改变回路的谐振频率,用以选择所需要的电台信号。

7.4.2　串联谐振电路的选择性和通频带

1. 选择性

　　从以上分析可知,串联谐振电路具有"选频"的本领。如果一个谐振电路能够比较有效地从邻近的不同频率中选择出所需要的频率,而相邻的不需要的频率对它产生的干扰影响很小,则认为这个谐振电路的选择性好,也就是说它具有较强的选择信号的能力。

　　电路的品质因数 Q 值的大小是评价谐振电路质量优劣的重要指标,它对谐振曲线(即电流随频率变化的曲线)有很大的影响。Q 值不同,谐振曲线的形状不同,谐振电路的质量也不同。

　　图 7-4-3 所示为一组谐振曲线。由图可知,Q 值越高,曲线越尖锐;Q 值越低,曲线越趋于平坦。当 Q 值较高时,频率偏离谐振频率后,电流从谐振时的最大值急剧下降,电路对非谐振频率下的电流有较强的抑制能力。因此,Q 值越高,电路的选择性就越好。反之,Q 值越低,电路的选择性就越差。

2. 通频带

　　在电台或电视台播放的音乐节目中,既有高音,又有中音和低音,有一个频率范围。无线电所传输的信号也要占有一定的频率范围。如果谐振回路的 Q 值过高,曲线过于尖锐,就会过多削弱所要接收信号的频率。因此,谐振电路的 Q 值不能太高。为更好地传输信号,既要考虑电路的选择性,又要考虑一定频率范围内允许信号通过的能力。规定:在谐振曲线上,$I = \dfrac{I_0}{\sqrt{2}}$ 所包含的频率范围称为电路的通频带,用字母 BW 表示,如图 7-4-4 所示。则

$$BW = f_2 - f_1 = 2\,\Delta f$$

理论和实验证明,通频带 BW 与 f_0、Q 的关系为

$$BW = \frac{f_0}{Q}$$

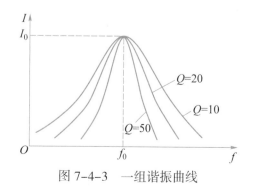

图 7-4-3　一组谐振曲线

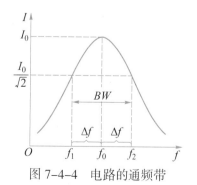

图 7-4-4　电路的通频带

式中:BW——通频带,单位是 Hz;

$\quad\quad Q$——品质因数;

$\quad\quad f_0$——电路的谐振频率,单位是 Hz。

教学动画
并联谐振
电路

由上式可知,回路的 Q 值越高,谐振曲线越尖锐,电路的通频带就越窄;反之,回路的 Q 值越小,谐振曲线越平坦,电路的通频带就越宽。在广播通信中,既要考虑选择性,又要考虑通频带,因此品质因数要选得恰当、合理。

7.4.3 电感线圈与电容器并联的谐振电路

串联谐振电路只有当电源内阻很小时,才能得到较高的品质因数 Q 和比较好的选择性。当电源内阻很大时,Q 值就会很低,选择性会明显变坏。这时可采用另一种选频电路——并联谐振电路。

电感线圈与电容器组成的并联谐振电路是一种常见的、用途广泛的谐振电路。图 7-4-5 所示为电感线圈与电容器并联的电路模型。谐振时,电路中的总电流和端电压同相,电路呈电阻性。

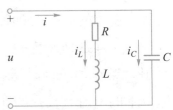
图 7-4-5 电感线圈与电容器并联的电路模型

1. 并联谐振频率

理论和实验证明,在一般情况下,线圈的电阻 R 很小,谐振频率近似为

$$f_0 \approx \frac{1}{2\pi\sqrt{LC}}$$

2. 并联谐振的特点

(1) 总阻抗最大。并联谐振时,在 R 很小时,电路总阻抗近似为

$$Z = R_0 \approx \frac{L}{CR}$$

由上式可知,线圈的电阻 R 越小,并联谐振时的阻抗 $Z = R_0$ 就越大。当 R 趋于 0 时,谐振阻抗趋于无穷大,即理想电感与电容发生并联谐振时,其阻抗为无穷大,总电流为零。但在 LC 回路内却存在 I_L 与 I_C,它们大小相等、相位相反,使总电流为零。

(2) 总电流最小。并联谐振时,因总阻抗最大,在电压 U 一定时,谐振电流最小。并联谐振电流

$$I_0 = \frac{U}{R_0}$$

3. 支路电流

支路电流等于总电流的 Q 倍。即

$$I_L = I_C = QI$$

其中

$$Q = \frac{\rho}{R} = \frac{1}{R}\sqrt{\frac{L}{C}}$$

因此,并联谐振也称**电流谐振**。

4. 并联谐振的应用

并联谐振电路主要用做选频器或振荡器,例如,电视机、收音机中的中频选频电路,用以产生正弦波的 LC 振荡器等,都是以电感线圈和电容器的并联电路作为核心部分。下面通过简单的例子来说明它的应用。

图 7-4-6 所示的并联谐振电路实例为由包括 f_0 的多频率信号电源 u,固定内阻 R_0 和 L、C 并联回路所组成的电路。

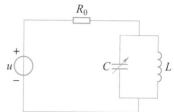

图 7-4-6　并联谐振电路实例

若要使 L、C 回路两端得到频率为 f_0 的信号电压,则必须调节回路中的电容 C,使 L、C 回路在频率 f_0 处谐振,这样 L、C 回路对 f_0 信号呈现的阻抗最大,并为电阻性。由串联电路的特点可知,各电阻上的电压分配是与电阻的大小成正比的,故 f_0 信号的电压将在 L、C 回路两端有最大值,而其他频率信号的电压,由于 L、C 回路失谐后的阻抗小于谐振时的阻抗,故在它两端所分配的电压将小于 f_0 信号的电压。因此,可在 L、C 回路两端得到所需要的信号电压。改变回路电容 C 的值,可以得到不同频率的信号电压。

思考与练习

1. 为了提高谐振回路的品质因数,如果信号源内阻较小,可以采用_____谐振电路。如果信号源内阻很大,采用串联谐振电路会使_____,常采用_____谐振电路。

2. 当外加电源的频率等于电感线圈与电容器并联电路的固有频率时,电路的阻抗_____,它和电源内阻的分压可以获得_____。当电路失谐时,_____很小,并联谐振电路常用做收音机和电视机中的_____电路。

实训项目十　导线的剥削、连接与绝缘的恢复

实训目的

- 掌握钢丝钳、斜口钳、剥线钳、电工刀等常用电工工具的使用方法。
- 会导线的剥削、连接与绝缘恢复的操作。
- 能识别常用塑料硬线、软线、护套线及七股铜芯导线。

任务一　识别电工工具与材料

1. 电工工具

本实训项目需用到的电工工具主要有钢丝钳、尖嘴钳、斜口钳、剥线钳及电工刀等,见表 7-4-1,读者可逐一进行识别。

通用电工工具

表 7-4-1   实训所需相关工具

序号	名称	实物图	主要用途
1	钢丝钳（老虎钳）	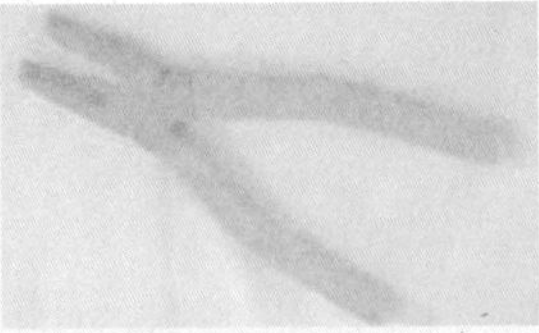	用于剪切或夹持导线、工件等，其中钳口用于弯绞和钳夹导线线头；齿口用于剪切或剥削导线绝缘层；铡口用于铡切导线线芯、钢丝或铅丝等较硬金属丝
2	尖嘴钳	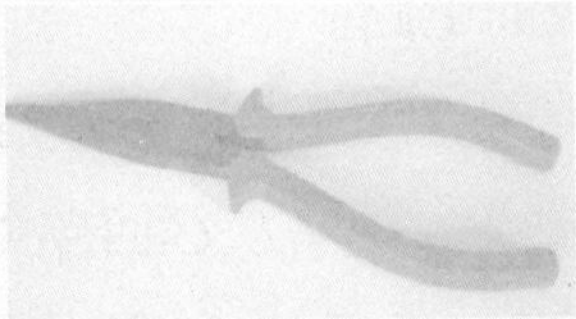	主要用于切断细小的导线、金属丝；夹持小螺钉、垫圈及导线等元件；还能将导线端头弯曲成所需的各种形状
3	斜口钳（断线钳）	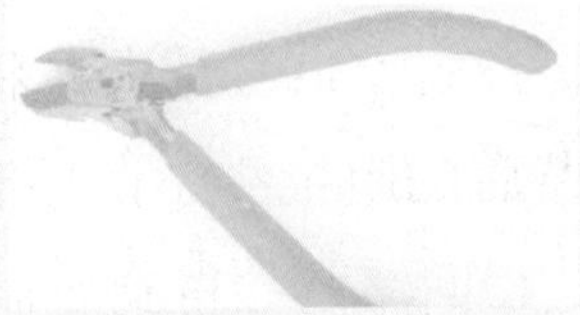	主要用于剪断较粗的导线、金属丝及电缆
4	剥线钳	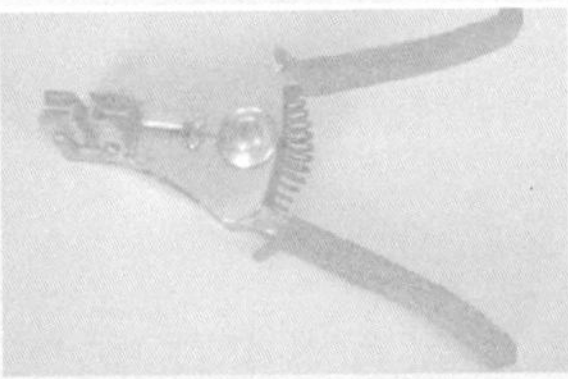	用来剥削小直径导线绝缘层，它的钳口有 0.5~3 mm 多个不同孔径的切口，可以剥削截面积为 6 mm^2 以下不同规格的绝缘层
5	电工刀		用于剥削导线绝缘层、切割木台缺口、削制木榫等，剥削导线绝缘层时，刀面与导线成小于 45° 的锐角，以免削伤线芯

2. 材料

本实训项目需用到的材料主要有：塑料硬线、塑料软线、护套线、七股铜芯导线、黑胶布、黄蜡带等，部分材料见表 7-4-2，读者可逐一进行识别。

表 7-4-2   实训所需相关材料

序号	名称	规格	实物图	序号	名称	规格	实物图
1	塑料硬线	1×1.13	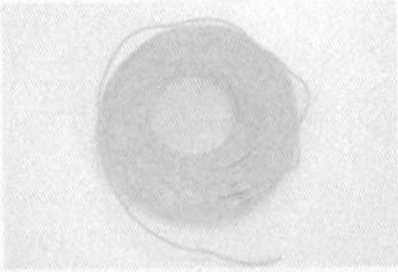	3	七股铜芯导线		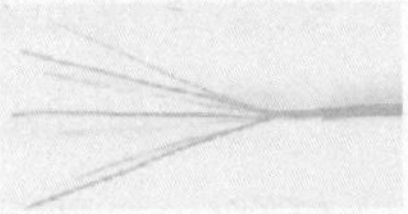
2	护套线	2×1/1.13	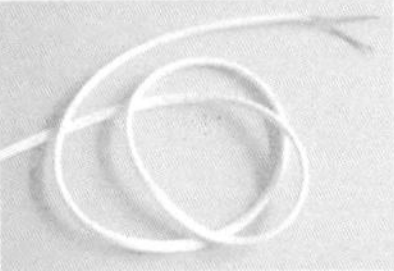	4	黑胶布、黄蜡带等		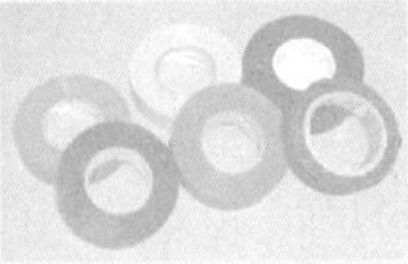

任务二 导线的剥削

按以下要求和方法进行塑料硬线、塑料软线及护套线的剥削。

1. 塑料硬线的剥削

除去塑料硬线的绝缘层可以用剥线钳、钢丝钳和电工刀。

常用导线的剥削

线芯截面积为 4 mm² 以下的塑料硬线,可用钢丝钳进行剥离。具体方法是:根据所需线头长度,用钢丝钳刀口轻轻切破绝缘层表皮,但不可切入线芯,然后左手捏住导线,右手握紧钢丝钳,用力向外剥去塑料绝缘层,在剥去绝缘层时,不可在刀口处加剪切力,以免伤及线芯。有条件时,可使用剥线钳。

线芯截面积大于 4 mm² 的塑料硬线,一般用电工刀进行剥削。具体方法是:根据所需线头长度,电工刀刀口以 45° 角切入塑料绝缘层,但不可伤及线芯,接着,刀面与线芯保持 15° 角向外推进,将绝缘层削出一个缺口,然后将未削去的绝缘层向后扳翻,再用电工刀切齐。

2. 塑料软线的剥削

因塑料软线太软,其绝缘层只能用剥线钳或钢丝钳进行剥削,不能用电工刀。使用剥线钳的方法:先将线头放在大于线芯的切口上,用手将钳柄一握,导线的绝缘层即可自动剥离、弹出,如图 7-4-7 所示。

图 7-4-7 剥线钳的使用

3. 护套线的剥削

护套线绝缘层分为外层公共护套层和内部每根芯线绝缘层。公共护套层一般用电工刀剥削,按所需长度用刀尖在线芯缝隙间划开护套层,并将公共护套层向后扳翻,用刀口齐根切去。切去公共护套层后,露出的每根芯线绝缘层剥离方法同塑料硬线。

任务三 导线的连接与绝缘的恢复

按以下要求和方法进行单股铜芯导线的直接连接与 T 形连接、七股铜芯导线的直接连接与 T 形连接及单股铜芯导线绝缘的恢复。

常用导线的连接

1. 导线的连接

(1)单股铜芯导线的直接连接与 T 形连接。

直接连接的具体方法:将除去绝缘层和氧化层的两线头呈 X 形相交,并互相绞绕 2~3 圈,然后扳直两线端,并在对边芯线上缠绕到线芯直径的 6~8 倍长,最后将多余的线端剪去,并钳平切口毛刺,如图 7-4-8 所示。

T 形连接的具体方法:将支路芯线的线头与干线芯线十字相交,使支路芯线根部留出 3~5 mm,然后按顺时针方向缠绕支路芯线,缠绕 6~8 圈后,用钢丝钳切去余下的芯线,并钳平芯线末端,如图 7-4-9 所示。

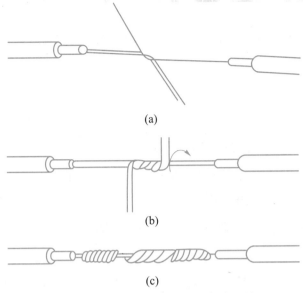

(a)

(b)

(c)

图 7-4-8   单股铜芯导线的直接连接

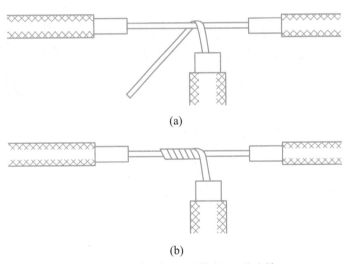

(a)

(b)

图 7-4-9   单股铜芯导线的 T 形连接

(2) 七股铜芯导线的直接连接。

直接连接的具体方法:第一步,先把剥去绝缘层的芯线散开并拉直,将靠近根部的 1/3 线段的芯线绞紧,然后把余下的 2/3 线芯头分散成伞形,并把每根芯线拉直;第二步,把两个伞形芯线头隔根对叉,并拉直两端芯线;第三步,把一端 7 根芯线按 2 根、2 根、3 根分成三组,接着把第一组 2 根芯线扳起,垂直于芯线并按顺时针方向缠绕;第四步,缠绕 2 圈后,余下的芯线向右扳直,再把下边第二组的 2 根芯线向上扳直,也按顺时针方向紧紧压着前 2 根扳直的芯线缠绕;第五步,缠绕 2 圈后,也将余下的芯线向右扳直,再把下边第三组的 3 根芯线向上扳直,也按顺时针方向紧紧压着前 4 根扳直的芯线缠绕;第六步,缠绕 3 圈后,切去每组多余的芯线,钳平线端,用同样的方法再缠绕另一端芯线,如图 7-4-10 所示。

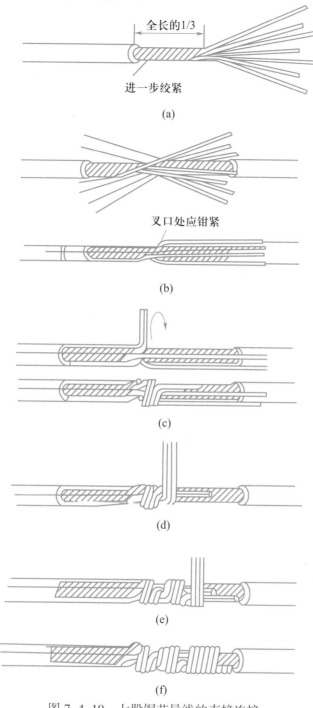

图 7-4-10　七股铜芯导线的直接连接

2. 绝缘的恢复

导线绝缘层破损后必须恢复绝缘,导线连接后也必须恢复绝缘。通常用黄蜡带、涤纶薄膜和黑胶布作为恢复绝缘层的材料,黄蜡带和黑胶布一般宽 20 mm 较适中,包扎也方便。

绝缘带的具体包扎方法:将黄蜡带从导线左侧完整的绝缘层上开始包扎,包扎两根带宽(40 mm)后方可进入无绝缘层的芯线部分,黄蜡带与导线保持 55° 的倾斜角,后一圈叠压在前一圈 1/2 的宽度上,包扎 1 层黄蜡带后,将黑胶布接在黄蜡带的尾端,向相反方向斜叠包缠,仍倾斜 55°,后一圈叠压在前一圈 1/2 处,包缠完成的导线如图 7-4-11 所示。

图 7-4-11　绝缘的恢复

任务四　实训小结

（1）将"导线的剥削、连接与绝缘的恢复"的操作方法与步骤、收获与体会及实训评价填入"实训小结表"（见附录 2）。

（2）将实训过程评价填入"实训过程评价表"（见附录 1）中的相应位置。

实训项目十一　安装荧光灯电路

实训目的

● 理解荧光灯电路的工作原理。

● 学会荧光灯电路的安装，并会简单的故障分析。

荧光灯电路是目前常用的室内照明电路，如图 7-4-12 所示，本实训项目在网孔板上模拟实际安装荧光灯电路，在实训过程中应该注意照明灯具及相关控制元器件的选用和接线方法，并能够与实际电路对应起来。

任务一　认识荧光灯电路原理图

1. 电路组成

荧光灯电路原理图如图 7-4-13 所示，其中荧光灯电路由按键开关 SA、镇流器 L、灯管 R 及启辉器 S 组成。荧光灯电路由漏电保护断路器 QF 接入 220 V 交流线路中。当合上漏电保护断路器 QF，闭合按键开关 SA 后，荧光灯就能正常点亮。

图 7-4-12　应用荧光灯的室内照明电路

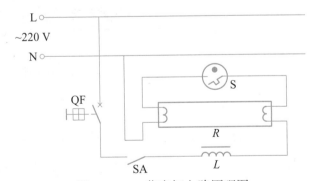

图 7-4-13　荧光灯电路原理图

2. 工作原理

荧光灯电路的工作原理：接通电源后，电源电压经镇流器、灯管两端的灯丝加在启辉器的

∩形动触片和静触片之间,引起辉光放电。放电时产生的热量使得用双金属片制成的∩形动触片膨胀并向外伸展,与静触片接触,使灯丝预热并发射电子。在∩形动触片与静触片接触时,两者间电压为零且停止辉光放电,∩形动触片冷却收缩并复原,从而与静触片分离。在动、静触片断开瞬间,镇流器两端产生一个比电源电压高得多的感应电动势,这个感应电动势与电源电压串联后加在灯管两端,使灯管内惰性气体被电离而引起弧光放电。随着灯管内温度升高,液态汞气化游离,引起汞蒸气弧光放电而发出肉眼看不见的紫外线,紫外线激发灯管内壁的荧光粉后,发出近似日光的可见光。

教学动画
荧光灯点亮过程

任务二 识别元器件与安装电路

1. 识别元器件

本实训项目所需元器件并不多,实训前,读者可对应表 7-4-3 逐一进行识别。

表 7-4-3 荧光灯电路实训元器件清单

序号	名称	规格	数量	实物图	备注
1	漏电断路器(QF)	DZ47sLE,2P,40 A	1	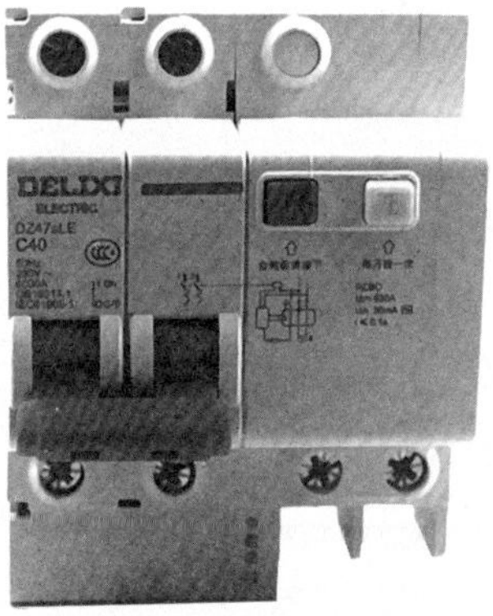	
2	按键开关(SA)	10 A、250 V	1		
3	镇流器(L)	30 W	1	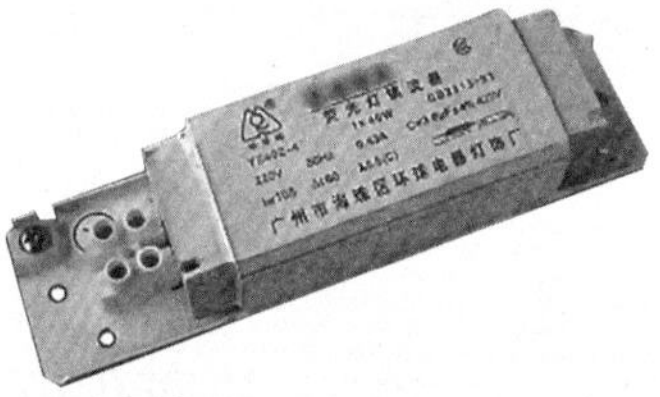	
4	灯管(R)	30 W	1	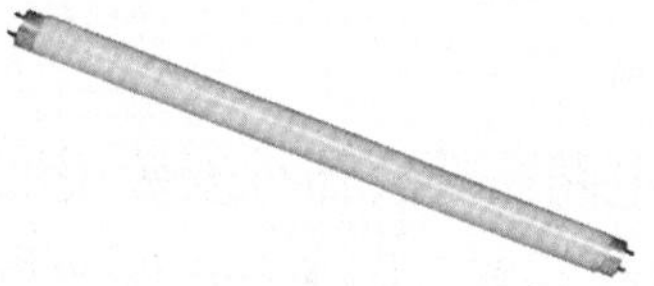	

续表

序号	名称	规格	数量	实物图	备注
5	灯座		2	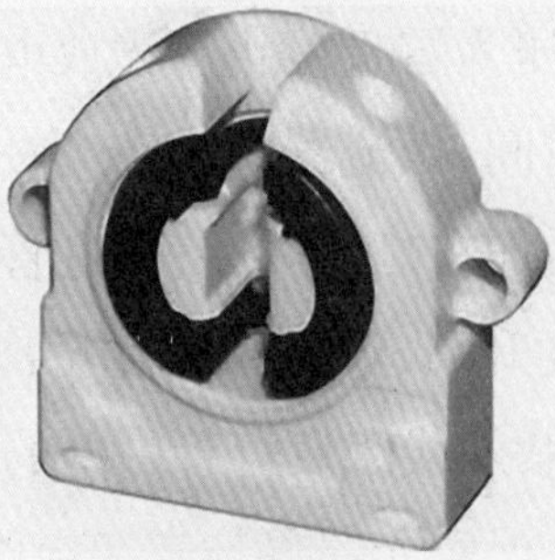	
6	启辉器(座)		1	 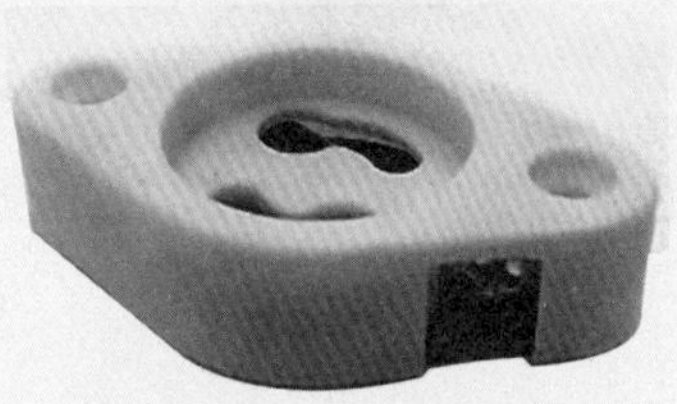	
7	导线		若干		
8	导轨		若干	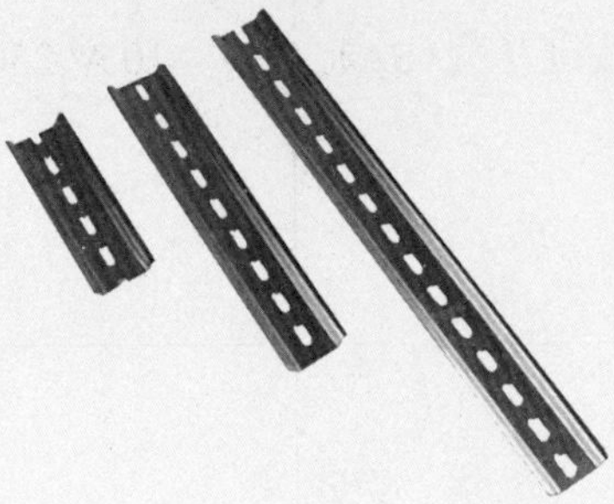	

2. 电路安装

在一块 40 cm × 50 cm 的网孔板上进行荧光灯电路模拟安装,配线图和实物安装图如图 7-4-14 所示。

荧光灯电路主要元器件安装说明如下:

① 漏电断路器。安装漏电断路器时,上端接电源进线,下端接电源出线,如图 7-4-15 所示。

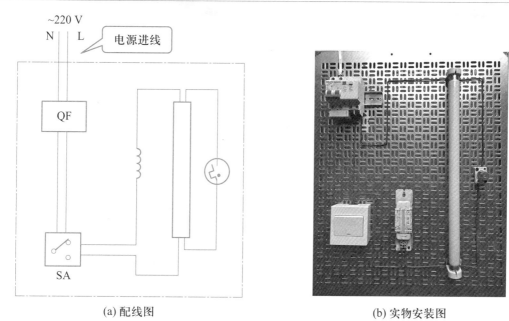

(a) 配线图   (b) 实物安装图

图 7-4-14 荧光灯电路的配线图和实物安装图

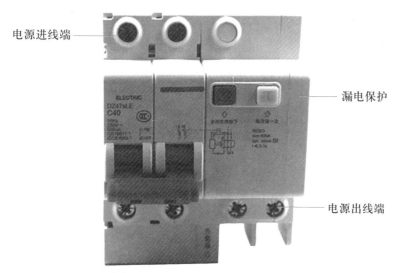

电源进线端

漏电保护

电源出线端

图 7-4-15 漏电断路器接线图

② 镇流器。镇流器安装时应串接在线路中。

③ 启辉器。启辉器安装时应与灯管并联。

任务三 通电检验与排故测试

1. 通电前检验

（1）检验电路外观。通电前应首先对安装好的电路进行外观检验,确保元器件和导线安装牢靠,没有错接、虚接的情况。

（2）检测电路短路、断路故障。可以使用数字式万用表的通断测试挡进行电路短路、断路故障检测,检测过程中应该对每个元器件、每根连接导线逐一进行检查,如果发现故障应及时排除,直到确保没有短路、断路故障为止,如图 7-4-16 所示。

正常情况下，不管按键开关打开还是闭合，数字式万用表检测两端结果应为断路状态，若检测结果为通路状态，则表明线路有短路现象

图 7-4-16   检测电路短路、断路故障

检测正常后,接通电源,合上开关,荧光灯即亮;断开开关,荧光灯即灭。

2. 排故测试

荧光灯电路的常见故障及检修方法:

① 荧光灯不能发光。原因:灯座或启辉器底座接触不良,或荧光灯接线错误。检修方法:转动灯管,使灯管四极和灯座接触,转动启辉器,使启辉器两极与底座两铜片接触,检查线路,找出原因并修复。

② 荧光灯灯光抖动或两头发光。原因:可能是启辉器损坏。检修方法:更换启辉器。

③ 灯管两端发黑或生黑斑。原因:灯管陈旧。检修方法:更换灯管。

任务四   实训小结

(1) 将"安装荧光灯电路"的操作方法与步骤、收获与体会及实训评价填入"实训小结表"(见附录 2)。

(2) 将实训过程评价填入"实训过程评价表"(见附录 1)中的相应位置。

7.5   电能的测量与节能

观察与思考

图 7-5-1 所示为安装在家庭中的电能表,你能说出该电能表上的铭牌数据分别表示什么吗? 电能表使用时应怎样接入线路? 会从电能表上读出家庭每月的用电量吗? 本节将学习电能表的相关知识与技能。

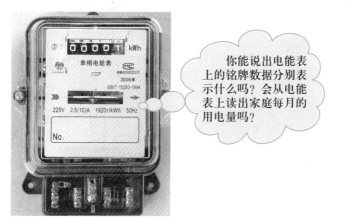

图 7-5-1　安装在家庭中的电能表

教学动画
电能表工作
原理

7.5.1 电能的测量

计量电能一般用电能表,又称电度表,俗称火表。电能表按工作原理分为感应式、电子式、机电式等。图 7-5-1 所示的电能表是一种常用的单相感应式电能表。感应式电能表是采用电磁感应的原理把电压、电流、相位转变为磁力矩,推动铝制圆盘转动,圆盘的轴(蜗杆)带动齿轮驱动计度器的鼓轮转动,转动的过程即时间量累积的过程。因此感应式电能表的好处就是直观、动态连续、停电不丢数据。

1. 单相电能表的铭牌

在电能表的铭牌上标有一些字母和数字,图 7-5-2 所示是某单相电能表的铭牌。其中 DD228 表示电能表的型号,DD 表示单相电能表,数字 228 为设计序号。220 V、50 Hz 是电能表的额定电压和工作频率,它必须与电源的规格相符合。5(10)A 是电能表的标定电流值和最大电流值,标定电流表示电能表计量电能时的标准计量电流;最大电流是指电能表长期工作在误差范围内所允许通过的最大电流。1 200 r/(kW·h) 表示电能表的额定转速是每千瓦时 1 200 转。

2. 单相电能表的接线方式

电能表的接线方式分为直接接入式和经互感器接入式。家庭用电量一般较少,因此单相电能表通常采用直接接入方式,即电能表直接接入线路上,接线方式如图 7-5-3 所示。

3. 电能表的读数

若某用户月初电能表示数如图 7-5-4(a)所示,月末电能表示数如图 7-5-4(b)所示,则该用户一个月的用电量为多少?

月初电能表示数为:2 066.0 kW·h。

月末电能表示数为:2 080.4 kW·h。

则该用户一个月的用电量

$$W = 2\ 080.4\ \text{kW·h} - 2\ 066.0\ \text{kW·h} = 14.4\ \text{kW·h}$$

4. 新型电能表

由于微电子技术、计算机技术和通信技术的高速发展,出现了具有准确度高、寿命长且能实现远程自动抄表等优点的全电子式电能表,正在逐渐取代传统的感应式电能表。普通单相电子式电能表如图 7-5-5 所示。

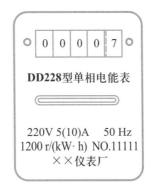

图 7-5-2 某单相电能表的铭牌

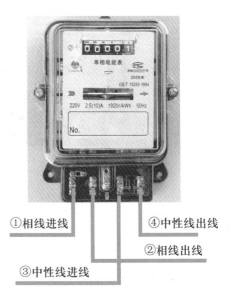

图 7-5-3 单相电能表的接线方式

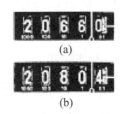

图 7-5-4 电能表的读数

图 7-5-5 普通单相电子式电能表

应用了数字技术的预付费电能表、分时计费电能表、多用户电能表、多功能电能表纷纷登场,进一步满足了科学用电、合理用电的需求。

想一想 做一做

小王家的电能表 6 月末的示数和 7 月末的示数如图 7-5-6 所示,假设居民用电每度为 0.53 元,请你算一下小王家 7 月份应付的电费,并想一想你有什么办法能帮小王家节电?

教学动画
提高用电设
备功率因数
的方法

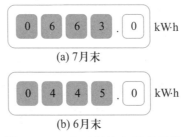

图 7-5-6 小王家的电能表示数

7.5.2 提高功率因数的意义和方法

交流电路中,有功功率

$$P = UI\cos\varphi$$

式中,$\cos\varphi = \lambda$ 是电路的功率因数。可见,交流电路中,有功功率的大小不仅与电路中的电压、电流大小有关,还与电路的功率因数有关。

功率因数决定于电路的参数和电源的频率。在纯电阻电路中,电流、电压同相,其功率因数为 1。电感性负载的功率因数介于 0 和 1 之间。

1. 提高功率因数的意义

当电路的功率因数 $\lambda \neq 1$ 时,电路中有能量的互换,存在无功功率 Q,因此提高功率因数在以下两个方面具有很大的实际意义。

(1) 提高供电设备的能量利用率。由公式

$$\lambda = \cos\varphi = \frac{P}{S}$$

可知,当视在功率 S(即供电设备的容量)一定时,功率因数 $\cos\varphi$ 越大,用电设备的有功功率 P 也越大,电路中的无功功率 $Q = UI\sin\varphi$ 就越小,供电设备的利用率就越大。

(2) 减小输电线路上的能量损失。当供电设备的电源电压一定,向用户输送一定的有功功率时,由公式

$$I = \frac{P}{U\cos\varphi}$$

可知,I 与 $\cos\varphi$ 成反比,功率因数 $\cos\varphi$ 越低,电路中的电流越大,而输电线路上有一定的电阻,电流通过时会消耗电能,并有一定的电压降,当功率因数 $\cos\varphi$ 提高时,电路中的电流就会减小,线路上的能量损耗和电压降也都会减小。

可见,提高电力系统的功率因数对国民经济发展有着极其重要的意义。功率因数的提高能使发电设备的容量得到充分利用,同时能节约大量电能。这就是说,用同样的发电设备,可以提高供电能力。

那么如何提高线路的功率因数呢?

2. 提高功率因数的方法

(1) 提高用电设备自身的功率因数。合理选择和使用用电设备,避免"大马拉小车"现象。如异步电动机和变压器,当实际负荷比额定容量小得多时,其功率因数非常低。

(2) 在电感性负载上并联电容器提高功率因数。在电感性负载上并联电容器,可以减小阻抗角 φ,达到提高功率因数的目的。

图 7-5-7 所示电路中,当开关 S 打开时,它是一个 RL 串联的电感性电路(荧光灯电路就是典型的电感性负载电路),当开关 S 闭

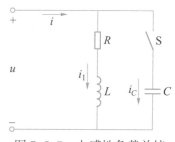

图 7-5-7 电感性负载并接电容器电路

合时,就在电感性负载上并联了电容器。

分析:当开关S打开时,电感性负载电路的矢量图如图7-5-8(a)所示,电压超前电流 φ_1。

当开关S闭合时,在电感性负载上并联电容器,并接电容器后的矢量图如图7-5-8(b)所示,电压超前电流 φ。

由矢量图可知,电感性负载并联电容器后,$\varphi<\varphi_1$,则 $\cos\varphi$ 提高了,从而达到了提高功率因数的目的。

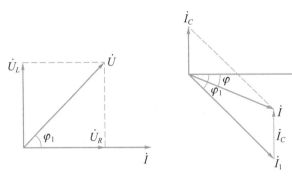

(a) 电感性负载电路的矢量图 (b) 并联电容器后的矢量图

图 7-5-8 电感性负载并接电容器前后的矢量图

小提示

将功率因数由 $\cos\varphi_1$ 提高到 $\cos\varphi_2$ 所需要的电容 $C=\dfrac{P}{U^2\omega}(\tan\varphi_1-\tan\varphi_2)$。

思考与练习

1. 单相电能表上的"5(10)A"分别表示_____和_____。

2. 家庭用电量一般较少,因此单相电能表通常采用_____方式。

3. 新型电能表主要以_____电能表为主。

实训项目十二 照明电路配电板的安装

实训目的

- 了解照明电路配电板的组成。

- 会安装照明电路配电板,并能分析简单的故障。

室内照明电路配电通常采用配电板,如图7-5-9所示,本实训项目在网孔板上模拟实际安装照明电路配电板,在实训过程中应该注意元器件的选用和接线方法,并能够与实际电路对应起来。

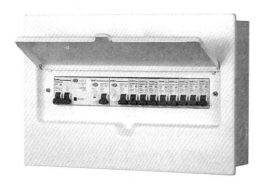

图 7-5-9　室内照明电路中实际使用的配电板

任务一　认识照明电路

1. 认识照明电路的配线图和接线图

照明电路由熔断器、电能表、低压断路器、漏电断路器(带漏电保护的低压断路器)、分路开关(低压断路器)、中性线接线排等组成,如图 7-5-10 所示。

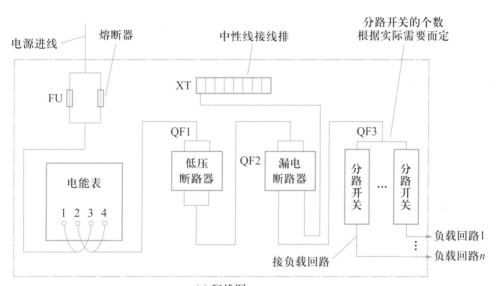

(a) 配线图

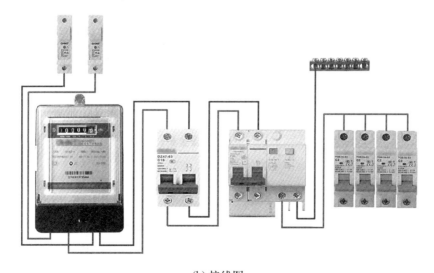

(b) 接线图

图 7-5-10　照明电路配电板的配线图和接线图

2. 配置说明

分路开关可根据负载回路的个数来确定数量。负载回路的配置个数可根据实际情况进行调整,一般二室一厅至少要配置 4 个回路:空调器回路(无论安装 1 台空调器还是 2 台空调器,甚至多台空调器,都必须单独设置用电回路,导线截面积以 2.5 mm² 以上为宜);照明回路(导线截面积为 1.5 mm²);插座回路(导线截面积以 1.5 mm² 以上为宜);精密电器回路等。

此实训项目中的中性线接线排是为了把所有负载回路的中性线连接在一起。

任务二　识别选用线路元器件

本实训项目所需元器件并不多,实训前读者可对应表 7-5-1 逐一进行识别。

表 7-5-1　照明电路配电板实训元器件清单

序号	名称	规格	数量	实物图	备注
1	熔断器(FU)	RT18-32	2	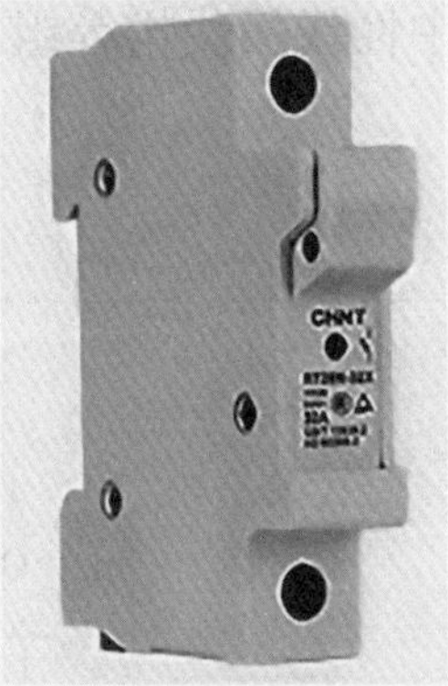	配 10A 熔体
2	电能表	DDS777	1		单相电子式电能表
3	低压断路器(QF1)	DZ47-63	1	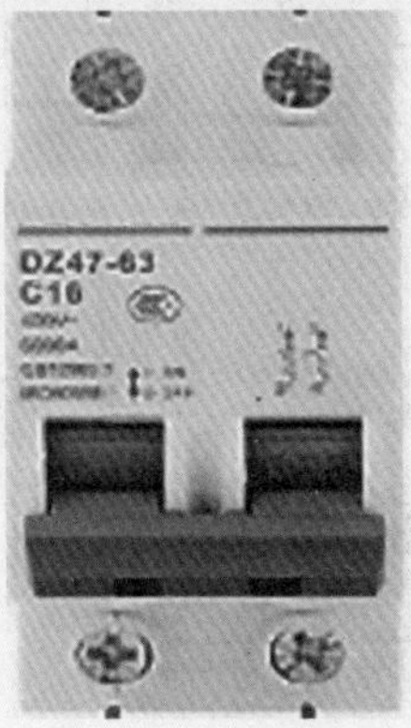	双极

续表

序号	名称	规格	数量	实物图	备注
4	漏电断路器 （QF2）	DZ47sLE，2P，40 A	1		带漏电保护的低压断路器
5	分路开关 （QF3）	DZ47-20	4	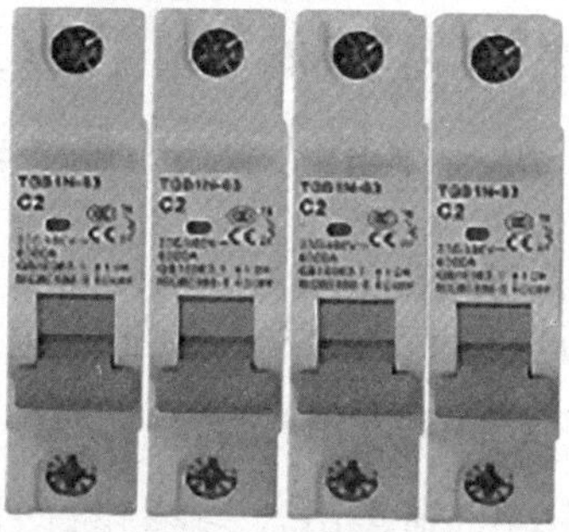	单极低压断路器
6	中性线接线排		1		
7	导轨		若干	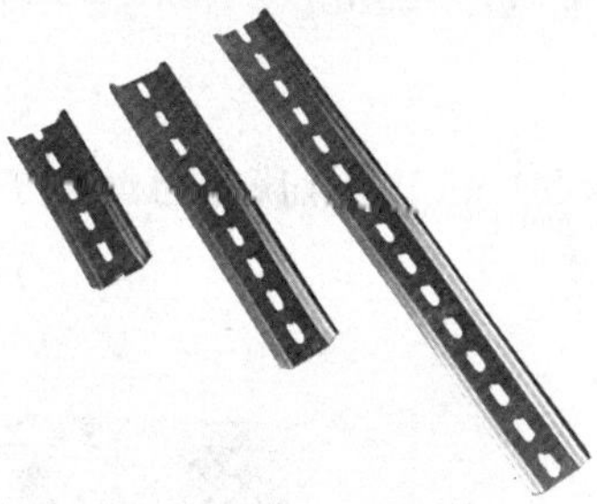	
8	导线		若干		红蓝双色线

主要元器件选用说明如下：

1. 低压断路器

选用低压断路器时主要考虑以下参数：

① 额定电压≥线路额定电压。

② 额定电流≥线路计算负载电流。

2. 漏电断路器

选用漏电断路器时，除了要考虑额定电压和额定电流外，还要考虑额定漏电动作电流和额定漏电动作时间，本项目参考以下参数：

① 额定漏电动作电流 ≤ 30 mA。

② 额定漏电动作时间 ≤ 0.1 s。

3. 选用电能表

选用的电能表必须与用电器总功率相匹配。在 220 V 电压的情况下,根据公式 $P=UI\cos\varphi$ 可以计算出不同规格电能表可装用电器的最大功率,见表 7-5-2。

表 7-5-2　不同规格电能表可装用电器的最大功率

电能表的规格 /A	3	5	10	20	25	30
可装用电器的最大功率 /W	660	1 100	2 200	4 400	5 500	6 600

由于用电器不一定同时使用,因此,在实际使用中,电能表应根据实际情况加以选择。本项目选用 DDS777 型单相电子式电能表。

4. 分路开关

分路开关选用时主要考虑其额定电压和额定电流:

① 分路开关的额定电压 ≥ 线路额定电压。

② 分路开关的额定电流 ≥ 线路计算负载电流。

本项目选用 DZ47-20 型单极低压断路器。

任务三　安装与检测照明电路配电板

1. 安装

在 40 cm × 50 cm 的网孔板上进行模拟安装,照明电路配电板实物安装图如图 7-5-11 所示。

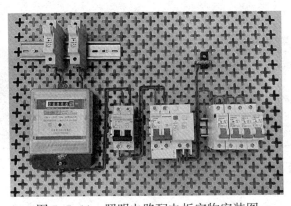

图 7-5-11　照明电路配电板实物安装图

职业相关知识

　　在照明电路中,漏电断路器主要有 3 个功能:总开关的功能、短路保护的功能、漏电保护的功能。它可以用低压断路器和漏电保护器两个元器件来替代。

主要元器件安装说明如下：

（1）电能表。单相电能表共有四个接线桩头，从左到右按1、2、3、4编号。接线方法一般是1、3接电路进线，2、4接电路出线，如图7-5-12所示。

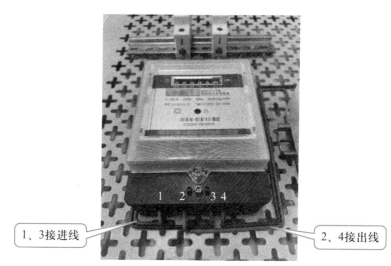

图7-5-12 单相电能表接线

也有些单相电能表的接线方法是1、2接电路进线，3、4接电路出线，所以具体的接线方法应参照电能表接线桩盖子上的接线图。

（2）分路开关。所有分路开关的上桩头都接在一起。

（3）接线排。接线排的上桩头也都接在一起。

2. 检测

（1）通电前应检查线路有无短路。可使用数字式万用表的通断挡进行检测，将两表笔分别置于低压断路器的两出线端。正常情况下，两出线端应断路；若检测结果为连通，则表明相线与中性线之间发生短路现象，应检查线路，直到排除故障为止。

（2）通电前应检查线路有无断路。使用数字式万用表的通断挡进行检测。可对每个电气元件、每根连接导线逐一进行检查，直到排除故障为止。

任务四 实训小结

（1）将"安装照明电路配电板"的操作方法与步骤、收获与体会及实训评价填入"实训小结表"（见附录2）。

（2）将实训过程评价填入"实训过程评价表"（见附录1）中的相应位置。

技术与应用 常用电光源

人类社会进入电气化时代以后，照明光源主要采用将电能转换为光能的电光源，常用电光源主要包括热辐射型电光源、气体放电型电光源和新型电光源。

1. 热辐射型电光源

热辐射型电光源是将热辐射转化为光辐射的电光源,包括白炽灯和卤钨灯,它们都是以钨丝为辐射体,通电后使其达到白炽温度,产生热辐射发光。由于能耗高、效率低、亮度低、使用寿命短等缺点,热辐射型电光源正在逐渐被新型电光源取代。但由于该型电光源长期用作重要的照明光源,生产和应用数量极大,目前仍在一定范围内使用,另外,很多由该型电光源定义的技术参数、接口形式等仍在沿用。

2. 气体放电型电光源

气体放电型电光源是指电流流经气体或金属蒸气,使之产生气体放电而发光的光源。根据这些光源中气体的压力,又可分为低气压放电光源和高气压放电光源。低气压放电光源包括荧光灯、低压钠灯;高气压气体放电光源包括高压汞灯、高压钠灯和金属卤化物灯。

目前,荧光灯在家庭、办公、工厂车间等室内照明领域应用较广。传统荧光灯电路中的镇流器一般采用电感镇流器,一般存在体积和重量较大、功耗高、使用寿命低以及灯光容易产生频闪等缺点。随着技术的发展,生产厂家又研制出电子镇流器,电子镇流器采用高频电路,具有很好的整流滤波功能,并且减轻了重量,减小了体积,克服了电感整流器的弱点。采用电子镇流器可以取消启辉器,将稀土三基色荧光粉灯管和电子镇流器整合在一起的荧光灯更加节能,这种荧光灯也称节能灯,如图7-5-13所示。

图 7-5-13　节能灯

3. 新型电光源

新型电光源包括等离子体电光源、固体发光电光源等。

高频无极灯是常见的等离子体电光源,具有超长寿命(40 000 ~ 80 000 h)、无电极、瞬间启动和再启动无频闪、显色性好等优点,主要用于公共建筑、商店、隧道、步行街、高杆路灯、保安和安全照明及其他室外照明。

发光二极管灯(LED灯)是电致发光的固体半导体光源,具有广阔发展前景,其优点是亮度高、能耗低、光效高、可辐射各种色光和白光、寿命长、可靠性高、耐冲击和防振动、无紫外和红外辐射、易控制、免维护、安全环保。发光二极管灯适用于家庭、商场、银行、医院、宾馆、饭店及其他各种公共场所的照明。

2022年冬季奥运会是继2008年夏季奥运会之后,北京又一次举办的国际顶级体育盛事。此次冬季奥运会在"一起向未来"的口号带领下,突出科技、智慧、绿色、节俭特色,实现碳排放全部中和。在奥运场馆建设中,始终贯彻节能、环保的理念,例如,国家跳台滑雪中心("雪如意")的灯具全部采用节能环保的LED灯,如图7-5-14所示。每组灯具都有红、绿、蓝三种基准颜色,通过物联网技术智能控制颜色混合,产生种类繁多的颜色变化,实现丰富多彩的动态变化效果,并且不会产生紫外线,减少了环境污染。

图 7-5-14　国家跳台滑雪中心（"雪如意"）照明效果

 应知应会要点归纳

一、电感、电容对交流电的阻碍作用

电感、电容对交流电的阻碍作用分别称为感抗和容抗，用 X_L 和 X_C 表示，它们的计算公式为

$$X_L = \omega L = 2\pi f L$$

$$X_C = \frac{1}{\omega C} = \frac{1}{2\pi f C}$$

电感线圈在交流电路中有"**通直流阻交流，通低频阻高频**"的特性；电容器在交流电路中有"**隔直流通交流，阻低频通高频**"的特性。

在交流电路中，电阻是耗能元件，电感、电容是储能元件。

二、单一元件正弦交流电路的特点

单一元件正弦交流电路的特点比较见表 7-1。

表 7-1　单一元件正弦交流电路的特点比较

比较项目		纯电阻电路	纯电感电路	纯电容电路
对交流电的阻碍作用		R	X_L	X_C
电流与电压之间的关系	大小	$I = \dfrac{U}{R}$	$I = \dfrac{U}{X_L}$	$I = \dfrac{U}{X_C}$
	相位	电流与电压同相	电压超前电流 90°	电压滞后电流 90°
有功功率		$P = I^2 R$	$P = 0$	$P = 0$
无功功率		$Q = 0$	$Q_L = I^2 X_L$	$Q_C = I^2 X_C$

三、*RL*、*RC*、*RLC* 串联交流电路的特点

RL、*RC*、*RLC* 串联交流电路的特点比较见表 7-2。

在 *RLC* 串联电路中，当 $X_L > X_C$ 时，端电压超前电流，电路呈现电感性；当 $X_L < X_C$ 时，端电

压滞后电流,电路呈现电容性;当 $X_L = X_C$ 时,端电压与电流同相,电路呈现电阻性,即串联谐振。

表 7-2 *RL*、*RC*、*RLC* 串联交流电路的特点比较

比较项目		*RL* 串联电路	*RC* 串联电路	*RLC* 串联电路
电抗大小		$X_L = \omega L = 2\pi f L$	$X_C = \dfrac{1}{\omega C} = \dfrac{1}{2\pi f C}$	$X = X_L - X_C$
电路阻抗的大小		$Z = \sqrt{R^2 + X_L^2}$	$Z = \sqrt{R^2 + X_C^2}$	$Z = \sqrt{R^2 + (X_L - X_C)^2}$
总电压与各元件两端电压之间的关系		$u = u_R + u_L$ $U = \sqrt{U_R^2 + U_L^2}$	$u = u_R + u_C$ $U = \sqrt{U_R^2 + U_C^2}$	$u = u_R + u_L + u_C$ $U = \sqrt{U_R^2 + (U_L - U_C)^2}$
电流与总电压之间的关系	大小	$I = \dfrac{U}{Z}$	$I = \dfrac{U}{Z}$	$I = \dfrac{U}{Z}$
	相位	$\varphi = \arctan \dfrac{X_L}{R}$ 电压超前电流 φ	$\varphi = \arctan \dfrac{X_C}{R}$ 电压滞后电流 φ	$\varphi = \arctan \dfrac{X_L - X_C}{R}$ $\varphi > 0$,电压超前电流 φ $\varphi < 0$,电压滞后电流 φ $\varphi = 0$,电压与电流同相
有功功率		$P = I^2 R = UI\cos\varphi$	$P = I^2 R = UI\cos\varphi$	$P = I^2 R = UI\cos\varphi$
无功功率		$Q_L = I^2 X_L = UI\sin\varphi$ 电路呈电感性	$Q_C = I^2 X_C = UI\sin\varphi$ 电路呈电容性	$Q = Q_L - Q_C = UI\sin\varphi$ $Q > 0$,电路呈电感性 $Q < 0$,电路呈电容性
视在功率		$S = UI = \sqrt{P^2 + Q^2}$		

四、电路的谐振

谐振电路主要有 *RLC* 串联谐振和电感线圈与电容器并联谐振,两者特点比较见表 7-3。

表 7-3 *RLC* 串联谐振和电感线圈与电容器并联谐振的特点比较

比较项目	*RLC* 串联谐振	电感线圈与电容器并联谐振
谐振条件	$X_L = X_C$	$X_L \approx X_C$
谐振频率	$f_0 = \dfrac{1}{2\pi\sqrt{LC}}$	$f_0 \approx \dfrac{1}{2\pi\sqrt{LC}}$
谐振阻抗	$Z = R$(最小)	$Z = \dfrac{L}{RC}$(最大)
谐振电流	$I_0 = \dfrac{U}{R}$(最大)	$I_0 = \dfrac{U}{Z}$(最小)
品质因数	$Q = \dfrac{\omega_0 L}{R} = \dfrac{1}{\omega_0 RC} = \dfrac{1}{R}\sqrt{\dfrac{L}{C}}$	$Q = \dfrac{\omega_0 L}{R} = \dfrac{1}{\omega_0 RC} = \dfrac{1}{R}\sqrt{\dfrac{L}{C}}$
元件上电压或电流	$U_R = U$ $U_L = U_C = QU$	$I_L = I_C \approx QI$
通频带	$BW = \dfrac{f_0}{Q}$	$BW = \dfrac{f_0}{Q}$
对电源的要求	适用于低内阻信号源	适用于高内阻信号源

五、提高功率因数的意义和方法

电路的有功功率与视在功率的比值称为电路的功率因数,即

$$\lambda = \cos\varphi = \frac{P}{S}$$

为提高发电设备的利用率,减少电能损耗,提高经济效益,必须提高电路的功率因数。方法之一,提高用电设备自身的功率因数;方法之二,在电感性负载两端并联一个电容适当的电容器。

❓ 复习与考工模拟

一、是非题

1. 电阻、电感、电容都是耗能元件。（　　）

2. 在同一交流电压作用下,电感 L 越大,电感中的电流就越小。（　　）

3. 无功功率不是无用功率。"无功"的含义是"交换"而不是"消耗",是相对于有功而言的。（　　）

4. 端电压超前电流的交流电路一定是电感性电路。（　　）

5. 某同学做荧光灯电路实验时,测得灯管两端电压为 110 V,镇流器两端电压为 190 V,两电压之和大于电源电压 220 V,说明该同学测量数据存在错误。（　　）

6. 在 RLC 串联交流电路中,U_R、U_L、U_C 的数值都有可能大于端电压。（　　）

7. 在 RLC 串联交流电路中,感抗和容抗数值越大,电路中的电流也就越小。（　　）

8. RLC 串联谐振又称电流谐振。（　　）

9. 在 RLC 串联交流电路中,如果端电压在相位上滞后总电流,则电路呈现电容性。（　　）

10. 在荧光灯两端并联一个适当容量的电容器,可提高电路的功率因数,能够节约电能。（　　）

11. 示波器不仅能观察交流电的波形,还能读出交流电的周期和幅值。（　　）

12. 交流毫伏表只能测量毫伏级的交流电压。（　　）

13. 函数信号发生器既能产生直流信号,也能产生正弦交流信号。（　　）

14. 用万用表测得的交流电压与电流的数值都是最大值。（　　）

15. 双踪示波器能够对同频率的两个正弦交流电的相位关系进行比较。（　　）

二、选择题

1. 在纯电阻电路中,计算电流的公式是（　　）。

A. $i = \dfrac{U}{R}$　　　　B. $i = \dfrac{U_m}{R}$　　　　C. $I = \dfrac{U_m}{R}$　　　　D. $I = \dfrac{U}{R}$

2. 纯电感电路中,已知电流的初相为 $-60°$,则电压的初相为(　　　)。

  A. $30°$ B. $60°$ C. $90°$ D. $120°$

3. 在容抗为 $100\ \Omega$ 的纯电容电路两端加上正弦交流电压 $u_C = 100\sin(\omega t - 60°)\text{V}$,则通过它的瞬时电流为(　　　)。

  A. $i = \sin(\omega t + 60°)\text{A}$ B. $i = \sin(\omega t + 30°)\text{A}$

  C. $i = \sqrt{2}\sin(\omega t + 60°)\text{A}$ D. $i = \sqrt{2}\sin(\omega t + 30°)\text{A}$

4. 在感抗为 $50\ \Omega$ 的纯电感电路两端加上正弦交流电压 $u = 20\sin(100\pi t + 60°)\text{V}$,则通过它的瞬时电流为(　　　)。

  A. $i = 20\sin(100\pi t - 30°)\text{A}$ B. $i = 0.4\sin(100\pi t - 30°)\text{A}$

  C. $i = 0.4\sin(100\pi t + 60°)\text{A}$ D. $i = 0.4\sin(100\pi t + 30°)\text{A}$

5. 在一个 RLC 串联交流电路中,已知 $R = 20\ \Omega$, $X_L = 80\ \Omega$, $X_C = 40\ \Omega$,则该电路呈(　　　)。

  A. 电容性   B. 电感性   C. 电阻性   D. 中性

6. 功率表测量的是(　　　)。

  A. 有功功率   B. 无功功率   C. 视在功率   D. 瞬时功率

7. 某电感线圈接入直流电时,测出 $R = 12\ \Omega$,接入交流电时,测出阻抗为 $20\ \Omega$,则线圈的感抗为(　　　)。

  A. $20\ \Omega$ B. $16\ \Omega$ C. $8\ \Omega$ D. $32\ \Omega$

8. 已知 RLC 串联交流电路端电压 $U = 20\ \text{V}$,电阻两端电压 $U_R = 12\ \text{V}$,电感两端电压 $U_L = 16\ \text{V}$,则电容两端电压 $U_C = ($　　　$)$。

  A. $4\ \text{V}$ B. $32\ \text{V}$ C. $12\ \text{V}$ D. $28\ \text{V}$

9. 在 RLC 串联电路发生谐振时,下列说法正确的是(　　　)。

  A. Q 值越大,通频带越宽

  B. 端电压是电容两端电压的 Q 倍

  C. 电路的电抗为零,则感抗和容抗也为零

  D. 总阻抗最小,总电流最大

10. 处于谐振状态的 RLC 串联电路,当电源频率升高时,电路呈(　　　)。

  A. 电感性   B. 电容性   C. 电阻性   D. 无法确定

11. 交流电路中提高功率因数的目的是(　　　)。

  A. 减小电路的功率消耗   B. 提高负载的效率

  C. 增加负载的输出功率   D. 提高电流的利用率

12. 能够产生正弦波信号的是(　　　)。

  A. 示波器   B. 毫伏表

  C. 钳形电流表   D. 函数信号发生器

13. 能够观察交流电波形的仪器是(　　　)。

A. 示波器　　　　　　　　　　　B. 毫伏表

C. 钳形电流表　　　　　　　　　D. 函数信号发生器

14. 测量电能应该用(　　)。

A. 万用表　　　　B. 毫伏表　　　　C. 电能表　　　　D. 功率表

15. 用示波器观察交流信号时,其耦合选择开关应置于(　　)。

A. AC　　　　　　B. DC　　　　　　C. GND　　　　　D. 无法确定

16. 如题图 7-1 所示的电路中,电源电压 $u = 220\sqrt{2}\sin628\,t$V,电流表 A_1、A_2、A_3 示数相同,若将电源电压改为 $u = 220\sqrt{2}\sin314\,t$V,下列说法正确的是(　　)。

A. A_1 示数是 A_2 示数的 1/2 倍

B. A_1 示数是 A_3 示数的 2 倍

C. A_2 示数是 A_1 示数的 2 倍

D. A_2 示数是 A_3 示数的 2 倍

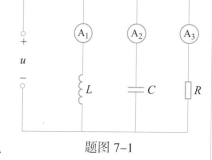

题图 7-1

17. 在 RLC 串联谐振电路中,增大电路中的电阻值,下列说法不正确的是(　　)。

A. 品质因数变大　　　　　　　　B. 固有频率不变

C. 通频带变宽　　　　　　　　　D. 阻抗变大

18. 在 RL 串联正弦交流电路中,已知电阻 $R = 6\ \Omega$,感抗 $X_L = 8\ \Omega$,则总电压和总电流的相位关系是(　　)。

A. 总电压超前总电流 37°　　　　B. 总电压滞后总电流 37°

C. 总电压超前总电流 53°　　　　D. 电压滞后总电流 53°

三、分析与计算题

1. 将一个 484 Ω 的电阻接到电压 $u = 220\sqrt{2}\sin(314t - 60°)$V 的电源上。求:(1) 通过电阻的电流为多少? 写出电流的解析式;(2) 画出电压与电流的矢量图;(3) 电阻消耗的功率是多少?

2. 一个电感为 20 mH 的纯电感线圈接在电压 $u = 220\sqrt{2}\sin(314t + 30°)$V 的电源上。求:(1) 通过线圈的电流为多少? 写出电流的解析式;(2) 画出电压与电流的矢量图;(3) 电路的无功功率是多少?

3. 已知加在 1 μF 电容器上的交流电压 $u = 220\sqrt{2}\sin 314\,t$V。求:(1) 通过电容器的电流为多少? 写出电流的解析式;(2) 画出电压与电流的矢量图;(3)电路的无功功率是多少?

4. 在一个 RLC 串联交流电路中,已知电阻 $R = 8\ \Omega$,感抗 $X_L = 10\ \Omega$,容抗 $X_C = 4\ \Omega$,电路的端电压为 220 V。求:(1) 电路中的总阻抗;(2) 电流的有效值;(3) 各元件两端电压有效值;(4) 电路的有功功率、无功功率和视在功率;(5) 电路的性质;(6) 若电流的初相为零,请画出电压与电流的矢量图。

5. 如题图 7-2 所示,RLC 串联电路中,R=8 Ω,X_L=3 Ω,X_C=9 Ω,当电路两端加上 f=50 Hz 的交流电时,电阻消耗功率为 32 W。求:

(1) 电路总阻抗 Z;

(2) 各元件两端的电压 U_R、U_L、U_C;

(3) 电路的功率因数 $\cos\varphi$;

(4) 若以电流为参考相量,写出总电压 u 的瞬时表达式。

题图 7-2

6. 为什么说电感线圈有"通直流、阻交流,通低频、阻高频"特性? 为什么说电容器有"通交流、阻直流,通高频、阻低频"特性?

7. 带漏电保护的空气断路器主要有哪些作用?

8. 写出用示波器观察交流电波形的主要操作步骤。

9. 简述提高功率因数的意义和方法。

四、实践与应用题

1. 题图 7-3 所示为荧光灯电路实物接线图,请写出各部分元器件的名称。

2. 请正确连接题图 7-4 所示荧光灯电路的原理图。

3. 题图 7-5 所示为安装在配电板上的单相电子式电能表,请在图中指出哪两根是电源进线,哪两根是出线?

题图 7-3

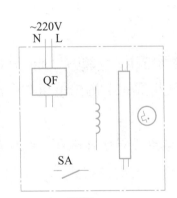

题图 7-4

题图 7-5

8 三相正弦交流电路

在电力系统中,广泛应用的是三相交流电。因为与单相交流电相比,三相交流电有更多的优点:三相发电机比尺寸相同的单相发电机输出功率大;三相输电线路比单相输电线路经济;三相电动机比单相电动机结构简单,平稳可靠,输出功率大……因此,目前世界上的电力系统的供电方式大多数采用三相制供电,通常的单相交流电是三相交流电的一相,从三相交流电源获得。

本单元将学习三相正弦交流电源、三相负载的连接、三相交流电路的功率、用电保护。

职业岗位群应知应会目标

__ 了解三相正弦对称电源的概念,理解相序的概念。

__ 了解电源星形联结的特点,能绘制其电压矢量图,了解我国电力系统的供电制。

__ 掌握保护接地的原理,理解保护接零的方法,了解其应用。

*__ 了解星形联结下三相对称负载线电流、相电流和中性线电流的关系,了解对称负载与不对称负载的概念,以及中性线的作用,了解对称三相电路功率的概念与计算。

*__ 会按要求完成三相异步电动机的正确连接。

*__ 会观察三相星形负载在有、无中性线时的运行情况,测量相关数据,并进行比较。

8.1 三相正弦交流电源

观察与思考

教学动画
三相交流电
动势的产生

图8-1-1所示为单相、三相电动机的铭牌。铭牌上分别标注着电动机的型号、额定电压、额定功率等技术参数,其中单相、三相指的是电动机正常工作时所需电源的性质,即单相感应电动机工作时需要的是单相电源,三相异步电动机正常工作时需要的是三相电源。在单元7中学习过的正弦交流电路是单相电路,即三相中的一相。本节将学习三相正弦交流电源及其相关知识。

图 8-1-1　单相、三相电动机的铭牌

8.1.1　三相正弦交流电

三相交流电源是三个单相交流电源按一定方式进行的组合,这三个单相交流电源的频率相同、最大值相等、相位彼此相差 120°。三相交流电是由三相交流发电机产生的。

1. 三相正弦对称电源

工程上,把频率相同、最大值相等、相位彼此相差 120° 的三个正弦交流电源称为三相正弦对称电源。我国通常用 U、V、W(或 L_1、L_2、L_3)分别表示三相正弦对称电源中的第一相、第二相和第三相。如果以 u_U 为参考正弦量,即第一相电源的初相为 0°,则第二相电源 u_V 的初相为 −120°,第三相电源 u_W 的初相为 120°(或 −240°),那么三相正弦对称电源各相的解析式(瞬时值表达式)为

$$\begin{cases} u_U = U_m \sin \omega t \\ u_V = U_m \sin(\omega t - 120°) \\ u_W = U_m \sin(\omega t + 120°) \end{cases}$$

三相正弦对称电源的波形图和矢量图如图 8-1-2 所示。

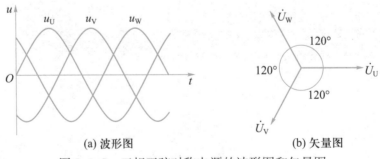

(a) 波形图　　　　　　　(b) 矢量图

图 8-1-2　三相正弦对称电源的波形图和矢量图

2. 三相交流电的相序

三相交流电随时间按正弦规律变化,它们到达最大值(或零值)的先后次序称为相序。从图 8-1-2 中可以看出,u_U 超前 u_V 到达最大值(或零值),u_V 超前 u_W 到达最大值(或零值),这种 U–V–W–U 的顺序称为正序;若相序为 U–W–V–U,则称为负序。工程上如无特别说明,均采

用正序。

职业相关知识

三相异步电动机的旋转方向由三相电源的相序决定,改变三相电源的相序可改变三相异步电动机的旋转方向。工程上,通常采用对调三相电源的任意两根电源线来实现三相异步电动机的正反转控制。

8.1.2 三相电源的连接

教学动画
三相负载的
星形联结

1. 星形联结

三相交流发电机的每一相都是独立的电源,都可以单独向负载供电,但这样供电需要六根导线,一般不采用这种供电方式。在现代供电系统中,三相对称电源是按照一定的方式连接后再向负载供电的,通常采用星形联结。

如图 8-1-3 所示,将三相发电机绕组的三个末端 U_2、V_2、W_2 连接成公共点,三个首端 U_1、V_1、W_1 分别与负载连接,这种连接方式称为星形联结,用符号 "Y" 表示。三个末端 U_2、V_2、W_2 连接成的公共点称为中性点(或零点),用 N 表示,从中性点引出的导线称为中性线(或零线),一般用黑色线或淡蓝色线;从三相绕组首端引出的三根导线称为相线(或火线),分别用符号 "U、V、W" 表示,用黄、绿、红三种颜色区分。这种由三根相线和一根中性线组成的供电系统称为三相四线制供电系统,用符号 "Y_0" 表示,通常在低压配电系统中采用;在高压输电系统中,通常采用只由三根相线组成的三相三线制供电系统,用符号 "Y" 表示。

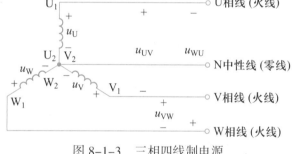

图 8-1-3 三相四线制电源

2. 相电压与线电压

三相四线制供电系统可输出两种电压,即相电压和线电压。

相电压是相线与中性线之间的电压,分别用符号 "U_U、U_V、U_W" 表示 U、V、W 各相电压的有效值,通常用 U_P 泛指相电压。

线电压是指相线与相线之间的电压,分别用符号 "U_{UV}、U_{VW}、U_{WU}" 表示 UV、VW、WU 各线电压的有效值,通常用 U_L 泛指线电压。

线电压与相电压之间的瞬时值关系为

$$\begin{cases} u_{UV} = u_U - u_V \\ u_{VW} = u_V - u_W \\ u_{WU} = u_W - u_U \end{cases}$$

由此绘制出相应的矢量图,如图 8-1-4 所示。

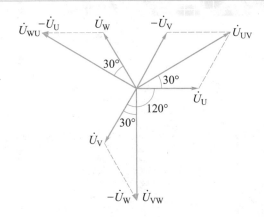

图 8-1-4　三相四线制电源电压矢量图

由矢量图可知,线电压 U_{UV} 与相电压 U_U 之间的有效值(或数量)关系为

$$U_{UV} = \sqrt{3}\, U_U$$

同理可得

$$U_{VW} = \sqrt{3}\, U_V, U_{WU} = \sqrt{3}\, U_W$$

因此,线电压与相电压有效值之间的数量关系为

$$U_L = \sqrt{3}\, U_P$$

由矢量图还可以看出:线电压与相电压的相位关系为线电压超前相应的相电压 30°,即 U_{UV}、U_{VW}、U_{WU} 分别超前 U_U、U_V、U_W30°,因此,三个线电压彼此间也相差 120°,线电压也是对称的。

通过以上分析可知:

① 三相对称电源有效值相等、频率相同、各相之间相位互差 120°。

② 三相四线制供电系统中,相电压和线电压都是对称的。

③ 线电压是相电压的 $\sqrt{3}$ 倍,线电压的相位超前相应的相电压 30°。

【例 8-1-1】

已知三相四线制供电系统中,V 相电源的瞬时值表达式为 $u_V = 220\sqrt{2}\sin \omega t$ V,按正序写出 u_U、u_W 的瞬时值表达式。

分析:三相四线制供电系统中,三相电源是对称的,它们的有效值相等、频率相同,相位互差 120°。而 V 相的初相为零,则可求出 U 相的初相为 +120°,W 相的初相为 −120°。

解:从以上分析得出 u_U、u_W 的瞬时值表达式为

$$u_U = 220\sqrt{2}\sin(\omega t + 120°)\ \text{V}$$

$$u_W = 220\sqrt{2}\sin(\omega t - 120°)\ \text{V}$$

思考与练习

1. 如果对称三相交流电源 U 相电压的解析式为 $u_U = 220\sqrt{2}\sin(\omega t + 30°)$ V,则 $u_V = $ _____

_____V，u_W=_____V。

2. 低压供电系统常采用_____供电方式。采用这种供电方式的线电压如果是 380 V，那么相电压是_____V。

*8.2 三相负载的连接

观察与思考

图 8-2-1 所示为三相异步电动机的接线盒，接线盒中有六个接线柱，这六个接线柱分别是电动机三个绕组的接头，因为每个绕组有两个接头。如果电动机的铭牌上标注着"Y"接法、额定电压"380 V"，那么电动机正常工作时，这六个接线柱该如何接？又如何把它们接到三相四线制供电系统中去呢？本节将学习三相负载及其连接方式。

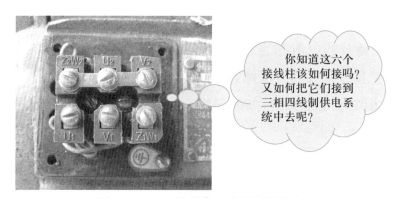

图 8-2-1 三相异步电动机的接线盒

1. 三相负载

负载按它对电源的要求分为单相负载和三相负载。单相负载指用单相电源供电的设备，如电灯、电炉及各种家用电器等；三相负载指用三相电源供电的设备，如三相异步电动机、三相电炉等。在三相交流电路中，各相负载的大小和性质都相等（即 $Z_U=Z_V=Z_W$）的三相负载称为三相对称负载，如三相异步电动机、三相电炉等。否则，称为三相不对称负载，如三相照明电路中的负载。

2. 连接方式

将各相负载的末端 U_2、V_2、W_2 连在一起接到三相电源的中性线上，把各相负载的首端 U_1、V_1、W_1 分别接到三相交流电源的三根相线上，这种连接方式称为三相负载有中性线的星形联结，用符号"Y_0"表示。图 8-2-2（a）所示为三相负载有中性线的星形联结的原理图，图 8-2-2（b）所示为实际电路图。

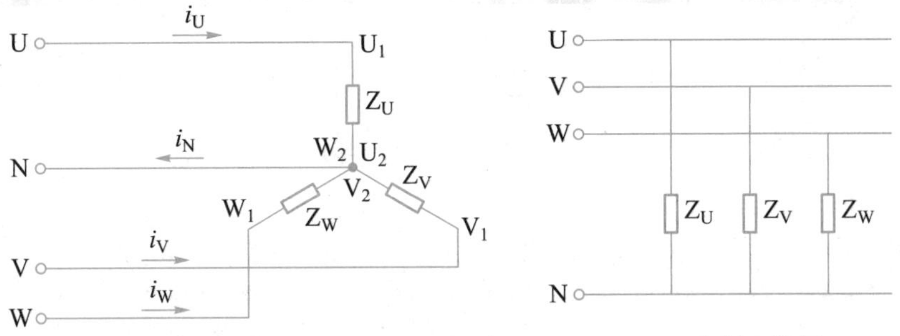

(a) 原理图   (b) 实际电路图

图 8-2-2   三相负载有中性线的星形联结图

3. 电路特点

负载为星形联结并具有中性线时,每相负载两端的电压称为负载的相电压,用 U_{YP} 表示。当输电线的阻抗被忽略时,负载的相电压等于电源相电压($U_{YP} = U_P$)。负载的线电压等于电源的线电压,负载的线电压与相电压的关系为

$$U_L = \sqrt{3}\, U_{YP}$$

流过每根相线的电流称为线电流,分别用 I_U、I_V、I_W 表示 U、V、W 各线电流的有效值,通用符号为 I_{YL};流过每相负载的电流称为相电流,分别用 I_U、I_V、I_W 表示 U、V、W 各相电流的有效值,通用符号为 I_{YP};流过中性线的电流称为中性线电流,用 I_N 表示。

三相电路中,三相电压是对称的,如果三相负载也是对称的(用 Z 表示),那么流过三相负载的各相电流也是对称的,即

$$I_{YP} = I_U = I_V = I_W = \frac{U_{YP}}{Z}$$

各相电流的相位差仍是 120°。因此,计算对称三相负载电路只需计算其中一相,其他两相只是相位相差 120°。

由图 8-2-2 可以看出,三相负载为星形联结时,线电流等于相电流,即

$$I_{YL} = I_{YP}$$

如图 8-2-2 所示,由基尔霍夫电流定律可知,流过中性线的电流

$$i_N = i_U + i_V + i_W$$

由此绘制出三相对称负载星形联结矢量图,如图 8-2-3 所示。

由矢量图可知:对称三相负载为星形联结时,中性线电流等于零,即

$$\dot{I}_N = \dot{I}_U + \dot{I}_V + \dot{I}_W = 0$$

即三个相电流瞬时值之和等于零。

$$i_N = 0$$

在这种情况下,中性线没有电流流过,去掉中性线也不影响三相电路的正常工作,为此常采用三相三线制电路,如图 8-2-4 所示。常用的三相电动机和三相变压器都是对称三相负载,都采用三相三线制供电。

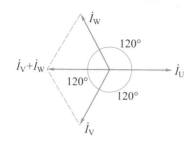

图 8-2-3 三相对称负载
星形联结矢量图

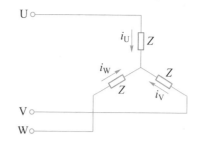

图 8-2-4 三相三线制电路

【例 8-2-1】

星形联结的对称三相负载,每相的电阻 $R=6\ \Omega$,感抗 $X_L=8\ \Omega$,接到线电压为 380 V 的三相电源上。相电压、相电流、线电流和中性线电流分别为多少?

分析:三相电路中的每一相仍符合欧姆定律,即 $I_P=\dfrac{U_P}{Z}$,因此,要先求出相电压,然后利用欧姆定律求相电流,最后再求线电流。

解:对称负载星形联结时,负载的相电压 $U_P=\dfrac{U_L}{\sqrt{3}}=\dfrac{380}{\sqrt{3}}$ V ≈ 220 V

负载的阻抗

$$Z=\sqrt{R^2+X_L^2}=\sqrt{6^2+8^2}\ \Omega=10\ \Omega$$

流过负载的相电流

$$I_P=\frac{U_P}{Z}=\frac{220}{10}\ A=22\ A$$

线电流

$$I_L=I_P=22\ A$$

由于负载对称,故 $I_N=0$。

4. 中性线的作用

三相负载在很多情况下是不对称的,最常见的照明电路就是不对称负载有中性线的星形联结的三相电路。当三相负载不对称时,各相电流的大小则不相等,相位差也不一定是 120°,中性线电流就不等于零了。因此,中性线绝对不能断开。

下面通过具体的例子分析三相四线制电路中中性线的重要作用。

【例 8-2-2】

将额定电压为 220 V,功率为 100 W、40 W 和 60 W 的 3 盏灯 A、B、C 接成星形联结,然后接到相电压为 220 V 的三相四线制电源上。在 U、V、W 三根相线上分别装有开关 S_U、S_V、S_W,为了便于说明问题,在中性线上也装有开关 S_N,如图 8-2-5(a) 所示。

(1) 开关 S_U、S_V、S_W、S_N 都闭合时,灯 A、B、C 是否都能正常发光?

(2) 开关 S_U 断开,开关 S_V、S_W、S_N 闭合时,灯 A、B、C 能否正常发光?

(3) 开关 S_U、S_V 断开,开关 S_W、S_N 闭合时,灯 A、B、C 能否正常发光?

(4) 开关 S_N、S_W 断开,开关 S_U、S_V 闭合时,灯 A、B、C 能否正常发光?

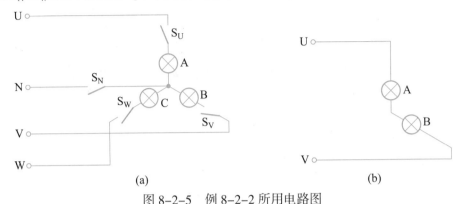

图 8-2-5 例 8-2-2 所用电路图

分析:

(1) 开关 S_U、S_V、S_W、S_N 都闭合时,每盏灯两端的电压为 220 V,它等于灯的额定电压 220 V。因此,灯 A、B、C 都能正常发光。

(2) 开关 S_U 断开,开关 S_V、S_W、S_N 闭合时,灯 B、C 两端的相电压仍为 220 V,灯 A 两端的电压为零。因此,灯 B、C 能正常发光,灯 A 不发光。

(3) 开关 S_U、S_V 断开,开关 S_W、S_N 闭合时,灯 C 两端的相电压仍为 220 V,灯 A、B 两端的电压为零,因此,灯 C 能正常发光,灯 A、B 不发光。

(4) 开关 S_N、S_W 断开,开关 S_U、S_V 闭合时,电路如图 8-2-5(b)所示,灯 A、B 串联后接在相线 U、V 之间,即加在灯 A、B 两端的是线电压 380 V。

灯 A(100 W)的电阻 $R_A = \dfrac{U_A^2}{P} = \dfrac{220^2}{100}\ \Omega = 484\ \Omega$

灯 B(40 W)的电阻 $R_B = \dfrac{U_B^2}{P} = \dfrac{220^2}{40}\ \Omega = 1\,210\ \Omega$

灯 A(100 W)两端的电压 $U_A = \dfrac{R_A}{R_A + R_B} U_{UV} = \dfrac{484}{484 + 1\,210} \times 380\ \text{V} \approx 109\ \text{V}$

灯 B(40 W)两端的电压 $U_B = U_{UV} - U_A = (380 - 109)\ \text{V} = 271\ \text{V} > 220\ \text{V}$

因此,灯 A(100 W)两端的电压小于 220 V,因此较暗;灯 B(40 W)两端电压大于 220 V,可能因过热而烧毁,导致电路开路。

由以上分析可知,在三相电路中,如果负载不对称,必须采用带中性线的三相四线制供电。若无中性线,可能使一相电压过低,使该相用电设备不能正常工作,而另一相电压过高,导致该相用电设备烧毁。因此,在三相四线制电路中,中性线的作用是使不对称负载两端的电压保持对称,从而保证电路安全可靠地工作。因此,在电工安全操作规程中规定:三相四线制电路中性线的干线上不准安装熔断器和开关,有时还采用钢芯线来加强其机械强度,以免断开。同时,在连接三相负载时,应尽量保持三相平衡,以减小中性线电流。

职业相关知识

三相负载有两种接法,除了星形联结以外,还有三角形联结。将三相负载分别接到三相电源的两根相线之间,这种连接方式称为三相负载的三角形(Δ形)联结,如图8-2-6所示。三相负载为三角形联结时,电源线电压等于负载的相电压,即 $U_L = U_{\triangle P}$。

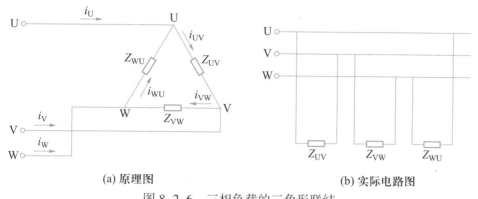

(a) 原理图   (b) 实际电路图

图 8-2-6 三相负载的三角形联结

5. 三相异步电动机定子绕组的星形(Y形)和三角形(Δ形)两种接法实例

对电压为380 V的三相电源来说,当负载的额定电压是220 V时,负载应接成星形联结;当负载的额定电压是380 V时,负载应接成三角形联结。

(1) 三相异步电动机定子绕组的星形(Y形)联结实例。

三相异步电动机定子绕组的星形(Y形)联结如图8-2-7(a)所示,将 U_2、V_2、W_2 三个接线端连在一起(短接),将 U_1、V_1、W_1 三个接线端分别接三相交流电源的相线,这样就完成了三相异步电动机定子绕组的星形联结。

(2) 三相异步电动机定子绕组的三角形(Δ形)联结实例。

三相异步电动机定子绕组的三角形(Δ形)联结如图8-2-7(b)所示,把 U_1 接 W_2、V_1 接 U_2、W_1 接 V_2,将 U_1、V_1、W_1 三个接线端分别接三相交流电源的相线,这样就完成了三相异步电动机定子绕组的三角形联结。

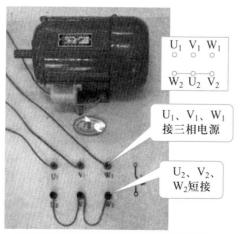

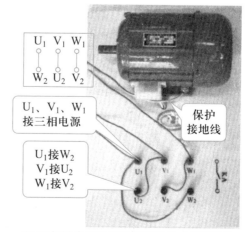

(a) 三相异步电动机定子绕组的星形联结   (b) 三相异步电动机定子绕组的三角形联结

图 8-2-7 三相异步电动机定子绕组的联结

*8.3　三相交流电路的功率

观察与思考

电动机一般在机座上装有铭牌,铭牌上标注了三相异步电动机的类型、主要性能、技术指标和使用条件,为用户使用和维修这台电动机提供了重要依据。如图 8-3-1 所示,其中的"750 瓦""380 伏""1.68 安"分别指该电动机的额定功率、额定线电压、额定线电流。本节将学习三相交流电路功率的计算及其相关知识。

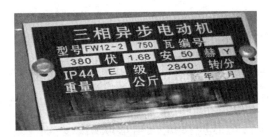

图 8-3-1　三相异步电动机的铭牌

在三相交流电路中,不论负载采用星形联结,还是采用三角形联结,三相负载消耗的总功率等于各相负载消耗的功率之和,即

$$P = P_U + P_V + P_W$$

每相负载所消耗的功率,可以应用单相正弦交流电路中学过的方法计算。如果知道各相电压、相电流及功率因数 $\lambda(\cos\varphi)$ 的值,则负载消耗的总功率

$$P = U_U I_U \cos\varphi_U + U_V I_V \cos\varphi_V + U_W I_W \cos\varphi_W$$

式中:P——三相负载总有功功率,单位是 W;

　　U_U、U_V、U_W——U、V、W 各相的相电压,单位是 V;

　　I_U、I_V、I_W——U、V、W 各相的相电流,单位是 A;

　　$\cos\varphi_U$、$\cos\varphi_V$、$\cos\varphi_W$——U、V、W 各相负载的功率因数。

在对称三相电路中,各相电压是对称的,各相负载是对称的,因此,各相电流也是对称的,即

$$U_P = U_U = U_V = U_W$$

$$I_P = I_U = I_V = I_W$$

$$\cos\varphi = \cos\varphi_U = \cos\varphi_V = \cos\varphi_W$$

因此,在对称三相电路中,三相对称负载消耗的总功率

$$P = 3U_P I_P \cos\varphi$$

式中:P ——三相负载总有功功率,单位是 W;

$\quad U_P$——负载的相电压,单位是 V;

$\quad I_P$ ——流过负载的相电流,单位是 A;

$\quad \cos\varphi$——三相负载的功率因数。

由上式可知,对称三相电路的总有功功率等于单相有功功率的 3 倍。

在实际工作中,相电压、相电流一般不易测量,测量线电压、线电流比较方便,如没有特殊说明,三相电路的电压和电流都是指线电压和线电流。因此,三相电路的总有功功率常用线电压和线电流来表示。

当三相负载为星形联结时,线电压是相电压的$\sqrt{3}$倍,线电流等于相电流,即

$$U_L = \sqrt{3}\, U_P$$

$$I_L = I_P$$

当三相负载为三角形联结时,线电压等于相电压,线电流等于相电流的$\sqrt{3}$倍,即

$$U_L = U_P$$

$$I_L = \sqrt{3}\, I_P$$

因此,对称负载不论是星形联结还是三角形联结,总有功功率

$$P = \sqrt{3}\, U_L I_L \cos\varphi$$

同理,三相对称负载的无功功率和视在功率的计算公式分别为

$$Q = \sqrt{3}\, U_L I_L \sin\varphi$$

$$S = \sqrt{3}\, U_L I_L$$

三者间的关系为

$$S = \sqrt{P^2 + Q^2}$$

职业相关知识

三相负载铭牌上标注的功率是额定有功功率,电压是额定线电压,电流是额定线电流。

【例 8-3-1】

有一个对称三相负载,每相负载的电阻 R=60 Ω,感抗 X_L=80 Ω,将其接成星形联结,接在线电压为 380 V 的对称三相电源上,试求电路的线电压、线电流,负载的相电压、相电流及有功功率。

解:电路的线电压

$$U_L = 380\ \text{V}$$

各相负载的相电压

$$U_{YP} = \frac{U_L}{\sqrt{3}} = \frac{380}{\sqrt{3}} \text{ V} \approx 220 \text{ V}$$

各相负载阻抗

$$Z = \sqrt{R^2 + X_L^2} = \sqrt{60^2 + 80^2} \text{ } \Omega = 100 \text{ } \Omega$$

各相负载的相电流

$$I_{YP} = \frac{U_{YP}}{Z} = \frac{220}{100} \text{ A} = 2.2 \text{ A}$$

电路的线电流

$$I_L = I_{YP} = 2.2 \text{ A}$$

各相负载功率因数

$$\cos \varphi = \frac{R}{Z} = \frac{60}{100} = 0.6$$

三相负载总有功功率

$$P = \sqrt{3} \, U_L I_L \cos \varphi = \sqrt{3} \times 380 \times 2.2 \times 0.6 \text{ W} \approx 868.8 \text{ W}$$

技术与应用　非正弦周期波的谐波分析

教学动画
常见的非正
弦周期波

1. 非正弦周期波

在电子技术中经常会遇到不按正弦规律进行周期性变化的电流或电压,称为非正弦周期波,图 8-3-2 所示为几种常见的非正弦周期波。

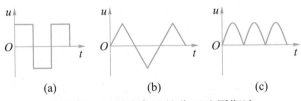

图 8-3-2　几种常见的非正弦周期波

非正弦周期波可由脉冲信号源产生,如矩形波、锯齿波等。当电路中不同频率的电源共同作用时,也会产生非正弦周期波。例如,将一个频率为 50 Hz 的正弦电压,与另一个频率为 100 Hz 的正弦电压叠加起来,就可得到一个非正弦的周期电压。若电路中存在非线性元件,即使电源是正弦的,也会产生非正弦周期电压。如含非线性元件二极管的整流电路,可把正弦交流电压变为非正弦周期电压。

2. 非正弦周期波的谐波分析

非正弦周期波有着各种不同的变化规律,如何分析这样的电路呢?理论和实验都可证明,一个非正弦周期信号可以看成由一些不同频率正弦信号叠加的结果,这一过程称为谐波分析。这样就能运用正弦交流电路的分析计算方法来处理非正弦周期信号的问题。

先做一个实验,如图8-3-3所示,将两个正弦信号源 u_1 与 u_2 串联,其中, u_1 的频率为 100 Hz, u_2 的频率为 300 Hz。用示波器观察 u_1 与 u_2 的波形,如图8-3-4中的虚线波形所示。然后再用示波器观察 u_1 与 u_2 串联(即叠加)后 u 的波形,如图8-3-4中的实线波形所示。显然,任何非正弦的周期信号都可以被分解成几个不同频率的正弦信号。图8-3-4所示的非正弦信号 u 可以分解成正弦信号 u_1 和 u_2,并可用函数式表示为

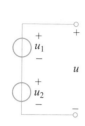

图 8-3-3 两个信号源的叠加

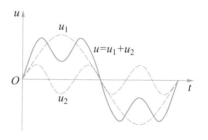

图 8-3-4 两个信号源叠加后的波形

$$u = u_1 + u_2 = U_{1m}\sin \omega t + U_{2m}\sin 3\omega t$$

因为 u 是 u_1 和 u_2 合成的,所以就把正弦信号 u_1 和 u_2 称为非正弦周期信号 u 的谐波分量。在谐波分量中, u_1 的频率与非正弦波的频率相同,这个正弦波称为非正弦波的基波或一次谐波; u_2 的频率为基波的三倍,称为三次谐波。谐波分量的频率是基波的几倍,就称为几次谐波。此外,非正弦波中还可能包含直流分量,直流分量可以看成频率为零的正弦波,所以也称零次谐波。

非正弦波展开的一般形式为

$$f(t) = A_0 + A_{1m}\sin(\omega t + \varphi_{01}) + A_{2m}\sin(2\omega t + \varphi_{02}) + \cdots + A_{km}\sin(k\omega t + \varphi_{0k})$$

式中: A_0——零次谐波(直流分量);

$A_{1m}\sin(\omega t + \varphi_{01})$ ——基波(交流分量);

$A_{2m}\sin(2\omega t + \varphi_{02})$ ——二次谐波(交流分量);

$A_{km}\sin(k\omega t + \varphi_{0k})$ —— k 次谐波(交流分量)。

8.4 用电保护

观察与思考

图8-4-1(a)包括一个两孔插座和一个三孔插座,插座可以为用电器提供电源。有些用电器接两孔插座,但有些用电器必须接三孔插座,你知道这是为什么吗?三孔插座中间那个孔有什么作用呢?图8-4-1(b)所示为三相异步电动机接线柱,在六个接线柱的下面有一个接地符号"⏚",说明电动机工作时必须可靠接地,这又是为什么呢?

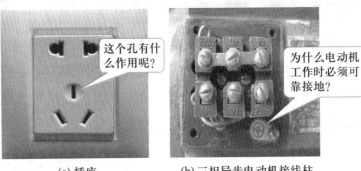

(a) 插座　　　　　(b) 三相异步电动机接线柱

图 8-4-1　插座与三相异步电动机接线柱

三孔插座与接地符号 "⏚" 都是为了让用电器工作时能够可靠接地。这是因为，当电气设备因绝缘损坏而发生漏电或击穿时，平时不带电的金属外壳及与之相连的其他金属部分便会带电，人体若触及这些意外的带电部分，就可能发生触电事故。为减少或避免这类触电事故的发生，通常采用的防范措施有正确安装用电设备、电气设备的保护接地、电气设备的保护接零、装设漏电保护装置及采用各种安全保护用具。

1. 正确安装用电设备

电气设备要根据说明书的要求正确安装，不可马虎。电气设备带电部分必须有防护罩或放到不易接触到的高处，必要时要用联锁装置，以防触电。

2. 电气设备的保护接地

将正常情况下电气设备不带电的金属外壳或构架，用足够粗的导线与大地可靠地连接在一起称为保护接地。

如果不采用保护接地措施，那么人体触及电气设备的带电外壳时，人体中就会有一定的电流流过，人体将会发生触电事故，如图 8-4-2 所示。

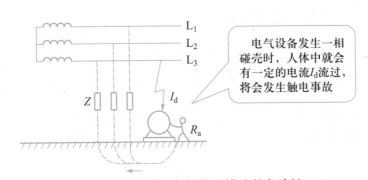

图 8-4-2　不采用保护接地措施的危险性

电气设备采用保护接地措施后，即使外壳绝缘损坏而带电，这时人体触碰到机壳就相当于人体和接地电阻并联，而人体电阻远比接地电阻大，因此流过人体的电流就很小，从而保证了人身安全，即当人体触及电气设备带电外壳时，就能避免触电事故的发生，如图 8-4-3 所示。

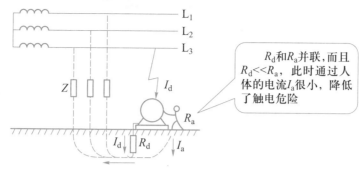

图 8-4-3 采用保护接地措施后的安全性

3. 电气设备的保护接零

将正常情况下电气设备不带电的金属外壳或构架与供电系统的中性线(零线)连接,称为保护接零,如图 8-4-4 所示。

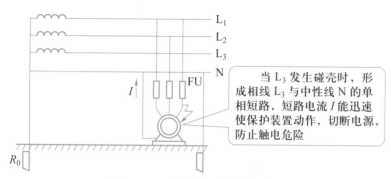

图 8-4-4 保护接零的安全作用

电气设备采用保护接零后,当电气设备发生"碰壳"故障时,金属外壳将相线与中性线直接接通,单相接地故障变成单相短路。短路电流的大小足以使安装在线路上的熔断器或其他过电流保护装置动作,从而切断电源。

小提示

保护接地和保护接零不准混用。如图 8-4-5 所示,中性点接地系统中,如果保护接零和保护接地混用,当采用保护接地的设备发生碰壳事故时,若有人同时触到接地设备外壳和接零设备外壳,人体将承受相电压,这是非常危险的。

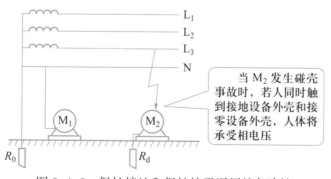

图 8-4-5 保护接地和保护接零混用的危险性

在单相用电设备中,应使用三脚插头和三孔插座,如图 8-4-6(a)所示。正确的接法是把用电器的外壳用导线接在中间那个比其他两个粗或长的插脚上,并通过插座与保护接零线或保护接地线相连。

在三相用电设备中,一般应使用电设备的金属外壳可靠接地,如图 8-4-6(b)所示。正确的接法是把用电器的外壳通过导线与接地线相连接,使金属外壳可靠接地。

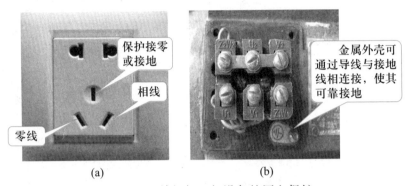

图 8-4-6   单相与三相设备的用电保护

4. 装设漏电保护装置

漏电保护装置是用来防止人身触电和漏电引起事故的一种接地保护装置,当电路或用电设备的漏电电流大于装置的整定值,即人体有发生触电危险时,它能迅速动作,切断事故电源,避免事故扩大,保障了人身、设备的安全。

5. 采用各种安全保护用具

为保护工作人员的操作安全,要求操作人员必须严格遵守操作规程,并使用绝缘手套、绝缘鞋、绝缘钳、绝缘垫等安全保护用具。

思考与练习

1. 为减少或避免碰壳触电事故的发生,通常采取的技术措施有_____、_____、_____、_____和_____等。

2. 保护接地一般应用在_____。

3. 保护接零一般应用在_____,保护接零通常与_____配合使用。

---

* 实训项目十三   三相对称负载星形联结电压、电流的测量

实训目的

- 掌握三相负载星形联结的方法。
- 掌握三相对称负载星形联结电压、电流的测量方法与步骤。
- 了解中性线的作用。

任务一   对照原理图,识别元器件

1. 电气原理图

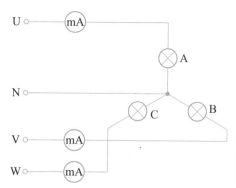

3 盏灯采用星形联结的电路原理图如图 8-4-7 所示,主要由三相四线制交流电源、3 盏完全对称的灯、3 只交流电流表组成。3 只交流电流表(本项目用万用表代替)分别串联在被测线路中。

2. 元器件识别

搭接电路前,可对照表 8-4-1 逐一识别各元器件。

图 8-4-7   3 盏灯采用星形联结的电路原理图

表 8-4-1   三相对称负载星形联结电压、电流的测量元器件清单

序号	名称	规格	数量	实物图	备注
1	三相四线制交流电源	220 V/380 V	1		电工实验操作台
2	负载模块(灯)	220 V/15 W	3		
3	万用表	VC890D	3		
4	连接导线模块		4		
5	连接线		4	略	

任务二   电路连接与检查

1. 连接电路

根据图 8-4-7 所示电路原理图在实验台上连接电路,如图 8-4-8 所示。

2. 检查

用万用表对所连接的电路进行短路或断路的检查,直到电路连接正确为止。

任务三　线路中电压与电流的测量

1. 测量有中性线时各相负载的电流与电压

操作步骤:

① 检查电路连接无误后,接通三相电源,此时,3 盏灯均点亮,如果不亮,再次检查电路连接的可靠性。

图 8-4-8　3 盏灯采用星形联结的电路实物图

② 正确读出各相负载中流过的电流 I_U、I_V 和 I_W 的大小,并填入表 8-4-2 中。

表 8-4-2　三相对称负载星形联结时电压与电流测试技训表

负载连接情况	I_U/mA	I_V/mA	I_W/mA	U_U/V	U_V/V	U_W/V	U_{UV}/V	U_{VW}/V	U_{WU}/V
有中性线									
无中性线									
分析:有中性线与无中性线时各相电流、相电压及线电压是否相等									

③ 用万用表的交流电压挡分别测出各相负载两端的相电压 U_U、U_V 和 U_W,并填入表 8-4-2 中。

④ 用万用表的交流电压挡分别测出线电压 U_{UV}、U_{VW} 和 U_{WU},并填入表 8-4-2 中。

2. 测量无中性线时各相负载的电流与电压

操作步骤:

① 在切断电源的情况下,断开三相四线制中的中性线。

② 重复以上①、②、③、④步骤。

想一想　做一做

当三相负载对称时,中性线能否去掉? 中性线在电路中的作用是什么?

任务四　实训小结

(1) 将"三相对称负载星形联结电压、电流的测量"的操作方法与步骤、收获与体会及实训评价填入"实训小结表"(见附录 2)。

(2) 将实训过程评价填入"实训过程评价表"(见附录 1)中的相应位置。

技术与应用 常用用电保护装置

1. 熔断器

熔断器广泛应用于低压配电系统和控制系统及用电设备中,作为短路和过电流保护,是应用最普遍的保护器件之一。熔断器内的主要部件是熔体,它由熔点较低的合金制成。它串联在被保护电路中,当电路发生短路或严重过载时,熔体因通过的电流增大而过热熔断,自动切断电路,以保护电气设备。常用的熔断器有插入式和螺旋式两类,如图 8-4-9 所示。

(a) 插入式　　　　　　　　(b) 螺旋式

图 8-4-9　熔断器

选用低压熔断器时,一般只考虑熔断器的额定电压、额定电流和熔体的额定电流这三项参数,其他参数只有在特殊要求时才考虑。

2. 低压断路器

低压断路器又称空气断路器或自动空气开关,是能自动切断故障电流并兼有控制和保护功能的低压电器。低压断路器适用于交流 50 Hz、额定电压 400 V 及以下、额定电流 100 A 及以下的场所,主要包括办公楼、住宅和类似的建筑物的照明、配电线路及设备的保护。

低压断路器的优点是:操作安全,安装简便,工作可靠,分断能力较强,具有多种保护功能,动作值可调,动作后不需要更换元件。

低压断路器按极数可分为单极、二极、三极和四极等,见表 8-4-3。

表 8-4-3　低压断路器按极数分类

按极数分类	单极	二极	三极	四极
外形图				

3. 漏电保护器

漏电保护器俗称漏电开关,是在电路或电器绝缘受损发生对地短路时防止人身触电和电气火灾的保护电器。在居民单元楼中,漏电保护器一般安装于每户配电箱的插座回路中和全楼总配电箱的电源进线上,后者专用于防电气火灾。其适用范围为交流 50 Hz,额定电压 380 V,额定电流 250 A。

漏电保护器的主要技术参数有漏电动作电流和动作时间。若用于保护手持电动工具、各种移动电器和家用电器,应选用额定漏电动作电流不大于 30 mA、动作时间不大于 0.1 s 的快速动作漏电保护器。一般在漏电保护器上设有检验按钮,若按下按钮,开关动作,则证明其性能良好,一般要求至少每月检验一次。MSL1-2P 型漏电保护器如图 8-4-10 所示。

图 8-4-10   MSL1-2P
型漏电保护器

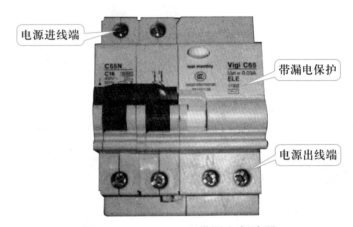

图 8-4-11   C65N 型带漏电断路器

低压配电系统中装设漏电保护器是防止人身触电事故的有效措施之一,也是防止因漏电引起电气火灾和电气设备损坏事故的技术措施。但安装漏电保护器后并不等于绝对安全,运行中仍应以预防为主,并应同时采取其他防止触电和电气设备损坏事故的技术措施。

在实际使用中,通常把低压断路器与漏电保护器组合在一起,即漏电断路器,具有短路、过载、漏电和欠电压的保护功能。图 8-4-11 所示为 C65N 型带漏电断路器。

 应知应会要点归纳

一、三相正弦交流电

1. 三相正弦对称电源

把频率相同、最大值相等、相位彼此相差 120° 的三个正弦交流电源称为三相正弦对称电源。

2. 三相对称电源的星形联结

将三相对称电源的三个末端 U_2、V_2、W_2 连接成公共点,三个首端 U_1、V_1、W_1 分别与负载连接,这种连接方式称为星形联结。当三相电源为星形联结时,其线电压 U_L 与相电压 U_P 的大小关系为

$$U_L = \sqrt{3}\, U_P$$

其相位关系为线电压超前相应的相电压 30°。

3. 相序

三相交流电随时间按正弦规律变化,它们到达最大值(或零值)的先后次序称为相序。把 U–V–W–U 的顺序称为正序;若相序为 U–W–V–U,则称为负序。

二、三相负载的星形联结

三相负载的连接方式有两种:星形联结和三角形联结。

1. 三相对称负载

在三相交流电路中,各相负载的大小和性质都相等(即 $Z_U = Z_V = Z_W = Z$)的三相负载称为三相对称负载。

2. 负载的星形联结

将各相负载的末端 U_2、V_2、W_2 连在一起接到三相电源的中性线上,把各相负载的首端 U_1、V_1、W_1 分别接到三相交流电源的三根相线上,这种连接方式称为三相负载有中性线的星形联结。

3. 星形联结的特点

负载为星形联结时,若三相负载对称,则:

① 各相负载的电流和电压都是对称的。

② 线电流等于相电流,即 $I_L = I_P$;线电压等于 $\sqrt{3}$ 倍的相电压,即 $U_L = \sqrt{3}\, U_P$,在相位上,线电压超前相应的相电压 30°。

③ 中性线电流等于零,可采用三相三线制供电。

若三相负载不对称,则中性线电流不等于零,只能采用三相四线制供电。这时要特别注意中性线上不能安装开关和熔断器。

4. 中性线的作用

在三相四线制电路中,中性线的作用是使不对称负载两端的电压保持对称,从而保证电路安全可靠地工作。

三、三相交流电路的功率

三相对称负载消耗的功率

$$P = 3U_P I_P \cos\varphi = \sqrt{3}\, U_L I_L \cos\varphi$$

四、用电保护

为保证用电安全,减少或避免碰壳触电事故的发生,通常采用的防范措施有正确安装用电设备、电气设备保护接地、电气设备保护接零、装设漏电保护装置及采用各种安全保护用具。

❓ 复习与考工模拟

一、是非题

1. 三相对称电源的有效值相等,频率相同,相位互差 $\frac{2\pi}{3}$。   （   ）

2. 三相负载为星形联结时必须要有中性线。   （   ）

3. 两根相线之间的电压称为相电压。   （   ）

4. 相线上的电流称为线电流。   （   ）

5. 工程上,通常采用对调三相电源的任意两根电源线来实现三相异步电动机的正反转控制。
                                                                            （   ）

6. 三相四线制供电系统中,中性线上的电流是三相电流之和,因此中性线上的电流一定大于每根相线上的电流。   （   ）

7. 三相负载为星形联结时,无论负载对称与否,线电流必定等于对应负载的相电流。
                                                                            （   ）

8. 三相负载为星形联结时,负载相电压为电源线电压的 $\frac{1}{\sqrt{3}}$ 倍。   （   ）

9. 在三相四线制供电系统中的中性线上允许安装熔断器和开关。   （   ）

10. 保护接地主要应用在中性点不接地的电力系统中。   （   ）

二、选择题

1. 在对称三相电压中,若 V 相的电压 $u_V = 100\sqrt{2}\sin(314t+180°)$ V,则 U 相和 W 相的电压为（   ）。

    A. $u_U = 100\sqrt{2}\sin(314t+60°)$ V,$u_W = 100\sqrt{2}\sin(314t+180°)$ V

    B. $u_U = 100\sqrt{2}\sin(314t-60°)$ V,$u_W = 100\sqrt{2}\sin(314t+60°)$ V

    C. $u_U = 100\sqrt{2}\sin(314t+120°)$ V,$u_W = 100\sqrt{2}\sin(314t-120°)$ V

    D. $u_U = 100\sqrt{2}\sin(314t+60°)$ V,$u_W = 100\sqrt{2}\sin(314t-60°)$ V

2. 某三相电动机,其每相绕组的额定电压为 220 V,电源电压为 380 V,电源绕组为星形联结,则电动机应为（   ）。

    A. 星形联结   B. 三角形联结

    C. 星形联结必须接中性线   D. 星形联结、三角形联结均可

3. 三相对称负载为星形联结,接到 U_L=380 V 的三相交流电源上,测得线电流 I_L=10 A,则三相对称负载各相的阻抗为(　　　)。

　　A. 11 Ω　　　　　　　B. 22 Ω　　　　　　　C. 38 Ω　　　　　　　D. 66 Ω

4. 对称三相负载功率因数角是指(　　　)。

　　A. 线电压与线电流的相位差角　　　　　B. 线电压与相电流的相位差角

　　C. 相电压与相电流的相位差角　　　　　D. 相电压与线电流的相位差角

5. 对于星形联结的对称三相电源,不能正常工作的星形联结三相负载是(　　　)。

　　A. 对称负载,接中性线　　　　　　　　B. 对称负载,不接中性线

　　C. 不对称负载,不接中性线　　　　　　D. 不对称负载,接中性线

6. 下列不属于用电保护装置的是(　　　)。

　　A. 熔断器　　　　　　　　　　　　　　B. 低压断路器

　　C. 电能表　　　　　　　　　　　　　　D. 漏电保护器

7. 对于保护接地和保护接零,下列说法正确的是(　　　)。

　　A. 保护接地主要应用在中性点接地的供电系统中

　　B. 保护接零主要应用在中性点不接地的供电系统中

　　C. 在同一供电系统中,保护接地和保护接零可以混用

　　D. 在同一供电系统中,保护接地和保护接零不可以混用

8. 如题图 8-1(a)所示对称三相负载电路,线电压为 380 V,各表读数均为 8.66 A,如果把电流表串联在负载支路上,如题图 8-1 (b) 所示,则电流表读数应为(　　　)。

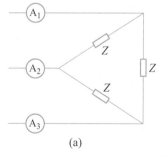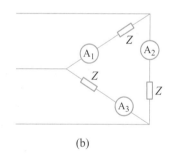

(a)　　　　　　　　　　　　　　　(b)

题图 8-1

　　A. 5 A　　　　　　　　B. 8.66 A　　　　　　　C. 15 A　　　　　　　D. 10 A

9. 某三相四线制电路的线电压为 380 V,星形联结三相对称负载的 $R = 6$ Ω,$X_L = 8$ Ω,则电路的有功功率和功率因数分别为(　　　)。

　　A. 11 616 W,0.6　　　　　　　　　　B. 8 712 W,0.8

　　C. 11 616 W,0.8　　　　　　　　　　D. 8 712 W,0.6

三、分析与计算题

1. 已知一三相对称电压,其中 U 相电压的解析式为 $u_U = 220\sqrt{2} \sin(314t + 30°)$ V。求 V

相和 W 相电压的解析式,并绘制出相应的矢量图。

2. 有一三相对称负载为星形联结,每相负载的电阻为 30 Ω,感抗为 40 Ω,现把它接入三相四线制对称电源,电源线电压为 380 V。求负载的相电压、相电流和线电流。

3. 有一三相电动机,每相绕组的电阻为 60 Ω,感抗为 80 Ω,绕组为星形联结,接于线电压为 380 V 的三相电源上,求电动机的功率。

4. 为什么说在变压器中性点不直接接地的供电系统中,电气设备发生一相碰壳时存在危险性?

5. 在三相四线制供电系统中,中性线主要有什么作用?

6. 在只有一只试电笔或一只万用表的情况下,是否能用这些仪器仪表确定三相四线制供电线路中的相线和中性线? 如能,请写出具体的操作方法。

四、实践与应用题

1. 如题图 8-2 所示,三相异步电动机绕组的额定电压为 220 V,三相电源 U、V、W 的线电压为 380 V,若要使三相异步电动机正常工作,则三相异步电动机的六个接线柱及其与三相电源之间该如何连接? 在图中画出正确的连接线。

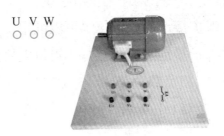

题图 8-2

2. 题图 8-3 所示为某三相异步电动机的接线盒,已知该电动机绕组的额定电压为 380 V,电源电压也为 380 V,问如何连接才能使该电动机正常工作? 请在图中画出正确的连接线。

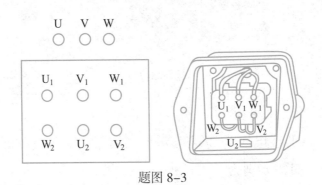

题图 8-3

9

变压器

变压器是利用电磁感应原理制成的静止电气设备。它能将某一电压值的交流电变换成同频率的所需电压值的交流电;也可以改变交流电流的数值及变换阻抗或改变相位。在电力系统、自动控制及电子设备中,广泛使用着各种类型的变压器。

本单元将学习变压器的用途、构造、工作原理及其相关知识。

 职业岗位群应知应会目标

____ 了解变压器的种类、用途和结构。

____ 了解变压器的电压比、电流比和阻抗变换。

9.1 变压器的用途和构造

观察与思考

图 9-1-1 所示为 LED 灯驱动电源内部结构,你能说出其中最大器件的名称是什么吗? 它在电路中起什么作用?

你知道这是什么器件吗? 它在电路中起什么作用?

图 9-1-1　LED 灯驱动电源内部结构

图 9-1-1 所示 LED 灯驱动电源中最大器件是变压器,它在电路中主要起降压作用,通过变压器把 220 V 的交流电电压值降到充电器所需的交流电电压值,这是变压器在电工电子技术中的一种应用。本节将学习变压器的用途、基本构造及其相关知识。

1. 变压器的用途和种类

(1) 用途。变压器是利用互感原理工作的电磁装置,它的应用非常广泛。

在日常生产生活中,常常需要各种不同的交流电压。例如,工厂中常用的三相或单相异步电动机,它们的额定电压是 380 V 或 220 V;照明电路和家用电器的额定电压是 220 V;机床照明、低压电钻等只需要 36 V 以下的电压;在电子设备中还需要多种电压。而我国发电厂发出的电能电压通常为 6.3 kV 或 10.5 kV,发电厂往往很偏僻,距离用电量大的大中城市通常较远。如果直接输送,损耗会非常大,是不允许的。因此,发电厂发出的电根据输电距离的大小,需要用变压器将电能升压后再输送,一般输电电压为 110 kV、220 kV、330 kV、500 kV、750 kV 等几个等级。经过长距离输送到用电量大的大中城市,再用变压器将电压降低,往往是经过多次降压,最后降到 380 V/220 V(线电压 / 相电压),以供工厂和家庭使用,对于 220 V 以下使用的电压,需再通过变压器降压至所需值。因此,实际上,输电、配电和用电所需的各种不同的电压,都是通过变压器进行变换后而得到的。

职业相关知识

特高压输电线路是指 ±800 kV 及以上的直流电和 1 000 kV 及以上交流电的电压等级输送电能,其目的是提高输电能力,实现大功率的中、远距离输电,以及实现远距离的电力系统互联,建成联合电力系统。

截至 2022 年,我国已建成 34 条交直流特高压线路,送电规模是 10 年前的 2 倍以上,居世界首位。图 9-1-2 所示 800 kV 的乌东德电站送电广东、广西特高压多端柔性直流示范工程开创了新的输电模式,创造了多项电力技术的世界第一,主要设备自主化率 100%,工程技术难度、复杂性都达到了当前世界输变电领域的最高水平,标志着我国特高压直流输电技术处于世界领先水平,为世界电网发展提供宝贵经验。

图 9-1-2 800 kV 的乌东德电站送电广东、广西特高压多端柔性直流示范工程

变压器除了可以变换电压之外,还可以变换电流(如变流器、大电流发生器)、变换阻抗(如电工电子技术中的输入、输出变压器)、改变相位(如改变绕组的连接方法来改变变压器的极性)。由此可见,变压器是输配电、电工电子技术和电工测量中十分重要的电气设备。

(2) 种类。变压器的种类很多,一般变压器可按用途、结构、相数分类。

按用途可分为:输配电用的电力变压器;电解用的整流变压器;实验用的调压变压器;

电工电子技术中的输入、输出变压器;用于测量电压的电压互感器、测量电流的钳形电流表等。

按结构可分为:双绕组变压器、三绕组变压器、多绕组变压器以及自耦变压器。

按相数可分为:单相变压器、三相变压器和多相变压器。

2. 变压器的基本构造

尽管变压器的种类很多,结构上也各有特点,但它们的基本构造是相同的,都由铁心和绕组两部分组成。

(1) 铁心。铁心是变压器的磁路通道。为了减小涡流和磁滞损耗,铁心常用磁导率较高而又相互绝缘的硅钢片叠压而成。每片硅钢片的厚度为 0.35~0.5 mm,表面涂有绝缘漆。通信用的变压器多用铁氧体、铝合金或其他磁性材料制成的铁心。

铁心分为心式和壳式两种,心式铁心成"口"字形,绕组包着铁心,如图 9-1-3(a)所示;壳式铁心成"日"字形,铁心包着线圈,如图 9-1-3(b)所示。

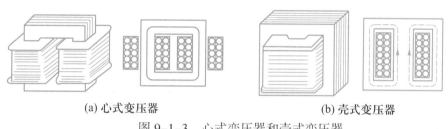

(a) 心式变压器   (b) 壳式变压器

图 9-1-3 心式变压器和壳式变压器

(2) 绕组。绕组是变压器的电路部分。绕组用绝缘良好的漆包线、纱包线或丝包线绕成。在工作时,与电源相连的绕组称为一次绕组,也称原绕组、原边或初级线圈;与负载连接的绕组称为二次绕组,也称副绕组、副边或次级线圈。通常,电力变压器将电压较低的一个绕组安装在靠近铁心柱的内层,这是因为低压绕组和铁心间所需绝缘比较简单,电压较高的绕组安装在外面。变压器绕组的一个重要问题是必须有良好的绝缘。绕组与铁心之间、不同绕组之间及绕组间和层间的绝缘要好,为了提高变压器的绝缘性能,在制造变压器时还要进行去潮(浸漆、烘烤、灌蜡、密封等)处理。

另外,为了起到电磁屏蔽作用,变压器通常要用铁壳或铝壳罩起来,一次、二次绕组间通常加一层金属静电屏蔽层,大功率的变压器中还有专门设置的冷却设备等。

3. 变压器的额定值

(1) 额定容量:变压器二次侧输出的最大视在功率。其大小为二次额定电压和额定电流的乘积,一般用 kV·A 表示。

(2) 一次额定电压:接到变压器一次侧上的最大正常工作电压。

(3) 二次额定电压:当变压器的一次侧接上额定电压、二次侧接上额定负载时的输出电压。

注意

在实际使用中:① 要分清一次侧、二次侧,按额定电压正确安装,防止损坏绝缘或过载。② 防止变压器绕组短路,烧毁变压器。③ 工作温度不能过高,电力变压器要有良好的冷却设备。

9.2 变压器的工作原理

观察与思考

教学动画
变压器的工作原理

图 9-2-1 所示为小型电源变压器,从铭牌上可看出,它能把 220 V 的工频交流电转换为同频率的 12 V 交流电输出,即变压器的一次绕组接 220 V 交流电,其二次绕组就能输出 12 V 的交流电。本节将学习变压器的工作原理及其相关知识。

图 9-2-1 小型电源变压器

1. 变压器的工作原理

最简单的变压器由一个闭合铁心和套在铁心上的两个绕组组成,如图 9-2-2(a)所示。变压器的符号如图 9-2-2(b)所示,用字母 T 表示。

教学动画
变压器的变压功能

变压器是根据电磁感应原理工作的。如果把变压器的一次绕组接在交流电源上,由于铁心是导磁的,交流电将在铁心中产生交变磁通,这个变化的磁通经过闭合磁路同时穿过一次绕组和二次绕组,由于自感及互感现象,会在两个绕组中都感应出电动势来,而且它们的频率相同。

一般情况下,变压器的损耗和漏磁通都很小。因此,下面在忽略变压器损耗和漏磁通的情况下,讨论变压器的作用。

2. 变换交流电压

若将图 9-2-2(a)所示变压器中的一次绕组接上交流电源,二次绕组不接负载,变压器空载运行。此时,铁心中产生的交变磁通同时通过一次绕组、二次绕组,一次绕组、二次绕组中通过的磁通可视为相同。

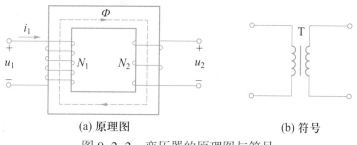

(a) 原理图　　　　(b) 符号

图 9-2-2　变压器的原理图与符号

设一次绕组匝数为 N_1，二次绕组匝数为 N_2，经推导可得，一次绕组、二次绕组的电压之比等于绕组的匝数比，即

$$\frac{U_1}{U_2} = \frac{N_1}{N_2} = n$$

式中，n 称为变压器的变压比或变比。

若 $n>1$，则 $N_1>N_2$，$U_1>U_2$，此类变压器为降压变压器；反之，若 $n < 1$，则 $N_1 < N_2$，$U_1 < U_2$，此类变压器为升压变压器。

【例 9-2-1】

有一台降压变压器，一次绕组接电源电压 380 V，二次绕组的输出电压为 36 V，若一次绕组为 1 900 匝，问二次绕组应绕多少匝？

解：二次绕组的匝数

$$N_2 = \frac{U_2}{U_1} N_1 = \frac{36}{380} \times 1\,900 \text{匝} \approx 180 \text{匝}$$

小提示

在实际使用中，可以通过适当设计一次绕组、二次绕组的匝数比，来任意改变变压器的输出电压。

3. 变换交流电流

当变压器带负载工作时，绕组电阻、铁心的磁滞及涡流总会产生一定的能量损耗，但是比负载上消耗的功率小得多，一般情况下可以忽略不计。可将变压器视为理想变压器，其内部不消耗功率，输入变压器的功率全部消耗在负载上，即

$$U_1 I_1 = U_2 I_2$$

从前面的分析可以得出

$$\frac{I_1}{I_2} = \frac{U_2}{U_1} = \frac{N_2}{N_1} = \frac{1}{n}$$

可见，变压器带负载工作时，一次绕组、二次绕组的电流与它们的电压或匝数成反比。变压器具有变换电流的作用，它在变换电压的同时也变换了电流。

【例 9-2-2】

有一台电压为 220 V/36 V 的降压变压器,二次绕组接一个功率为 40 W 的家用电器,问家用电器工作后,一次绕组、二次绕组的电流各为多少?

解:二次绕组的电流为家用电器的工作电流

$$I_2 = \frac{P_2}{U_2} = \frac{40}{36} A \approx 1.11 A$$

变压器一次绕组的电流

$$I_1 = \frac{U_2}{U_1} I_2 = \frac{36}{220} \times \frac{40}{36} A \approx 0.18 A$$

职业相关知识

变压器的高压绕组匝数多而通过的电流小,可用较细的导线绕制;低压绕组匝数少而通过的电流大,应当用较粗的导线绕制。

4. 变换交流阻抗

变压器带负载运行时,设变压器一次侧输入阻抗为 Z_1,二次侧负载阻抗为 Z_2,则

$$\frac{Z_1}{Z_2} = \frac{\dfrac{U_1}{I_1}}{\dfrac{U_2}{I_2}} = \frac{U_1}{U_2} \frac{I_2}{I_1} = n^2$$

即

$$Z_1 = n^2 Z_2$$

这说明变压器二次侧接上负载 Z_2 时,相当于一次侧接上一个阻抗为 $n^2 Z_2$ 的负载。

在电子线路中,常用变压器来变换交流阻抗。无论收音机还是其他电子装置,总希望负载获得最大功率,而负载获得最大功率的条件是负载电阻等于信号源的内阻,此时称为阻抗匹配。但在实际工作中,负载的电阻与信号源的内阻往往不相等,所以把负载直接接到信号源上不能获得最大功率。为此,就需要利用变压器来进行阻抗匹配,使负载获得最大功率。

【例 9-2-3】

有一信号源的内阻为 600 Ω,负载电阻为 150 Ω。欲使负载获得最大功率,必须在信号源和负载之间接一匹配变压器,使变压器的输入电阻等于信号源的内阻。试求变压器的变压比。

解:根据变压器阻抗变换公式

$$\frac{Z_1}{Z_2} = n^2 = \left(\frac{N_1}{N_2}\right)^2$$

因此,变压器的匝数比

$$n = \frac{N_1}{N_2} = \sqrt{\frac{Z_1}{Z_2}} = \sqrt{\frac{600}{150}} = 2$$

即变压器一次侧匝数应为二次侧匝数的 2 倍。

 应知应会要点归纳

一、变压器的构造

变压器是根据电磁感应原理制成的,它主要由铁心和绕组两部分组成。一次绕组与电源、二次绕组与负载构成两个电路,铁心构成的磁路将两个电路联系起来。

二、变压器的工作原理

变压器可以改变电压、电流和阻抗。如果忽略变压器的功率损耗,电压、电流和阻抗之间的关系满足下式

$$\frac{U_1}{U_2} = \frac{N_1}{N_2} = n, \quad \frac{I_1}{I_2} = \frac{N_2}{N_1} = \frac{1}{n}, \quad \frac{Z_1}{Z_2} = \left(\frac{N_1}{N_2}\right)^2 = n^2$$

即变压器在空载情况下,一次绕组、二次绕组的电压与匝数成正比;变压器带负载工作时,一次绕组、二次绕组的电流与它们的匝数成反比;在变压器的二次绕组接上负载阻抗 Z_2,就相当于使电源直接接上一个阻抗为 $n^2 Z_2$ 的负载。

❓ 复习与考工模拟

一、是非题

1. 在电路中所需的各种电压,都可以通过变压器变换获得。　　　　　　　　　　（　　）

2. 同一台变压器中,匝数少、线径粗的是高压绕组;而匝数多、线径细的是低压绕组。

（　　）

3. 作为升压的变压器,其变压比 $n>1$。　　　　　　　　　　　　　　　　　　（　　）

4. 变压器二次绕组电流是从一次绕组传递过来的,所以 I_1 决定了 I_2 的大小。　（　　）

5. 因为变压器一次绕组、二次绕组中没有导线连接,故一次绕组、二次绕组电路是独立的,相互之间无任何联系。　　　　　　　　　　　　　　　　　　　　　　　　（　　）

二、选择题

1. 变压器一次绕组、二次绕组中不能改变的物理量是（　　　　）。

　　A. 电压　　　　　　B. 电流　　　　　　C. 阻抗　　　　　　D. 频率

2. 用变压器改变交流阻抗的目的是（　　　　）。

A. 提高输出电压 　　　　　　　B. 使负载获得更大的电流

C. 使负载获得最大功率 　　　　D. 为了安全

3. 变压器中起传递电能作用的是（　　　）。

A. 主磁通　　　　B. 漏磁通　　　　C. 电压　　　　D. 电流

4. 变压器一次绕组 100 匝，二次绕组 1 200 匝，在一次绕组两端接一个 10 V 的直流电源，则二次绕组的输出电压是（　　　）。

A. 120 V　　　　B. 12 V　　　　C. 0.8 V　　　　D. 0

5. 有一台 220 V/36 V 的降压变压器，降压后，这台变压器为 40 W 的用电器供电（不计变压器损耗），则一次绕组和二次绕组的电流之比是（　　　）。

A. 1∶1　　　　B. 55∶9　　　　C. 9∶55　　　　D. 不能确定

6. 下列有关变压器的说法不正确的是（　　　）。

A. 电源变压器的功能是功率传输、电压变换和绝缘隔离

B. 电压互感器实质上是降压变压器

C. 变压器能变换电压、电流和功率

D. 自耦变压器一次、二次绕组之间不仅有磁的耦合，还有电的关系

7. 题图 9-1 所示的变压器是（　　　）。

A. 电力变压器　　B. 环形变压器　　C. 自耦变压器　　D. 整流变压器

题图 9-1

三、分析与计算题

1. 一台单相变压器，一次绕组接交流电压 1 000 V，空载时测得二次绕组电压为 400 V。若已知二次绕组匝数为 32 匝，试求变压器的一次绕组匝数为多少？

2. 有一台电压比为 220 V/110 V 的降压变压器，如果二次绕组接上 60 Ω 的电阻，试求变压器的一次输入阻抗。

3. 阻抗为 8 Ω 的扬声器，通过一变压器接到信号源电路上，设变压器一次绕组匝数为 500 匝，二次绕组匝数为 100 匝，试求：

（1）变压器一次输入阻抗；

（2）若信号源的电动势为 10 V，内阻为 200 Ω，输出到扬声器的功率是多少？

（3）若不经变压器，而把扬声器直接与信号源相接，输送到扬声器的功率又是多大？

四、实践与应用题

题图 9-2 所示为一个稳压电源中使用的降压变压器，请问：(1) 该变压器的一次绕组与二次绕组的直径哪个更粗？(2) 变压器为什么要用铁壳或铝壳罩起来？

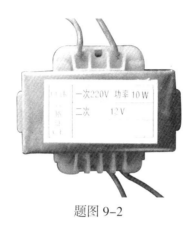

题图 9-2

*10

瞬态过程

在生产生活中,常会遇到瞬态过程(也称暂态过程或过渡过程),例如,电动机从静止状态起动,它的转速从零逐渐上升,最后到达稳定值的过程就是一个瞬态过程。

本单元将学习电路中的瞬态过程与换路定律、RC 串联电路的瞬态过程及其相关知识。

职业岗位群应知应会目标

___ 理解瞬态过程,了解瞬态过程在工程技术中的应用。

___ 理解换路定律,能运用换路定律求解电路的初始值。

___ 了解 RC 串联电路的瞬态过程,理解时间常数的概念,了解时间常数在电气工程技术中的应用,能解释影响其大小的因素。

10.1 瞬态过程与换路定律

观察与思考

在图 10-1-1 所示电路中,EL_1、EL_2 和 EL_3 是相同的 3 盏灯,E 为直流电源,其中,灯 EL_2 与电感 L 串联,灯 EL_3 与电容 C 串联。当开关 S 未闭合时,3 盏灯都不亮。当开关 S 闭合时,灯 EL_1 立刻正常发光;灯 EL_2 逐渐变亮,经过一段时间达到与灯 EL_1 同样的亮度;灯 EL_3 闪亮一下就不亮了。你能解释这种现象吗?

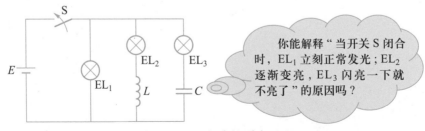

你能解释"当开关 S 闭合时,EL_1 立刻正常发光;EL_2 逐渐变亮,EL_3 闪亮一下就不亮了"的原因吗?

图 10-1-1 电路的瞬态过程

灯 EL_1 是个纯电阻,设其阻值为 R,开关 S 闭合的瞬间,该支路电流立刻达到稳定值,$I = \dfrac{E}{R}$,

电流的大小与时间无关,因此,灯 EL_1 立刻正常发光。灯 EL_2 与电感串联,开关 S 闭合的瞬间,电感线圈要产生自感电动势来阻碍电路中电流的变化,电路中的电流从零逐渐增大,因此,电流从零增加到稳定时需要经过一段时间,灯 EL_2 是逐渐变亮的,经过一段时间达到与灯 EL_1 同样的亮度。灯 EL_3 与电容 C 串联,开关 S 闭合的瞬间,电容器两端的电压为零,电路中有充电电流,并且为最大,随着充电的进行,电容器两端的电压逐渐增加,充电电流逐渐减小,直到电容器两端的电压等于电源电压 E 时,充电结束,电路中的充电电流为零,因此,灯 EL_3 闪亮一下就不亮了。实际上,电路中具有电容或电感元件时,在换路后通常有一个瞬态过程。本节将学习瞬态过程与换路定律及其相关知识。

1. 瞬态过程

瞬态过程也称暂态过程或过渡过程。一般来说,事物的运动和变化通常可以分为稳态和瞬态两种不同的状态。例如,火车在车站发车时,从停车的稳态到 100 km/h 匀速运动的稳态,需要经历一个加速运动的瞬态过程。又如,电动机起动前是静止不动的,是一种稳态,起动后,电动机的转速从零上升到某一稳定转速,则是另一种稳态,而电动机从静止加速到稳定转速,是必须经过一定时间的,在这段时间内,电动机的运行状态就是瞬态。总体来说,凡是事物的运动和变化从一种稳态转换到另一种新的稳态,是不可能发生突变的,需要经历一定的过程(需要一定的时间),这个物理过程就称为瞬态过程。

电容器的充电过程,就是一个瞬态过程。在图 10-1-1 所示电路中,当开关 S 处于断开状态时,不管电容器极板上是否有电荷,灯 EL_3 与电容器 C 串联的支路中没有电流(即 $i = 0$),这时电路是稳定的。如果这时电容器极板上没有电荷,即 $u_C = 0$,当开关 S 闭合后,电源对电容器充电,电路中将流过充电电流 i,这个电流将使电容器极板上不断积累电荷,电容器上的电压 u_C 就从零开始逐渐上升,直到 $u_C = E$,这时 $i = 0$ 充电结束。如果把 $u_C = 0$ 和 $u_C = E$ 看成开关 S 闭合前后的两个稳态,那么从前者到后者之间的变化过程就是瞬态过程。除了电源的接通会引起瞬态过程外,电源的切断、电路参数变化等因素都可能在 RC 电路中引起瞬态过程。

再分析图 10-1-1 所示电路中电感线圈与灯串联后接通直流电源的实例。接通电源以前,电路中没有电流,灯是不亮的,这是一种稳态。当开关 S 闭合接通电源后,灯慢慢亮起来,达到某一亮度后,就维持这一亮度,说明电路中维持一恒定电流,这又是一种稳态。而灯从不亮(电路中无电流)到维持一定亮度(电路中维持一恒定电流)是经过一定时间的,这就是 RL 电路接通直流电源的瞬态过程。

由以上分析可知,引起电路瞬态过程的原因有两个,即外因和内因。电路的接通或断开、电源的变化、电路参数的变化、电路的改变等都是外因;内因即电路中必须含有储能元件。

引起瞬态过程的电路变化称为换路。电路中具有电感或电容元件时,在换路后通常有一个瞬态过程。

2. 换路定律

由于电路的接通、切断、电源的变化、电路参数的变化(即换路),电路中的能量会发生变化,但这种变化是不能跃变的。在电容元件中,储有电场能量 $\frac{1}{2}Cu_C^2$,换路时,电场能量不能跃变,这反映在电容上的电压 u_C 不能跃变。在电感元件中,储有磁场能量 $\frac{1}{2}Li_L^2$,换路时,磁场能量不能跃变,这反映在电感中的电流 i_L 不能跃变。

设 $t=0$ 为换路瞬间,而以 $t=0_-$ 表示换路前的终止瞬间,$t=0_+$ 表示换路后的初始瞬间。从 $t=0_-$ 到 $t=0_+$ 瞬间,电容元件上的电压和电感元件中的电流不能跃变,这称为换路定律。用公式表示为

$$\begin{cases} u_C(0_+) = u_C(0_-) \\ i_L(0_+) = i_L(0_-) \end{cases}$$

换路定律仅适用于换路瞬间,可根据它来确定 $t=0_+$ 时电路中电压和电流的值。换路前,如果储能元件没有储能,那么在换路的瞬间,$u_C(0_+)=u_C(0_-)=0$,电容相当于短路;$i_L(0_+)=i_L(0_-)=0$,电感相当于开路。

注意

在电路换路时,只有电感中的电流和电容上的电压不能跃变,电路中其他部分的电压和电流都可能跃变。

3. 电压、电流初始值的计算

在分析电路的瞬态过程时,换路定律和基尔霍夫定律是两个重要依据,可以用来确定瞬态过程的初始值($t=0_+$ 的值)。其步骤是:首先根据换路定律求出 $u_C(0_+)$ 和 $i_L(0_+)$,然后根据基尔霍夫定律及欧姆定律求出其他有关量的初始值。

【例 10-1-1】

图 10-1-2 所示电路,已知 $E=3$ V,灯 EL 的等效电阻 $R=2\ \Omega$,开关 S 闭合前,电容两端电压为零。试求开关 S 闭合瞬间电路中的电流 i、灯 EL 两端电压 u_R 及 C 两端电压 u_C。

解:开关 S 闭合之前,$u_C=0$,即

$$u_C(0_-) = 0$$

根据换路定律,开关 S 闭合瞬间,C 两端电压

$$u_C(0_+) = u_C(0_-) = 0$$

所以 $t=0_+$ 时,灯 EL 两端电压

$$u_R(0_+) = E = 3 \text{ V}$$

因此,电路中的电流

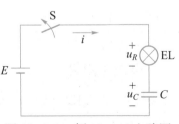

图 10-1-2 例 10-1-1 电路图

$$i(0_+) = \frac{u_R(0_+)}{R} = \frac{3}{2} A = 1.5 A$$

即开关 S 闭合瞬间 $(t=0_+)$,电流

$$i = 1.5 A$$

10.2 *RC* 串联电路的瞬态过程

观察与思考

如图 10-2-1 所示电路,在开关 S 闭合的瞬间,直流电源 E 向电容器 C 充电,随着充电的进行,电容器两端的电压 u_C 从 0(一个稳态)不断增大,直到 $u_C=E$(另一个稳态),充电结束。在此瞬态过程中,电路中的充电电流 i 从闭合瞬间的最大值逐渐减小到 0。你知道 *RC* 电路在充电过程中电容器两端的电压 u_C 以及电路中的充电电流 i 是按什么规律变化的吗?本节将学习 *RC* 电路在充电和放电过程中,电路中的电流 i、电容器 C 两端的电压 u_C 及电阻 R 两端的电压 u_R 的变化规律。

1. *RC* 电路的充电过程

图 10-2-1 所示的 *RC* 电路中,当开关 S 刚闭合时,电容器上还没有电荷,即 $u_C(0_-)=0$。根据换路定律,在 $t=0_+$ 时,电容器两端的电压

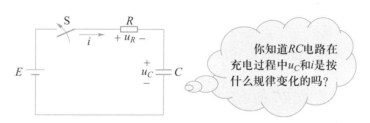

图 10-2-1   *RC* 电路的充电过程

$$u_C(0_+) = u_C(0_-) = 0$$

则该瞬间电路中的电流

$$i(0_+) = \frac{E}{R} = I$$

由于电路中只有电阻和电容,因此在开关 S 闭合的瞬间电流发生了跃变。此刻电流最大,对电容器充电速度最快,两极板间电压升高速度最快。随着电容器极板上电荷量的增加,两极板间电压升高,电容器两端电压逐渐接近电源电压,充电电流逐渐减小。当电容器两端电压等于电源电压时,充电电流减小到零,瞬态过程结束,电路达到稳定状态。那么,*RC* 电路中的充电电流是按什么规律变化的呢?

理论和实验证明,RC 电路的充电电流按指数规律变化,任意一个 RC 电路充电电流的数学表达式为

$$i = \frac{E}{R}e^{-\frac{1}{RC}}$$

以时间 t 为横轴,充电电流 i 为纵轴,绘制 i–t 关系曲线,如图 10-2-2 所示。则电阻器两端的电压

$$u_R = iR = Ee^{-\frac{1}{RC}}$$

电容器两端的电压

$$u_C = E - u_R = E\left(1 - e^{-\frac{1}{RC}}\right)$$

u_R、u_C 在瞬态过程中随时间变化曲线如图 10-2-3 所示。

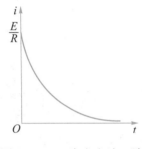

图 10-2-2　充电电流 i 随
时间变化曲线

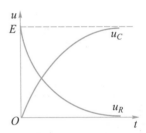

图 10-2-3　u_R、u_C 在瞬态
过程中随时间变化曲线

2. 时间常数

在上述分析的 RC 充电电路中,u_C 和 i 的两个公式中都含有指数函数项 $e^{-\frac{1}{RC}}$,在这个指数函数中,由 R 与 C 构成的常数 RC 的单位为 $[\Omega \cdot F] = \left[\Omega \cdot \dfrac{C}{V}\right] = \left[\dfrac{C}{A}\right] = [s]$,具有时间的量纲,其单位是 s,所以称为时间常数,以 τ 表示,即

$$\tau = RC$$

时间常数 τ 反映了电容器的充电速度。τ 越大,充电速度越慢,瞬态过程越长;τ 越小,充电速度越快,瞬态过程越短。当 $t = \tau$ 时,$u_C = 0.632E$,τ 是电容器充电电压达到终值的 63.2% 时所用的时间。当 $t = 5\tau$ 时,可认为瞬态过程结束。

【例 10-2-1】

在图 10-2-1 所示的 *RC* 电路中,已知 E=6 V,R=1 MΩ,C=10 μF, 充电前,电容器两端电压为零。试求电路的时间常数 τ、开关 S 闭合 10 s 时电容器两端的电压 u_C 和电阻器两端的电压 u_R。

解:时间常数

$$\tau = RC = 1 \times 10^6 \times 10 \times 10^{-6} \text{ s} = 10 \text{ s}$$

则 t=10 s 时,电容器两端的电压

$$u_C = E\left(1 - e^{-\frac{t}{RC}}\right) = E \times \left(1 - e^{-\frac{t}{\tau}}\right) = 6 \text{ V} \times \left(1 - e^{-\frac{10}{10}}\right)$$

$$= 6 \text{ V} \times (1 - e^{-1}) \approx 6 \times (1 - 0.368) \text{ V} = 3.792 \text{ V}$$

电阻器两端的电压

$$u_R = Ee^{-\frac{t}{RC}} = 6 \text{ V} \times e^{-\frac{10}{10}} \approx 6 \times 0.368 \text{ V} = 2.208 \text{ V}$$

3. *RC* 电路的放电过程

在 *RC* 电路中,将电容器两端的电压充电到 u_C 等于 E 以后,迅速将开关 S 由 "1" 位置拨到 "2" 位置,如图 10-2-4 所示,电容器就要通过电阻器放电。

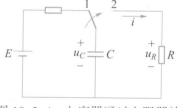

图 10-2-4　电容器通过电阻器放电电路

放电起始时,电容器两端的电压

$$u_C(0_+) = u_C(0_-) = E$$

电容器通过电阻器的放电电流

$$i(0_+) = \frac{u_C(0_+)}{R} = \frac{E}{R}$$

电容器放电完毕,瞬态过程结束,达到新的稳定状态,即

$$u_C(t \rightarrow \infty) = 0, i(t \rightarrow \infty) = 0$$

理论和实验证明,电容器通过电阻器放电的电流和电容器两端的电压都按指数规律变化,其数学表达式为

$$i = \frac{E}{R}e^{-\frac{t}{\tau}}, \; u_C = Ee^{-\frac{t}{\tau}}$$

电容器放电时 i、u_C 变化的曲线如图 10-2-5 所示。式中,$\tau = RC$,是电容器通过电阻器放电的时间常数。

放电开始时,放电电流最大,电容器两极板间电压变化最快。在放电过程中,电容器极板上的电荷不断中和,u_C 随之减小,放电电流 i 也随之减小。放电结束,$u_C = 0$,$i = 0$,电路达到稳定状态。放电快慢由时间常数 τ 决定,τ 越大,放电就越慢。

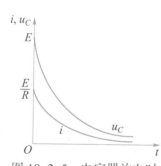

图 10-2-5　电容器放电时 i、u_C 变化的曲线

在电气工程上,通常通过改变电容器容量的大小或电阻器的阻值来改变时间常数的大小。

 应知应会要点归纳

一、瞬态过程

在具有储能元件的电路中,换路后,电路不能立即由一种稳定状态转换到另一种稳定状态,需要经历一定的过程(需要一定的时间),这个物理过程称为瞬态过程。瞬态过程也称过渡过程或暂态过程。

二、换路定律

1. 换路
引起瞬态过程的电路变化称为换路,如电路的接通、切断、电源的变化、电路参数的变化等。电路中具有电感或电容元件时,在换路后通常有一个瞬态过程。

2. 换路定律
换路时,电容元件上的电压和电感元件中的电流不能发生跃变,这称为换路定律。用公式表示为

$$\begin{cases} u_C(0_+) = u_C(0_-) \\ i_L(0_+) = i_L(0_-) \end{cases}$$

换路定律可以确定电路发生瞬态过程的初始值。

三、RC 电路瞬态过程

RC 电路瞬态过程的特性见表 10-1。

表 10-1 RC 电路瞬态过程的特性

电路及其状态	初始条件 $(t=0_+)$	电流、电压变化数学表达式	终态 $(t \to \infty)$	时间常数 τ
接通电源 E $u_C(0_-)=0$	$u_C(0_+)=0$ $i(0_+)=\dfrac{E}{R}$	$u_C = E\left(1 - e^{-\frac{t}{\tau}}\right)$ $i = \dfrac{E}{R}e^{-\frac{t}{\tau}}$	$u_C = E$ $i = 0$	$\tau = RC$
短路 $u_C(0_-)=E$	$u_C(0_+)=E$ $i(0_+)=\dfrac{E}{R}$	$u_C = Ee^{-\frac{t}{\tau}}$ $i = \dfrac{E}{R}e^{-\frac{t}{\tau}}$	$u_C = 0$ $i = 0$	$\tau = RC$

复习与考工模拟

一、是非题

1. 瞬态过程就是从一种稳定状态转换到另一种稳定状态的过渡过程。（　　）

2. 含储能元件的电路从一个稳态转换到另一个稳态需要时间,是因为能量不能突变。
（　　）

3. 电容器两端的电压变化只能是连续的,不能发生突变。（　　）

4. 在直流激励下,若换路前电容元件没有储能,则在换路瞬间电容元件可视为开路。
（　　）

5. 时间常数 τ 越长,则瞬态过程越长。（　　）

二、选择题

1. 常见的储能元件有（　　）。

  A. 电阻和电容　　　　　　　　B. 电容和电感

  C. 电阻和电感　　　　　　　　D. 二极管和三极管

2. 关于换路,下列说法正确的是（　　）。

  A. 通过电容器的电流不能突变　　B. 通过电感元件的电流不能跃变

  C. 电容器两端的电压不能突变　　D. 通过电感元件的电流能跃变

3. 关于 RC 电路充、放电规律,正确的说法是（　　）。

  A. 充电时,i_C、u_C、u_R 按指数规律上升

  B. 充电时,i_C、u_C、u_R 按指数规律下降

  C. 充电时,u_C 按指数规律上升,i_C、u_R 按指数规律下降

  D. 充电时,u_C 按指数规律下降,i_C、u_R 按指数规律上升

4. 在 RC 串联电路中,电路未接通前,电容器未储能,$t=0$ 时,RC 电路与直流电源 E 连接,此时 $u_C(0_+)$ 为（　　）。

  A. E　　　　B. 0　　　　C. ∞　　　　D. 不能确定

5. 上题中,$i_C(0_+)$ 为（　　）。

  A. 0　　　　B. ∞　　　　C. E/R　　　　D. 不能确定

三、分析与计算题

1. 在题图 10-1 所示电路中,已知 $E=6\,\text{V}$,$R_1=2\,\text{k}\Omega$,$R_2=4\,\text{k}\Omega$,开关 S 闭合前,电容器两端电压为零。试求开关 S 闭合瞬间各电流及电容器两端电压的初始值。

2. 在题图 10-2 所示电路中,已知 $E=10\,\text{V}$,$R_1=4\,\text{k}\Omega$,$R_2=6\,\text{k}\Omega$,开关 S 断开前,电路已处于稳态。试求开关 S 断开瞬间 $u_C(0_+)$、$i_C(0_+)$、$u_{R_1}(0_+)$ 值。

3. 在 RC 串联电路中,已知 $R=200\,\text{k}\Omega$,$C=5\,\mu\text{F}$,直流电源 $E=200\,\text{V}$。求:(1) 电路接通

1 s 时的电流;(2) 接通后经过多少时间电流减小到初始值的一半?

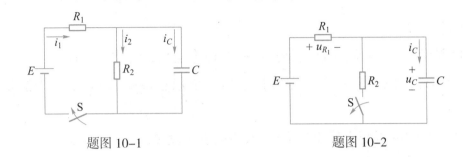

题图 10-1　　　　　　　　题图 10-2

四、实践与应用题

1. 笔记本电脑中的稳压电源,通常在拔掉电源后,其指示灯还会亮几秒,你知道这是为什么吗?

2. 在住宅楼中,为方便居民上下楼梯,通常装有楼道延时灯,你知道这些延时灯是如何工作的吗? 其延时的时间与哪些元件有关?

附　　录

内容 评价 项目	任务完成情况 很 较 一 较 好 好 般 差	仪器仪表使用 很 较 一 较 好 好 般 差	安全文明操作 很 较 一 较 好 好 般 差	团队协作精神 很 较 一 较 好 好 般 差
项目一	□ □ □ □	□ □ □ □	□ □ □ □	□ □ □ □
项目二	□ □ □ □	□ □ □ □	□ □ □ □	□ □ □ □
项目三	□ □ □ □	□ □ □ □	□ □ □ □	□ □ □ □
项目四	□ □ □ □	□ □ □ □	□ □ □ □	□ □ □ □
项目五	□ □ □ □	□ □ □ □	□ □ □ □	□ □ □ □
项目六	□ □ □ □	□ □ □ □	□ □ □ □	□ □ □ □
项目七	□ □ □ □	□ □ □ □	□ □ □ □	□ □ □ □
项目八	□ □ □ □	□ □ □ □	□ □ □ □	□ □ □ □
项目九	□ □ □ □	□ □ □ □	□ □ □ □	□ □ □ □
项目十	□ □ □ □	□ □ □ □	□ □ □ □	□ □ □ □
项目十一	□ □ □ □	□ □ □ □	□ □ □ □	□ □ □ □
项目十二	□ □ □ □	□ □ □ □	□ □ □ □	□ □ □ □
项目十三	□ □ □ □	□ □ □ □	□ □ □ □	□ □ □ □

方法与步骤	
收获与体会	

实训过程评价		
序号	评价内容	评价等级及说明(很好、较好、一般、较差)
1	任务完成情况	
2	仪器仪表使用	
3	安全文明操作	
4	团队协作精神	

参 考 文 献

[1] 周绍敏 . 电工技术基础与技能 [M].3 版 . 北京 : 高等教育出版社,2019.

[2] 陈雅萍 . 电子技能与实训 [M].2 版 . 北京 : 高等教育出版社,2020.

[3] 陈雅萍 . 电工技能与实训 [M].2 版 . 北京 : 高等教育出版社,2021.

[4] 程周 . 电工电子技术与技能 [M].3 版 . 北京 : 高等教育出版社,2019.

读者意见反馈

为收集对教材的意见建议,进一步完善教材编写并做好服务工作,读者可将对本教材的意见建议通过如下渠道反馈至我社。

咨询电话　400-810-0598

反馈邮箱　zz_dzyj@pub.hep.cn

通信地址　北京市朝阳区惠新东街4号富盛大厦1座

　　　　　高等教育出版社总编辑办公室

邮政编码　100029

防伪查询说明

用户购书后刮开封底防伪涂层,使用手机微信等软件扫描二维码,会跳转至防伪查询网页,获得所购图书详细信息。

防伪客服电话

(010)58582300

学习卡账号使用说明

一、注册/登录

访问 http://abook.hep.com.cn/sve,点击"注册",在注册页面输入用户名、密码及常用的邮箱进行注册。已注册的用户直接输入用户名和密码登录即可进入"我的课程"页面。

二、课程绑定

点击"我的课程"页面右上方"绑定课程",在"明码"框中正确输入教材封底防伪标签上的20位数字,点击"确定"完成课程绑定。

三、访问课程

在"正在学习"列表中选择已绑定的课程,点击"进入课程"即可浏览或下载与本书配套的课程资源。刚绑定的课程请在"申请学习"列表中选择相应课程并点击"进入课程"。

如有账号问题,请发邮件至:4a_admin_zz@pub.hep.cn。